U0228061

重金属污染防治丛书

# 砷与锑的
# 环境化学与污染防治

景传勇 杜晶晶 阎 莉 叶 丽 著

科学出版社

北 京

# 内 容 简 介

本书从砷与锑的化学性质、环境赋存形态等化学基础出发,论述环境中砷与锑的污染成因、多介质界面过程及其耦合机制,总结归纳砷与锑的先进分析技术与现场检测手段,并从污染源阻断等角度,论述砷与锑污染阻控与修复技术原理。本书共 7 章,主要内容包括砷与锑的赋存形态与配位化学、环境中砷与锑的形态分析方法、砷与锑现场分析技术、微生物介导下砷与锑的形态转化机制,以及环境水体和土壤基质中砷与锑的污染防治技术与修复原理。

本书理论与实践并重,系统总结砷与锑的环境行为特性及污染防治实践,可作为环保技术人员、研究院科研人员和大专院校师生的参考书籍。

图书在版编目(CIP)数据

砷与锑的环境化学与污染防治/景传勇等著. —北京:科学出版社,2024.6
(重金属污染防治丛书)
ISBN 978-7-03-078532-9

Ⅰ.① 砷… Ⅱ.① 景… Ⅲ.① 砷-环境化学 ②锑-环境化学 ③砷-重金属污染-污染防治 ④锑-重金属污染-污染防治 Ⅳ.①X131.3 ②X5

中国国家版本馆 CIP 数据核字(2024)第 098942 号

责任编辑:徐雁秋 刘 畅/责任校对:高 嵘
责任印制:赵 博/封面设计:苏 波

科学出版社 出版
北京东黄城根北街 16 号
邮政编码:100717
http://www.sciencep.com

北京中科印刷有限公司印刷
科学出版社发行 各地新华书店经销
*

开本:787×1092 1/16
2024 年 6 月第 一 版 印张:14
2024 年 12 月第二次印刷 字数:330 000
定价:199.00 元
(如有印装质量问题,我社负责调换)

# "重金属污染防治丛书"序

重金属污染具有长期性、累积性、潜伏性和不可逆性等特点，严重威胁生态环境和群众健康，治理难度大、成本高。长期以来，重金属污染防治是我国环保领域的重要任务之一。2009 年，国务院办公厅转发了环境保护部等部门《关于加强重金属污染防治工作的指导意见》，标志着重金属污染防治上升成为国家层面推动的重要环保工作。2011 年，《重金属污染综合防治"十二五"规划》发布实施，有力推动了重金属的污染防治工作。2013 年以来，习近平总书记多次就重金属污染防治做出重要批示。2022 年，《关于进一步加强重金属污染防控的意见》提出要进一步从重点重金属污染物、重点行业、重点区域三个层面开展重金属污染防控。

近年来，我国科技工作者在重金属防治领域取得了一系列理论、技术和工程化成果，社会、环境和经济效益显著，为我国重金属污染防治工作起到了重要的科技支撑作用。但同时应该看到，重金属环境污染风险隐患依然突出，重金属污染防治仍任重道远。未来特征污染物防治工作将转入深水区。一方面，环境法规和标准日益严苛，重金属污染面临深度治理难题。另一方面，处理对象转向更为新型、更为复杂、更难处理的复合型污染物。重金属污染防治学科基础与科学认知能力尚待系统深化，重金属与人体健康风险关系研究刚刚起步，标准规范与管理决策仍需有力的科学支撑。我国重金属污染防治的科技支撑能力亟需加强。

为推动我国重金属污染防治及相关领域的发展，组建了"重金属污染防治丛书"编委会，各分册主编来自中南大学、广州大学、浙江工业大学、中国地质大学（北京）、北京师范大学、山东大学、昆明理工大学、南京大学、东华理工大学、华中农业大学、华北电力大学、同济大学、武汉科技大学等高校和生态环境部华南环境科学研究所（生态环境部生态环境应急研究所）、中国科学院地球化学研究所、中国科学院生态环境研究中心、广东省科学院生态环境与土壤研究所、中国科学院过程工程研究所等科研院所，都是重金属污染防治相关领域的领军人才和知名学者。

丛书分为八个版块，主要包括前沿进展、多介质协同基础理论、水/土/气/固多介质中重金属污染防治技术及应用、毒理健康及放射性核素污染防治等。

各分册介绍了相关主题下的重金属污染防治原理、方法、应用及工程化案例，介绍了一系列理论性强、创新性强、关注度高的科技成果。丛书内容系统全面、案例丰富、图文并茂，反映了当前重金属污染防治的最新科研成果和技术水平，有助于相关领域读者了解基本知识及最新进展，对科学研究、技术应用和管理决策均具有重要指导意义。丛书亦可作为高校和科研院所研究生的教材及参考书。

丛书是重金属污染防治领域的集大成之作，各分册及章节由不同作者撰写，在体例和陈述方式上不尽一致但各有千秋。丛书中引用了大量的文献资料，并列入了参考文献，部分做了取舍、补充或变动，对于没有说明之处，敬请作者或原资料引用者谅解，在此表示衷心的感谢。丛书中疏漏之处在所难免，敬请读者批评指正。

柴立元

中国工程院院士

# 前　言

砷、锑分别属于元素周期表 VA 族的类金属元素和金属元素，广泛存在于土壤和水生环境中，因其毒性和长距离迁移特性，被列为我国优先控制污染物。作为变价元素，砷、锑在环境中存在多种赋存形态。随着现代分析方法的飞跃发展，砷与锑的新形态也在不断地被发现。每种新形态都具有其独特的化学性质，在砷与锑地球化学循环中的角色也各不相同。新形态的生成与转化机制研究引领着砷与锑地球化学的研究方向。在复杂多介质环境体系中，微生物参与的砷、锑在环境介质界面的吸附/解吸、配位/沉淀和氧化/还原等过程不仅影响砷与锑的形态分布，也影响砷与锑的迁移转化、富集滞留和生物有效性。认识砷与锑的环境生物地球化学循环，是有针对性地开发砷与锑污染防控技术的前提。

针对目前砷与锑污染防控面临的诸多瓶颈，本书从砷、锑的环境化学基础出发，总结砷与锑的环境赋存形态、环境分析方法、微生物参与的砷锑形态转化、砷与锑在环境介质界面的反应过程，以及污染防控的新材料、新工艺、新技术。全书共 7 章。第 1 章介绍砷与锑的环境赋存形态、砷与锑分子的结构化学与光谱学特征、砷与锑有机配合物的配位化学结构、典型地区砷与锑的分布。第 2 章归纳砷与锑的萃取富集手段、形态的色谱分离条件与原理，综述以质谱、光谱为主的定性定量方法。第 3 章介绍砷与锑分析技术的基本原理、光电响应探针、现场分析传感器的应用。第 4 章讨论微生物介导砷与锑的还原、氧化、甲基化、去甲基化与巯基化机制。第 5 章对砷与锑在环境介质界面的反应过程及其分子机制进行归纳，概述环境界面过程的研究手段，介绍砷与锑在铁矿物、镧铝氧化物、二氧化钛、石墨烯/金属氧化物复合界面的吸附、沉淀、氧化机制。第 6 章总结共存离子对砷与锑界面吸附的影响及作用机制。第 7 章梳理水体及土壤中砷与锑的污染现状，并系统综述以吸附法为代表的砷与锑污染防治技术。

本书由中国科学院生态环境研究中心的景传勇、杜晶晶、阎莉、叶丽共同撰写而成。作者研究团队在重金属污染控制领域得到了国家重大科学研究计划项目"功能纳米材料在地下水体优控污染物去除中的应用基础研究（2015CB932000）"和国家重点研发计划项目"矿区及周边场地砷污染扩散阻控与修复技术（2020YFC1807800）"的大力资助，在此深表感谢。

由于作者水平有限，书中难免存在不足之处，敬请相关专家及广大读者批评指正。

景传勇

2023 年 2 月

# 目　　录

# 第1章　砷与锑的环境化学基础

　　结构决定性质，砷与锑分子及配合物的化学结构是决定其环境化学行为的基础。砷与锑同属 VA 族元素，两者具有相同的价电子数目与相似的物理化学性质，如价态信息（-3 价到+5 价）；但两者不同的电子组态（砷 $4s^24p^3$，锑 $5s^25p^3$）使其与配体形成的分子结构有显著差异。作为变价元素，砷与锑分子的配位结构是影响其赋存状态、环境过程与迁移归趋的根本原因。

## 1.1　砷与锑的赋存形态

### 1.1.1　砷

　　砷（As）属于类金属元素，位于元素周期表第 4 周期 VA 族，兼有金属性和非金属性。砷元素的主要化合价包括-3 价、0 价、+3 价和+5 价。负化合价的砷化合物主要有砷化氢（$AsH_3$）。零价砷主要是以单质形式存在，包括灰砷、黑砷和黄砷三种同素异形体。砷在水体中主要存在 4 种形态：三价砷[As(III)]、五价砷[As(V)]、一甲基砷（monomethyl arsenic，MMA）和二甲基砷（dimethyl arsenic，DMA）。一般来说，天然水体中只存在无机砷，包括 As(III) 和 As(V)，甲基化砷一般是施用杀虫剂导致的。不同形态砷毒性不同，其中无机砷毒性大于有机砷，As(III)毒性是 As(V)毒性的 50～100 倍（Sharma et al.，2009）。砷的环境迁移性与其化学形态密切相关。溶解态砷在环境中的赋存形态主要与pH 和氧化还原电位有关，如图 1.1（Wang et al.，2006）所示。在正常水体 pH 范围内，

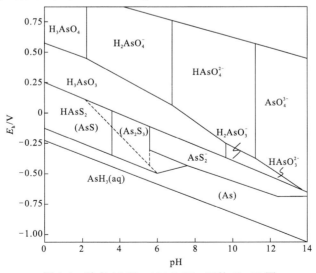

图 1.1　砷在 25 ℃、101.3 kPa 下的 $E_h$-pH 图

As(III)主要以电中性的 $H_3AsO_3$ 分子形式存在，而 As(V)主要以带负电的 $HAsO_4^{2-}$ 和 $H_2AsO_4^-$ 形式存在。

　　有机砷化合物是由无机砷化合物通过复杂的生化反应衍生得到的，如图 1.2（Cullen et al.，1989）所示。相对于无机砷化合物，有机砷的形态结构更为丰富。常见的有机砷化合物包括一甲基砷（MMA）、二甲基砷（DMA）、硫代砷酸盐、甲基硫代砷、砷甜菜碱（arsenobetaine，AsB）、砷糖、砷胆碱、砷脂、氨苯胂酸和砷凡纳明等（Mangalgiri et al.，2015；Cullen et al.，1989）。砷化合物的形态结构分析对揭示砷在环境中的迁移转化规律及健康效应具有重要的意义。

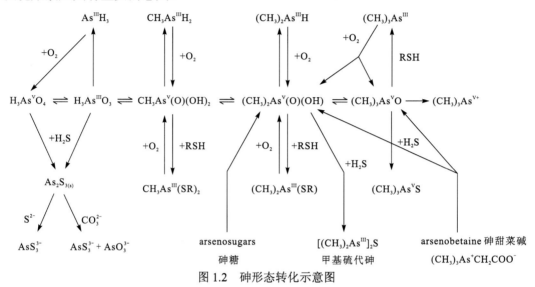

图 1.2　砷形态转化示意图

## 1.1.2　锑

　　锑（Sb）属第 5 周期 VA 族元素。与砷类似，锑有 -3 价、0 价、+3 价和 +5 价 4 种化合价，在环境水体中，通常以无机三价锑[Sb(III)]和五价锑[Sb(V)]形式存在。带正电荷的 $Sb(OH)_2^+$ 只能在酸性非常大的条件下（pH<2）存在，$Sb(OH)_3$ 和 $Sb(OH)_6^-$ 是天然水体中最常见的无机锑形态（图 1.3）。

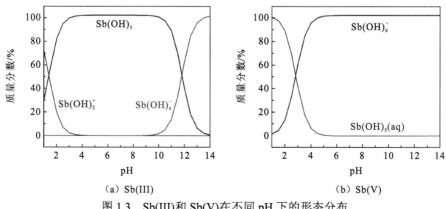

（a）Sb(III)　　　　　　　　　　（b）Sb(V)

图 1.3　Sb(III)和 Sb(V)在不同 pH 下的形态分布

人们对有机锑的形态还没有完全了解，但一般认为有机锑的毒性小于无机锑化合物（Wilson et al.，2010）。甲基化锑是土壤、水和生物系统中分布最广泛的有机锑形态（Mueller et al.，2009；Duester et al.，2005）。甲基化锑形态的三甲基二氯锑$[(CH_3)_3SbCl_2]$、甲基锑酸$[(CH_3)SbO(OH)_2]$、二甲基锑酸$[(CH_3)_2Sb(O)OH]$和三甲基锑$[(CH_3)_3Sb]$已在海洋生物、海水、涝渍土壤和城市土壤等多种环境样品中检测到（Wilson et al.，2010；Lintschinger et al.，1998）。在热泉水体中检测到硫代锑酸盐（Planer-Friedrich et al.，2011），如三硫代锑酸盐和四硫代锑酸盐。在温度低于 120 ℃时，$HSb_2S_4^-$ 和 $Sb_2S_4^{2-}$ 被认为是热力学稳定的硫代锑酸盐形态，当温度高于 120 ℃时，羟基化硫代锑酸盐 $Sb_2S_2(OH)_2^0$ 为主要形态。不同环境系统中锑的化学形态如图 1.4（Herath et al.，2017）所示。

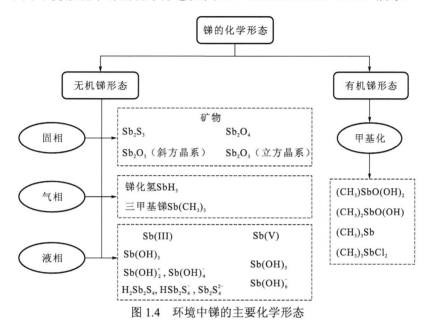

图 1.4　环境中锑的主要化学形态

**1. 锑的氧化物及含氧酸**

锑的主要氧化物是 $Sb_4O_6$ 和 $Sb_4O_{10}$。Sb(III)氧化物至少有两种变体：立方的方锑矿和正交的锑华。与砷的氧化物类似，在蒸气相中氧化亚锑分子是以二聚体形式 $Sb_4O_6$ 存在的，只有在高温下才分解为简单的 $Sb_2O_3$ 分子。X 射线研究表明，立方的 $Sb_4O_6$ 是分子晶体。Sb 与 3 个质点相邻，呈角锥形，Sb—O 键长 1.98 Å，键角 O—Sb—O 为 96°。正交的锑华结构较复杂，由锑、氧原子交错的长链构成无限的双链结构，Sb—O 键长 2.01 Å，键角 O—Sb—O 为 80°、92°和 98°，键角 Sb—O—Sb 为 116°和 131°。$Sb_2O_3$ 几乎不溶于水（$3×10^{-5}$ mol $Sb_2O_3$/kg $H_2O$，25 ℃）和稀硫酸，但溶于浓硫酸、硝酸、盐酸、草酸、酒石酸，形成相应酸的盐或配离子：$Sb_2(SO_4)_3$、$Sb(NO_3)_3$、$SbCl_3$ 或 $SbCl_4^-$、$Sb(C_2O_4)_2^-$、$Sb(C_4H_4O_6)_2^-$。$Sb_2O_3$ 也溶于强碱中，形成亚锑酸盐。

$Sb_2O_5$ 溶于碱金属氢氧化物，或与其固体共熔即得锑酸盐 $Sb(OH)_6^-$。与砷酸不同，Sb(V)的含氧化合物不是以四面体为基础，而是氧原子与 Sb(V) 形成八面体配位，以 $SbO_6$ 八面体为基础，具有 $M^ISbO_3$、$M^{II}Sb_2O_6$、$M_2^{II}Sb_2O_7$、$M^{III}SbO_4$ 等锑的络氧化物。其中，

$M^I SbO_3$ 型化合物主要有 $NaSbO_3$ 和 $KSbO_3$，可在空气中通过加热 $NaSb(OH)_6$ 和 $KSb(OH)_6$ 制得。$M^{III}SbO_4$ 型化合物包括 $FeSbO_4$、$AlSbO_4$、$CrSbO_4$、$RhSbO_4$ 和 $GaSbO_4$ 等，为金红石结构。$M^{II}Sb_2O_6$ 型化合物有 3 种类型结构：离子半径较小的 $Mg^{2+}$ 和部分 3d 金属离子的化合物为三金红石结构；离子半径稍大的 $Mn^{2+}$ 的化合物则是铌铁矿结构；离子半径为 100 pm 或较大的则是六方结构。$M_2^{II}Sb_2O_7$ 型化合物有两种结构：$Ga_2Sb_2O_7$、$Sr_2Sb_2O_7$、$Cd_2Sb_2O_7$ 为氟铝镁钠石结构；$Pb_2Sb_2O_7$ 为烧绿石（pyrochlore）结构。

**2. 锑的硫属化合物**

锑主要的硫化物、硒化物、碲化物分别为 $Sb_2S_3$ 和 $Sb_2S_5$、$Sb_2Se_3$、$Sb_2Te_3$。

$Sb_2S_3$ 在自然界中以深灰色的辉锑矿存在。$Sb_2S_3$ 在室温下是稳定的，但在空气中加热就转变成相应的氧化物，也可被 $H_2$ 或 Fe 还原为单质 Sb。$Sb_2S_3$ 不溶于水，但溶于热浓 HCl，生成 $SbCl_4^-$，如式（1.1）所示：

$$Sb_2S_3 + 6H^+ + 8Cl^- \longrightarrow 2SbCl_4^- + 3H_2S \tag{1.1}$$

由于 $As_2S_3$ 酸性比 $Sb_2S_3$ 强，$As_2S_3$ 不溶于 HCl。因此，利用上述反应可从 $As_2S_3$ 中分离和鉴别锑。

$Sb_2S_3$ 也溶于碱金属氢氧化物溶液中，如式（1.2）所示：

$$2Sb_2S_3 + 4OH^- \longrightarrow SbO_2^- + 3SbS_2^- + 2H_2O \tag{1.2}$$

若 $Sb_2S_3$ 与浓碱作用，则生成 $SbO_3^{3-}$，如式（1.3）所示：

$$Sb_2S_3 + 6OH^- \longrightarrow SbO_3^{3-} + SbS_3^{3-} + 3H_2O \tag{1.3}$$

$Sb_2S_3$ 在氨水和 $(NH_4)_2CO_3$ 溶液中则不溶，因此可与 $As_2S_3$ 区别开来。但 $Sb_2S_3$ 溶于硫化铵溶液，生成硫代亚锑酸盐，如式（1.4）所示：

$$Sb_2S_3 + 3S^{2-} \longrightarrow 2SbS_3^{3-} \tag{1.4}$$

酸化硫代亚锑酸盐或亚锑酸盐和硫代亚锑酸盐溶液，$Sb_2S_3$ 重新沉淀出来，分别如式（1.5）和式（1.6）所示：

$$2SbS_3^{3-} + 6H^+ \longrightarrow Sb_2S_3 + 3H_2S \tag{1.5}$$

$$SbS_3^{3-} + SbO_3^{3-} + 6H^+ \longrightarrow Sb_2S_3 + 3H_2O \tag{1.6}$$

$Sb_2S_3$ 在工业上已实现相当大规模的生产，主要用于炸药、爆炸物和有色玻璃的生产，也可作为塑料中的色料和焰火剂（$Sb_2S_3$、$Sb_2S_4$ 和 $Sb_2OS_3$ 的混合物是绯红色的）。

全硫代锑酸盐与稀硫酸或盐酸作用可得到 Sb(V) 的硫化物，如式（1.7）所示：

$$2Na_3SbS_4 + 3H_2SO_4 \xrightarrow{N_2} Sb_2S_5 + 3Na_2SO_4 + 3H_2S \tag{1.7}$$

因此，工业上将 $Sb_2S_3$ 与 S 在 NaOH 水溶液中煮沸，然后用 HCl 酸化的方法来制备 Sb(V) 硫化物，并作为橡胶硫化剂，但是未能从结构上证明其组成为 $Sb_2S_5$。

锑的硒化物和碲化物都可以通过在封闭情况下于 500～900 ℃灼烧化学计量的相应单质的方法制取。

$Sb_2Se_3$ 与 $Sb_2S_3$ 一样，是辉锑矿结构。对锑的硒化物和碲化物研究的兴趣主要在于它们的半导体性质，n 型和 p 型半导体都可获得。$Sb_2X_3$ 带隙能量 $E_g$ 按 $Sb_2S_3$（1.7 eV）＞ $Sb_2Se_3$（1.3 eV）＞ $Sb_2Te_3$（0.3 eV）次序下降。锑的硒化物和碲化物也有较大的热电子效应，可作为固态制冷剂。

# 1.2 砷与锑的结构化学

砷与锑原子的性质如表 1.1 所示。砷原子的价电子组态为 $4s^24p^3$,锑原子的价电子组态为 $5s^25p^3$。砷与锑原子的第一电离能分别为 9.788 6 eV 和 8.608 4 eV,表明锑比砷更容易丢失电子形成正离子,金属性更强。砷的电负性 $\chi_p$ 为 2.18,锑的 $\chi_p$ 为 2.05。电负性是判断元素金属性的重要参数,$\chi_p=2$ 可作为近似标志金属元素与非金属元素的分界点。由电负性数值可知,锑的电负性比砷小,更接近金属元素性质。

表 1.1 砷与锑原子的性质

| 物理性质 | As | Sb |
|---|---|---|
| 原子序数 | 33 | 51 |
| 原子量 | 74.922 | 121.757 |
| 电子构型 | $[Ar]3d^{10}4s^24p^3$ | $[Kr]4d^{10}5s^25p^3$ |
| 共价半径/Å | 1.21 | 1.41 |
| 离子半径 $M^{3+}$/Å | 0.69 | 0.96 |
| 金属半径/Å | 1.39 | 1.59 |
| 电负性 $\chi_p$ | 2.18 | 2.05 |

## 1.2.1 砷与锑的分子结构

砷原子、锑原子与氧原子以共价键的成键方式形成砷酸盐、锑酸盐分子。三价砷 $[H_3AsO_3]$、五价砷 $[H_3AsO_4]$、三价锑 $[Sb(OH)_3]$ 和五价锑 $[Sb(OH)_6^-]$ 的分子结构和对称性如图 1.5 所示。其中 As(III) 和 Sb(III) 是三角锥 $C_{3v}$ 对称结构,As(V) 为正四面体 $T_d$ 对称结构,Sb(V) 为正八面体 $O_h$ 对称结构。

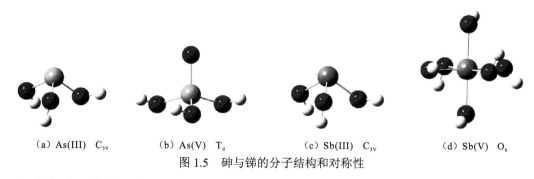

(a) As(III) $C_{3v}$      (b) As(V) $T_d$      (c) Sb(III) $C_{3v}$      (d) Sb(V) $O_h$

图 1.5 砷与锑的分子结构和对称性

根据分子轨道理论,分子轨道可以近似地用能级相近的原子轨道线性组合(linear combination of atomic orbitals,LCAO)得到。As(V) 和 Sb(V) 的分子轨道能级如图 1.6 所示。$AsO_4^{3-}$ 分子具有 $T_d$ 点群对称性。中心原子 As 的 s 轨道属于 $a_1$,p 轨道属于 $t_2$,在不考虑 π 成键的作用下,$d_{x^2-y^2}$ 和 $d_{z^2}$ 轨道是一组非键的 e 轨道。4 个配体 O 的 σ 群轨道,3 个属于 $t_2$,1 个属于 $a_1$。从分子轨道可知,配体的 4 对电子占据 $a_1$ 和 $t_2$ 轨道,As(V) 的 10 个价电子($3d^{10}$ 组态)占据 e 和反键 $t_2^*$ 轨道。

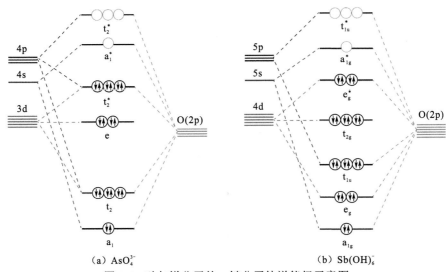

图 1.6 砷与锑分子的 σ 键分子轨道能级示意图

（a）$AsO_4^{3-}$

（b）$Sb(OH)_6^-$

$Sb(OH)_6^-$ 具有正八面体结构，呈 $O_h$ 点群对称性。中心原子 Sb 的 s 轨道属于对称类别 $A_{1g}$，即 s 轨道是 $a_{1g}$ 轨道，Sb 原子的 $p_x$、$p_y$、$p_z$ 轨道是八面体对称性下的一组三重简并轨道，属于对称类别 $T_{1u}$（$t_{1u}$ 轨道），Sb 原子的 $d_{x^2-y^2}$ 和 $d_{z^2}$ 属于对称类别 $E_g$（$e_g$ 轨道）。在八面体配合物中，中心原子 Sb 的 $d_{xy}$、$d_{yz}$、$d_{xz}$ 轨道因不指向配体，不能形成 σ 分子轨道，在不考虑 π 成键的作用下，是一组非键的 $t_{2g}$ 轨道。分子轨道能级图［图 1.6（b）］中，左侧表示 Sb 原子的 4d、5s、5p 轨道，中间表示分子轨道，右侧表示 6 个配体 O 具有相同能量的 σ 轨道。从 $a_{1g}$、$t_{1u}$、$e_g$ 分子轨道可知，其能级更接近于配体 σ 轨道，具有更多配体轨道的性质。因此，配体的 6 对电子在不违背泡利不相容原理的前提下占据这 6 个轨道。反键 $e_g^*$（$\sigma^*$）轨道能级更接近于 Sb 原子轨道，$t_{2g}$ 轨道是来自 Sb 的 $d_{xy}$、$d_{yz}$、$d_{xz}$ 轨道，Sb(V) 的 10 个价电子（$4d^{10}$ 组态）占据 $t_{2g}$ 和反键 $e_g^*$ 轨道。

讨论分子轨道时应对反键轨道予以充分重视，因为反键轨道和其他轨道相互重叠，可以形成化学键，降低体系的能量，促进分子稳定地形成；反键轨道也是了解分子激发态性质的关键。同步辐射 X 射线吸收近边结构（X-ray absorption near edge structure，XANES）谱是解析分子轨道的重要实验手段，特别是对部分占有电子或完全没有电子占据的空态结构的测定。通过对内能级电子到未占据态激发的 XANES 谱测量，能够得到有关未占据分子轨道性质的直接信息。因为 XANES 谱测量涉及确定的初态、终态偶极跃迁，应用偶极选择规则，根据分子对称结构就能指认 XANES 谱中的跃迁与特征分子轨道的对应关系。

$NaAsO_2$、$Na_2HAsO_4$、$Sb_2O_3$ 和 $Sb_2O_5$ 样品的砷、锑的 K 边 XANES 谱如图 1.7 所示。结果显示，As(III)、As(V)、Sb(III) 和 Sb(V) 的跃迁边能量分别为 11 871 eV、11 874 eV、30 496 eV 和 30 499 eV。根据偶极选择规则，电子跃迁初态与终态之间角动量量子数的变化应当是 $\Delta l = \pm 1$。对于 K 边跃迁（初态 s），终态应有来自 p 轨道的贡献。因此，可以确认 As(III) 和 Sb(III) 的 K 边 XANES 谱主峰归结于 1s 电子向 $e^*$ 空轨道的跃迁（$1s \rightarrow e^*$），As(V) 的主峰归结于 1s 电子向 $t_2^*$ 轨道的跃迁（$1s \rightarrow t_2^*$），Sb(V) 的主峰归结于 1s 电子向 $t_{1u}^*$ 轨道的跃迁（$1s \rightarrow t_{1u}^*$）。

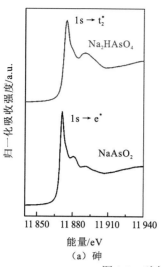
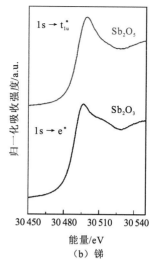

图 1.7 砷与锑的 K 边 XANES 谱

红外光谱是研究砷与锑分子结构的重要手段。分子的红外光谱是分子的振动基态与振动激发态之间的跃迁。只有那些使分子的偶极矩发生变化的振动,才是红外活性的。由于偶极矩的矢量分量可用笛卡儿坐标 $x$、$y$、$z$ 表示,若一个简正振动方式所属的不可约表示的基为 $x$、$y$、$z$ 中的任何一个,则其为红外活性的。As(III)和 Sb(III)分子属于 $C_{3v}$ 点群,分子简正振动所属的不可约表示为 $\Gamma = A_1 + E$。其中,$A_1$ 表示轨道不简并,每个能级只有 1 个分子轨道;$E$ 表示轨道二重简并,每个能级有 2 个能量一致的分子轨道。特征标表中 $A_1$ 和 $E$ 的基中含有 $x$、$y$、$z$,因此,As(III)和 Sb(III)分子具有红外活性。同理,As(V)($T_d$ 点群)和 Sb(V)($O_h$ 点群)分子均具有红外活性。从图 1.8 所示的砷与锑分子

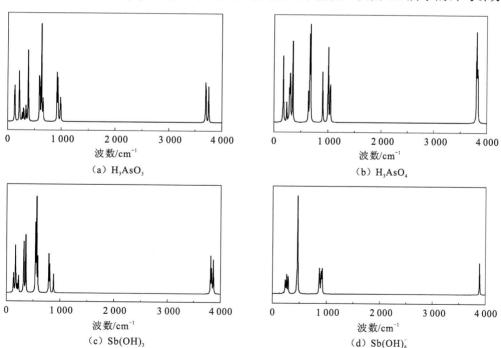

图 1.8 DFT 计算的砷与锑分子的红外光谱图

的密度泛函理论（density functional theory，DFT）计算的红外光谱可知，分子的红外光谱与其对称性密切相关。

## 1.2.2 As(III)结构与光谱关系

XANES 光谱具有吸收信号强，对元素价态、未占据电子态等化学信息敏感等优势，在物质形态结构研究中发挥着重要作用。XANES 光谱的特征主要包括峰位置、展宽、峰个数等。这些特征包含着中心原子有效电荷数、配位体种类、对称性和成键类型等信息。峰位置与中心原子有效电荷数有关。谱峰展宽主要是由芯空穴的寿命决定的，此外还与仪器分辨率有关。基于分子轨道理论，当形成共价键时，由于电子能级分布较为弥散，态密度呈现均匀化。因此，电子的未占据轨道具有更宽的能量范围，吸收峰变宽。峰个数主要取决于分子的对称性造成的能级分裂。对 XANES 谱的解析需要借助理论工具实现。最广泛采用的方法是多重散射理论（multiple scattering theory，MST）和含时密度泛函理论（time-dependent density functional theory，TDDFT）。

Canche-Tello 等（2014）对溶液中 As(OH)$_3$ 的 As 的 K 边 XANES 光谱进行了研究，将该物种 As 的 K 边 XANES 谱部划分为三个区域，分别为白线峰（A 峰），峰位置为 11 870.6 eV；白线峰以上 6 eV 处的小峰（B 峰），以及白线峰以上 12 eV 处极微弱的 C 峰特征[图 1.9（a）]。通过经典蒙特卡罗（Monte Carlo）方法模拟得到 As(OH)$_3$ 的显性溶剂化结构，并通过全势多重散射计算出理论 XANES 光谱。结果显示，只有当超过砷原子中心 5 Å 的水分子形成特定的六边形有序排列（笼形结构）[图 1.9（b）]时，XANES 光谱部分才能够大致匹配。最佳构型中水分子排列形成的六边形结构不仅有序，而且方向上与 As(OH)$_3$ 的旋转轴垂直。B 峰和 C 峰的特征主要来自这种有序性导致的相干散射。

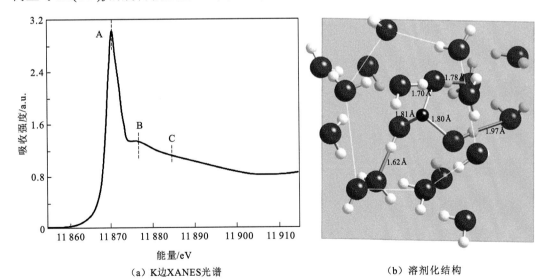

（a）K边XANES光谱　　　　　　　　（b）溶剂化结构

图 1.9　溶液中 As(OH)$_3$ 的 As 的 K 边 XANES 谱与溶剂化结构

引自 Canche-Tello 等（2014）

溶液 As(OH)$_3$ 分子的 XANES 实验谱和不同泛函计算的理论谱如图 1.10 所示。As(OH)$_3$ 光谱的白线峰肩峰强度较低。利用 ORCA 4.2 软件计算砷化合物的 XANES 光谱，在相同基组 def2-TZVP 情况下，不同泛函计算的理论 As(OH)$_3$ 的 XANES 光谱均表现为双峰的特征，共振峰与白线峰的距离约为 10 eV。

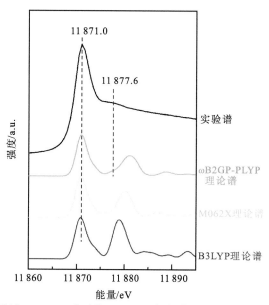

图 1.10　溶液 As(OH)$_3$ 分子的 XANES 实验谱与不同泛函计算的理论谱

As 的 K 边白线峰被归属为 1s 轨道的电子向空的 4p 轨道的跃迁。实际上 As 原子与周边的 O 原子形成了共价键，接受电子的轨道中含有 O 原子的轨道成分。因此，基于分子轨道理论能够更为精确地反映白线峰内部的跃迁属性。图 1.11 中绘制了使用 ωB2GP-PLYP 泛函、在 def2-TZVP 基组条件下计算的 As(OH)$_3$ 分子的跃迁分布特征。

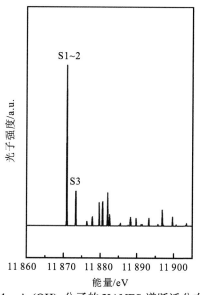

图 1.11　As(OH)$_3$ 分子的 XANES 谱跃迁分布特征

As(OH)$_3$ 分子的理论 XANES 谱的跃迁信息见表 1.2。As(OH)$_3$ 分子在白线峰范围内只有三个跃迁，其中主峰对应激发能很接近的两个态 S1 和 S2。这两个跃迁对应的激发态的组成方式有差异，不存在单一分子轨道所主导的跃迁。激发态 S3 对应于白线峰肩峰的位置，其强度较低，与实验谱一致。对跃迁属性进行分析，三种激发态均以电偶极矩跃迁为主，S1 和 S2 态包含少量电四极矩跃迁。

**表 1.2　As(OH)₃ 分子 As 的 K 边 XANES 谱白线峰跃迁信息**

| 激发态 | 激发能量*/eV | 分子轨道组态系数 | 电偶极矩占比/% | 磁偶极矩占比/% | 电四极矩占比/% |
|---|---|---|---|---|---|
| S1 | 11 870.9 | 69.5% 1s→LUMO<br>15.6% 1s→LUMO+3 | 68.5 | 12.0 | 19.5 |
| S2 | 11 870.9 | 69.5% 1s→LUMO+1<br>15.6% 1s→LUMO+4 | 68.4 | 12.0 | 19.6 |
| S3 | 11 873.4 | 12.9% 1s→LUMO+2<br>62.1% 1s→LUMO+5<br>16.2% 1s→LUMO+8 | 100.0 | 0.0 | 0.0 |

*跃迁能校正值为 183.7 eV
注：LUMO 为分子的最低未占据轨道（lowest unoccupied molecular orbital）

As(OH)₃ 分子三个激发态的自然跃迁轨道（natural transition orbitals，NTO）如图 1.12 所示，NTO 成分分析结果见表 1.3。S1 态对应的 NTO 主要是两个氢氧根的 σ 反键轨道，这两个反键轨道与 As 的 4p 轨道在空间交叠时形成反键轨道节面。S2 态对应的轨道为氧原子的非键轨道，非键轨道与 As 的 4p 轨道同样形成反键轨道节面。S3 态对应的电子轨道为 As—OH 键的 σ 反键轨道。

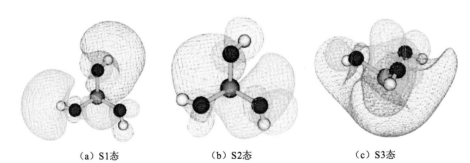

　（a）S1态　　　　　　　　（b）S2态　　　　　　　　（c）S3态

图 1.12　As(OH)₃ 分子激发态的 NTO 图
等值面数值为 0.02

**表 1.3　H₃AsO₃ 分子的 NTO 成分分析结果**

| 激发态 | NTO 本征值 | As ns/% | As 4p /% | As 4d /% | O /% | H /% | 主成分 |
|---|---|---|---|---|---|---|---|
| S1 | 0.963 | 0.6 | 10.2 | 6.8 | 12.9<br>(8.2% p) | 69.1 | σ*(OH)+As 4p |
| S2 | 0.969 | 0.0 | 53.6 | 3.0 | 39.7<br>(28.0% s) | 3.0 | As 4p+n(O) |
| S3 | 0.970 | 37.7 | 24.0 | 2.9 | 21.9<br>(14.0% p) | 12.9 | σ*(As—OH) |

注：As ns、As 4p、As 4d、O、H 代表组成激发态 NTO 的各原子轨道的占比，后同

## 1.2.3 As(V)结构与光谱关系

五价砷含氧阴离子的 XANES 实验谱和不同泛函计算的理论谱如图 1.13 所示。As(V) 阴离子具有明显的白线峰肩峰特征。比较不同泛函计算的理论谱，双杂化泛函 ωB2GP-PLYP 能够较准确地预测 $HAsO_4^{2-}$ 和 $AsO_4^{3-}$ 的 XANES 峰，计算得到的理论谱较好地符合白线峰的主峰和肩峰部分，对共振峰的峰位能够得到近似的结果。

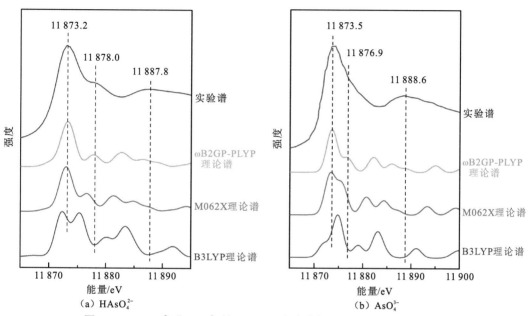

图 1.13　$HAsO_4^{2-}$ 和 $AsO_4^{3-}$ 的 XANES 实验谱与不同泛函计算的理论谱

Mähler 等（2013）指出 As(V)在溶液中的质子化程度影响其 XANES 光谱特征，发现 As(V)阴离子具有相对较强的共振峰信号，而且带电荷数越高，共振峰相对强度越强。三种不同质子化程度的 As(V)含氧阴离子的理论 XANES 光谱如图 1.14 所示，观察到

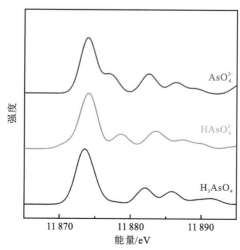

图 1.14　ωB2GP-PLYP 泛函计算的 As(V)含氧阴离子的理论 XANES 光谱

$AsO_4^{3-}$、$HAsO_4^{2-}$ 和 $H_3AsO_4$ 的白线峰肩峰随着质子化程度的升高而降低。此外，共振峰位置的三组峰特征在三种化合物中都有体现，尽管峰的相对位置和强度分布因体系而异。共振峰表现出的这一特征可能与这三种物质都是四面体结构有关。图 1.15 中具体给出了 $AsO_4^{3-}$、$HAsO_4^{2-}$ 和 $H_3AsO_4$ 的理论 XANES 光谱所对应的跃迁分布情况。

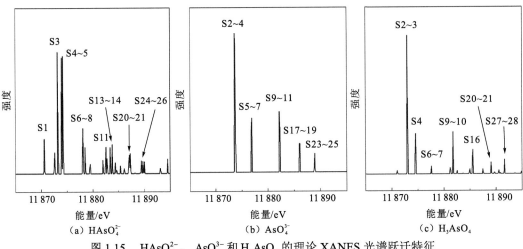

图 1.15　$HAsO_4^{2-}$、$AsO_4^{3-}$ 和 $H_3AsO_4$ 的理论 XANES 光谱跃迁特征

### 1. $HAsO_4^{2-}$ 的轨道跃迁

$HAsO_4^{2-}$ 的白线峰跃迁信息见表 1.4。S3、S4 和 S5 位置的跃迁对应于白线峰的位置。S1 是跃迁能低于白线峰的一个激发态，其跃迁振子强度要低于白线峰处的 S3 和 S4。S1 和 S3 之间的 S2 振子强度更低。S6、S7 和 S8 对应于白线峰肩峰的激发态。以上激发态均属于偶极跃迁，且不能用单一的分子轨道归属跃迁的性质。

表 1.4　$HAsO_4^{2-}$ 的白线峰跃迁信息

| 激发态 | 激发能量*/eV | 分子轨道组态系数 | 电偶极矩占比/% | 磁偶极矩占比/% | 电四极矩占比/% |
|---|---|---|---|---|---|
| S1 | 11 870.6 | 45.3% 1s→LUMO<br>26.9% 1s→LUMO+1<br>14.6% 1s→LUMO+4 | 99.9 | 0.0 | 0.1 |
| S3 | 11 873.2 | 17.0% 1s→LUMO<br>42.7% 1s→LUMO+4<br>19.5% 1s→LUMO+7 | 99.9 | 0.0 | 0.1 |
| S4 | 11 874.0 | 45.8% 1s→LUMO+2<br>23.0% 1s→LUMO+5 | 99.4 | 0.2 | 0.4 |
| S5 | 11 874.2 | 43.0% 1s→LUMO+3<br>42.2% 1s→LUMO+6 | 99.1 | 0.4 | 0.5 |
| S6 | 11 878.0 | 39.4% 1s→LUMO+2<br>10.3% 1s→LUMO+3<br>38.1% 1s→LUMO+5 | 97.0 | 0.6 | 2.4 |

| 激发态 | 激发能量*/eV | 分子轨道组态系数 | 电偶极矩占比/% | 磁偶极矩占比/% | 电四极矩占比/% |
|---|---|---|---|---|---|
| S7 | 11 878.1 | 45.4% 1s→LUMO+3<br>38.2% 1s→LUMO+6 | 97.0 | 1.1 | 1.9 |
| S8 | 11 878.5 | 17.1% 1s→LUMO+3<br>18.0% 1s→LUMO+4<br>44.0% 1s→LUMO+7 | 99.3 | 0.1 | 0.6 |

*跃迁能校正值为 182.3 eV

$HAsO_4^{2-}$ 白线峰激发态的 NTO 如图 1.16 所示，轨道成分见表 1.5。S1~S5 都归属为 As 与周边部分 O 原子相互作用的反键轨道。其中 S1 和 S3 属于 $\sigma^*$ 轨道，而 S4 和 S5 属于 $\pi^*$ 轨道。S3、S4 和 S5 对应电子 NTO 中 As 的 4p 成分比较多，这与其跃迁强度较高有直接关系。S1 和 S8 的跃迁强度相对较低，与电子 NTO 中 As 的 s 轨道成分较多而 4p 轨道成分较少有关。白线峰肩峰的 NTO 电子轨道组成与白线峰主峰差异性较小。

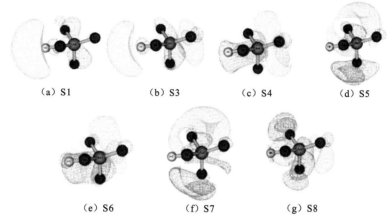

（a）S1　　　　　（b）S3　　　　　（c）S4　　　　　（d）S5

（e）S6　　　　　　（f）S7　　　　　　（g）S8

图 1.16　$HAsO_4^{2-}$ 白线峰激发态的 NTO 图

等值面数值为 0.04；紫色球表示 As 原子，红色球表示 O 原子，白色球表示 H 原子，后同

表 1.5　$HAsO_4^{2-}$ 的白线峰 NTO 成分分析结果

| 激发态 | NTO 本征值 | As $ns$/% | As 4p/% | As 4d/% | O/% | H/% | 主成分 |
|---|---|---|---|---|---|---|---|
| S1 | 0.979 | 61.4 | 3.5 | 0.0 | 18.6<br>(9.8% s) | 15.9 | $\sigma^*$(As 4s-OH) |
| S3 | 0.969 | 11.1 | 36.3 | 3.0 | 33.0<br>(24.5% s) | 16.5 | $\sigma^*$(As 4p-OH) |
| S4 | 0.962 | 0.0 | 39.9 | 4.4 | 54.3<br>(47.1% s) | 1.2 | $\pi^*$(As 4p-O 2s) |
| S5 | 0.945 | 0.0 | 33.9 | 6.8 | 58.9<br>(49.9% s) | 0.1 | $\pi^*$(As 4p-O 2s) |
| S6 | 0.952 | 0.0 | 37.6 | 5.4 | 55.3<br>(46.2% s) | 1.6 | n(O 2s)+As 4p |

| 激发态 | NTO 本征值 | As $ns$/% | As 4p/% | As 4d/% | O/% | H/% | 主成分 |
|---|---|---|---|---|---|---|---|
| S7 | 0.945 | 0.0 | 34.4 | 8.0 | 57.3<br>(49.5% s) | 0.0 | $\sigma^*$(As-O4)+As 4p |
| S8 | 0.967 | 37.4 | 18.9 | 4.0 | 36.8<br>(26.0% s) | 2.5 | $\sigma^*$(As-O)+As 4p |

## 2. $AsO_4^{3-}$ 的轨道跃迁

$AsO_4^{3-}$ 的白线峰跃迁信息见表 1.6。其中 S1 是一个暗态，S2、S3 和 S4 位置的跃迁对应于白线峰的位置。S5、S6 和 S7 对应于白线峰肩峰的激发态。根据能量值，可知 S2～S4 及 S5～S7 是高度简并的。上述激发态同样都属于偶极跃迁。

表 1.6 $AsO_4^{3-}$ 的白线峰跃迁信息

| 激发态 | 激发能量*/eV | 分子轨道组态系数 | 电偶极极矩占比/% | 磁偶极极矩占比/% | 电四极矩占比/% |
|---|---|---|---|---|---|
| S2 | 11 873.6 | 28.9% 1s→LUMO+1<br>15.6% 1s→LUMO+2<br>12.3% 1s→LUMO+4<br>34.9% 1s→LUMO+5 | 99.7 | 0.1 | 0.2 |
| S3 | 11 873.6 | 15.4% 1s→LUMO+1<br>28.8% 1s→LUMO+2<br>35.0% 1s→LUMO+4<br>12.3% 1s→LUMO+5 | 99.7 | 0.1 | 0.2 |
| S4 | 11 873.7 | 44.0% 1s→LUMO+3<br>47.4% 1s→LUMO+6 | 100.0 | 0.0 | 0.0 |
| S5 | 11 876.9 | 27.9% 1s→LUMO+1<br>14.0% 1s→LUMO+2<br>13.1% 1s→LUMO+3<br>12.5% 1s→LUMO+4<br>16.6% 1s→LUMO+5 | 96.5 | 0.1 | 3.4 |
| S6 | 11 876.9 | 14.5% 1s→LUMO+1<br>39.8% 1s→LUMO+3<br>27.6% 1s→LUMO+6 | 97.3 | 0.6 | 2.1 |
| S7 | 11 876.9 | 12.4% 1s→LUMO+1<br>40.4% 1s→LUMO+2<br>25.6% 1s→LUMO+4<br>12.0% 1s→LUMO+5 | 97.8 | 0.4 | 1.8 |

*跃迁能校正值为 182.3 eV

$AsO_4^{3-}$ 白线峰激发态的 NTO 如图 1.17 所示，轨道成分见表 1.7。可以明确激发态的波函数是由几个能级较低的空轨道通过某种方式组合形成的。由图 1.17 可知，S2、S3 和 S4 分别对应于 As 的 4p 轨道三个不同的取向与 O 原子群轨道之间的相互作用，因此白线峰主峰处对应于形成 $\sigma^*$ 轨道。而白线峰肩峰处对应于 S5、S6 和 S7。其 NTO 组成较为复杂。根据 NTO 整体特征主要将其归属为 π* 轨道。与 $HAsO_4^{2-}$ 相比，$AsO_4^{3-}$ 中 As 的 4d 轨道参与程度有所提高，特别是在 S2 和 S3 对应的 NTO 中。

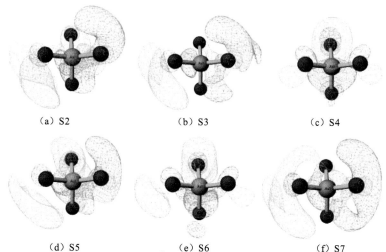

（a）S2　　　　　（b）S3　　　　　（c）S4

（d）S5　　　　　（e）S6　　　　　（f）S7

图 1.17　$AsO_4^{3-}$ 白线峰激发态的 NTO 图

等值面数值为 0.05

表 1.7　$AsO_4^{3-}$ 的白线峰 NTO 成分分析结果

| 激发态 | NTO 本征值 | As ns /% | As 4p /% | As 4d /% | O 2s /% | O 2p /% | 主成分 |
|---|---|---|---|---|---|---|---|
| S2 | 0.973 | 0.0 | 31.2 | 10.9 | 49.9 | 6.7 | σ*(As 4p-O) |
| S3 | 0.961 | 0.0 | 30.8 | 10.4 | 49.8 | 7.3 | σ*(As 4p-O) |
| S4 | 0.972 | 3.2 | 60.4 | 1.1 | 13.5 | 18.7 | σ*(As 4p-O)+n(O) |
| S5 | 0.974 | 0.0 | 34.6 | 7.9 | 48.9 | 6.3 | π*(As 4p-O) |
| S6 | 0.954 | 0.5 | 38.2 | 6.5 | 40.7 | 12.7 | π*(As 4p-O)+n(O) |
| S7 | 0.982 | 0.0 | 34.2 | 7.3 | 51.3 | 6.3 | π*(As 4p-O) |

### 3. $H_3AsO_4$ 的轨道跃迁

表 1.8 列出 $H_3AsO_4$ 分子的主要跃迁分布情况。S1 强度较低，可以归属为暗态。S2、S3 和 S4 对应于白线峰位置，其中 S2 与 S3 是简并关系。S6 和 S7 对应于白线峰肩峰的激发态，其跃迁强度很低，几乎为暗态。这些跃迁都属于偶极跃迁。与 $HAsO_4^{2-}$ 和 $AsO_4^{3-}$ 的跃迁特征不同，$H_3AsO_4$ 在白线峰主峰与白线峰肩峰之间存在中间激发态 S4。

表 1.8　$H_3AsO_4$ 分子的白线峰跃迁信息

| 激发态 | 激发能量*/eV | 分子轨道组态系数 | 电偶极矩占比/% | 磁偶极矩占比/% | 电四极矩占比/% |
|---|---|---|---|---|---|
| S2 | 11 873.0 | 15.9% 1s→LUMO+1<br>55.5% 1s→LUMO+4<br>10.4% 1s→LUMO+5<br>11.5% 1s→LUMO+9 | 97.1 | 1.1 | 1.8 |

| 激发态 | 激发能量*/eV | 分子轨道组态系数 | 电偶极矩占比/% | 磁偶极矩占比/% | 电四极矩占比/% |
|---|---|---|---|---|---|
| S3 | 11 873.0 | 15.7% 1s→LUMO+2<br>10.5% 1s→LUMO+4<br>55.5% 1s→LUMO+5<br>11.6% 1s→LUMO+8 | 97.1 | 1.1 | 1.8 |
| S4 | 11 874.6 | 21.4% 1s→LUMO+3<br>47.3% 1s→LUMO+6<br>23.2% 1s→LUMO+7 | 100.0 | 0.0 | 0.0 |
| S6 | 11 877.6 | 33.4% 1s→LUMO+1<br>47.7% 1s→LUMO+2<br>14.4% 1s→LUMO+4 | 86.8 | 3.9 | 9.3 |
| S7 | 11 877.6 | 47.6% 1s→LUMO+1<br>33.4% 1s→LUMO+2<br>14.4% 1s→LUMO+5 | 87.9 | 3.2 | 8.9 |

*跃迁能校正值为 182.3 eV

  $H_3AsO_4$ 分子白线峰激发态的 NTO 如图 1.18 所示，轨道成分见表 1.9。白线峰 S2 和 S3 分别对应 As 与氢氧根形成的 $\sigma^*$ 和 $\pi^*$ 轨道，且 As 的 4d 轨道成分占比较高，分别为 21.0% 和 9.2%。此时存在部分四极矩跃迁，可以归属为 1s→4d。对于中间态 S4，四极矩跃迁的贡献几乎为 0。由于 As 的 4p 轨道成分减少，偶极矩跃迁的强度会随之降低，理论谱上对应的信号较弱。S6 和 S7 对应的激发态中，两个电子轨道均为 As 的 4p 轨道与分子中两个 H 原子 s 群轨道形成 $\pi$ 轨道和 $\pi^*$ 轨道。由于电子轨道主要由 H 的 1s 群轨道和 As 的 4p 轨道组成，s 成分较多不利于芯层电子的跃迁，其跃迁强度较弱，表现为 $H_3AsO_4$ 分子的白线峰肩峰强度较低。

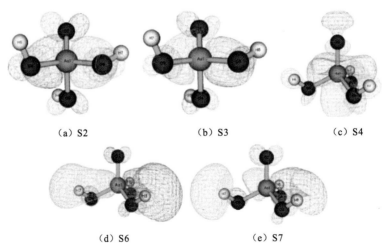

（a）S2    （b）S3    （c）S4

（d）S6    （e）S7

图 1.18 $H_3AsO_4$ 分子白线峰激发态的 NTO 图

等值面数值为 0.04

表 1.9　H₃AsO₄ 分子的白线峰 NTO 成分分析结果

表 1.9　$H_3AsO_4$ 分子的白线峰 NTO 成分分析结果

| 激发态 | NTO 本征值 | As $ns$/% | As 4p/% | As 4d/% | O/% | H/% | 主成分 |
|---|---|---|---|---|---|---|---|
| S2 | 0.950 | 0.0 | 32.6 | 21.0 | 37.3 (21.3% p) | 8.4 | σ*(As 4p-O)+As 4d |
| S3 | 0.950 | 0.0 | 47.8 | 9.2 | 26.2 (12.8% p) | 16.2 | π*(As 4p-OH) |
| S4 | 0.966 | 35.3 | 19.3 | 20.7 | 19.4 (10.9% s) | 4.4 | σ*(As 4p-OH)+As 4d |
| S6 | 0.987 | 0.0 | 19.0 | 2.6 | 12.4 (9.1% p) | 65.5 | π(As 4p-2H) |
| S7 | 0.986 | 0.0 | 10.0 | 5.4 | 18.8 (8.1% s) | 64.9 | π*(As 4p-2H) |

　　三种不同质子化程度的 As(V)分子的最低未占据 Kohn-Sham（KS）轨道特征如图 1.19 所示。酸根离子被质子化后，较低能级的空轨道中 σ*(OH)成分较高，σ*(OH)替代 σ*(As—O)成为最低占据轨道。$AsO_4^{3-}$ 和 $HAsO_4^{2-}$ 的未占据轨道中均存在一个接近 5 eV 的"跳跃"，分子轨道分布比较弥散。$H_3AsO_4$ 分子的 KS 轨道能级分布较均匀，白线峰对应的跃迁能分布也较均匀，不存在激发态能级间隔较大的情况，与图 1.15 的能级分布特征相一致。

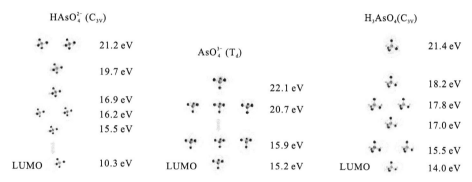

图 1.19　$HAsO_4^{2-}$、$AsO_4^{3-}$、$H_3AsO_4$ 未占据分子轨道能级图
等值面数值为 0.05

## 4. $HAsO_4^{2-}$、$AsO_4^{3-}$ 和 $H_3AsO_4$ 的共振峰跃迁

　　$H_3AsO_4$、$HAsO_4^{2-}$ 和 $AsO_4^{3-}$ 的共振峰跃迁成分和属性分析见表 1.10～表 1.12。共振峰的跃迁仍以偶极矩跃迁为主，跃迁对应的分子轨道为更高层分子轨道，部分高能量的跃迁可以用单一的分子轨道描述。由图 1.14 可知，三种 As(V)含氧阴离子/分子的理论谱的共振峰表现出非常相近的振荡方式，跃迁性质可以归属为"形状共振"。

表 1.10　$H_3AsO_4$ 分子的共振跃迁峰跃迁信息

| 激发态 | 激发能量*/eV | 分子轨道组合系数 | 电偶极矩占比/% | 磁偶极矩占比/% | 电四极矩占比/% |
|---|---|---|---|---|---|
| S9 | 11 881.8 | 63.2% 1s→LUMO+8 | 98.3 | 0.5 | 1.2 |
| S10 | 11 881.8 | 62.8% 1s→LUMO+9 | 98.2 | 0.6 | 1.2 |

| 激发态 | 激发能量[*]/eV | 分子轨道组合系数 | 电偶极矩占比/% | 磁偶极矩占比/% | 电四极矩占比/% |
|---|---|---|---|---|---|
| S16 | 11 885.6 | 55.9% 1s→LUMO+20<br>19.9% 1s→LUMO+25 | 100.0 | 0.0 | 0.0 |
| S20 | 11 889.1 | 58.9% 1s→LUMO+19<br>16.1% 1s→LUMO+22 | 81.0 | 5.3 | 13.7 |
| S21 | 11 889.1 | 59.0% 1s→LUMO+20<br>16.1% 1s→LUMO+23 | 84.3 | 2.8 | 12.9 |
| S27 | 11 891.7 | 79.1% 1s→LUMO+26 | 95.6 | 1.5 | 2.9 |
| S28 | 11 891.7 | 79.2% 1s→LUMO+27 | 97.0 | 0.7 | 2.3 |

*跃迁能校正值为 182.3 eV

**表 1.11　$HAsO_4^{2-}$ 的共振跃迁峰跃迁信息**

| 激发态 | 激发能量[*]/eV | 分子轨道组态系数 | 电偶极矩占比/% | 磁偶极矩占比/% | 电四极矩占比/% |
|---|---|---|---|---|---|
| S11 | 11 822.6 | 29.7% 1s→LUMO+9<br>12.9% 1s→LUMO+10<br>16.2% 1s→LUMO+12 | 98.5 | 0.5 | 1.0 |
| S13 | 11 833.4 | 17.9% 1s→LUMO+10<br>18.2% 1s→LUMO+12<br>26.6% 1s→LUMO+14 | 99.3 | 0.0 | 0.7 |
| S14 | 11 833.8 | 25.2% 1s→LUMO+11<br>25.3% 1s→LUMO+13<br>24.3% 1s→LUMO+16<br>13.7% 1s→LUMO+22 | 97.0 | 1.0 | 2.0 |
| S20 | 11 877.1 | 17.4% 1s→LUMO+13<br>60.3% 1s→LUMO+22 | 85.8 | 5.0 | 9.2 |
| S21 | 11 877.3 | 62.9% 1s→LUMO+20 | 80.6 | 7.1 | 12.3 |
| S24 | 11 889.4 | 11.3% 1s→LUMO+20<br>81.8% 1s→LUMO+23 | 99.2 | 0.0 | 0.8 |
| S25 | 11 889.7 | 94.4% 1s→LUMO+24 | 95.1 | 1.7 | 3.2 |
| S26 | 11 890.0 | 95.0% 1s→LUMO+25 | 100.0 | 0.0 | 0.0 |

*跃迁能校正值为 182.3 eV

**表 1.12　$AsO_4^{3-}$ 的共振跃迁峰跃迁信息**

| 激发态 | 激发能量[*]/eV | 分子轨道组合系数 | 电偶极矩占比/% | 磁偶极矩占比/% | 电四极矩占比/% |
|---|---|---|---|---|---|
| S9 | 11 882.2 | 10.0% 1s→LUMO+5<br>67.8% 1s→LUMO+8<br>12.4% 1s→LUMO+19 | 99.7 | 0.1 | 0.2 |
| S10 | 11 882.2 | 12.1% 1s→LUMO+9<br>61.6% 1s→LUMO+10<br>12.4% 1s→LUMO+20 | 99.6 | 0.1 | 0.3 |

| 激发态 | 激发能量*/eV | 分子轨道组合系数 | 电偶极矩占比/% | 磁偶极矩占比/% | 电四极矩占比/% |
|---|---|---|---|---|---|
| S11 | 11 882.3 | 56.9% 1s→LUMO+9<br>11.8% 1s→LUMO+10<br>13.1% 1s→LUMO+11 | 100.0 | 0.0 | 0.0 |
| S17 | 11 886.0 | 12.5% 1s→LUMO+8<br>73.5% 1s→LUMO+19 | 88.3 | 3.7 | 8.0 |
| S18 | 11 886.1 | 13.5% 1s→LUMO+10<br>73.5% 1s→LUMO+20 | 86.1 | 4.2 | 9.7 |
| S19 | 11 886.1 | 13.4% 1s→LUMO+9<br>77.7% 1s→LUMO+11 | 99.7 | 0.1 | 0.2 |
| S23 | 11 888.9 | 96.3% 1s→LUMO+12 | 100.0 | 0.0 | 0.0 |
| S24 | 11 888.9 | 96.5% 1s→LUMO+23 | 93.0 | 2.5 | 4.5 |
| S25 | 11 888.9 | 96.5% 1s→LUMO+24 | 94.3 | 1.2 | 4.5 |

*跃迁能校正值为 182.3 eV

## 1.2.4 DMA 结构与光谱关系

二甲基砷（DMA）的 XANES 实验谱和不同泛函计算的理论谱如图 1.20 所示。ωB2GP-PLYP、M062X 和 B3LYP 泛函均能较好地模拟实验光谱的主要部分，使用高精度的 ωB2GP-PLYP 泛函，对谱图的精度提高较为有限。DMA 分子的 XANES 谱白线峰跃迁信息见表 1.13，共振峰跃迁信息见表 1.14，跃迁均是由偶极矩跃迁主导的。

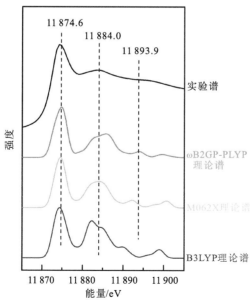

图 1.20 DMA 的 XANES 实验谱与不同泛函计算的理论谱

表 1.13　DMA 分子的 XANES 谱白线峰跃迁信息

| 激发态 | 激发能量*/eV | 分子轨道组合系数 | 电偶极矩占比/% | 磁偶极矩占比/% | 电四极矩占比/% |
|---|---|---|---|---|---|
| S1 | 11 873.0 | 36.2% 1s→LUMO<br>30.0% 1s→LUMO+5<br>18.2% 1s→LUMO+7 | 98.5 | 0.6 | 0.9 |
| S3 | 11 874.8 | 19.7% 1s→LUMO+3<br>20.4% 1s→LUMO+4<br>23.0% 1s→LUMO+7 | 98.5 | 0.4 | 1.1 |
| S4 | 11 875.4 | 19.6% 1s→LUMO+2<br>48.8% 1s→LUMO+9<br>13.7% 1s→LUMO+13 | 97.8 | 0.8 | 1.4 |
| S9 | 11 876.3 | 74.0% 1s→LUMO+1<br>15.7% 1s→LUMO+9 | 97.5 | 1.0 | 1.5 |

*跃迁能校正值为 184.5 eV

表 1.14　DMA 分子的共振峰跃迁信息

| 激发态 | 激发能量*/eV | 分子轨道组合系数 | 电偶极矩占比/% | 磁偶极矩占比/% | 电四极矩占比/% |
|---|---|---|---|---|---|
| S13 | 11 881.6 | 12.0% 1s→LUMO+10<br>38.3% 1s→LUMO+11<br>3.6% 1s→LUMO+14 | 90.2 | 0.4 | 9.4 |
| S14 | 11 882.0 | 76.5% 1s→LUMO+14 | 78.1 | 8.8 | 13.1 |
| S17 | 11 883.1 | 16.4% 1s→LUMO+17<br>32.5% 1s→LUMO+18<br>10.1% 1s→LUMO+20 | 92.3 | 2.7 | 5.0 |
| S18 | 11 884.0 | 53.0% 1s→LUMO+16<br>21.5% 1s→LUMO+20 | 80.5 | 6.6 | 12.9 |
| S21 | 11 885.1 | 13.8% 1s→LUMO+17<br>40.5% 1s→LUMO+20 | 94.7 | 1.6 | 3.7 |
| S22 | 11 885.8 | 23.8% 1s→LUMO+16<br>35.2% 1s→LUMO+20<br>24.1% 1s→LUMO+22 | 86.6 | 4.8 | 8.6 |
| S24 | 11 886.8 | 15.4% 1s→LUMO+17<br>14.0% 1s→LUMO+25<br>34.3% 1s→LUMO+26 | 98.5 | 0.3 | 1.2 |
| S25 | 11 888.1 | 17.5% 1s→LUMO+23<br>28.2% 1s→LUMO+24<br>16.5% 1s→LUMO+28<br>12.2% 1s→LUMO+31 | 89.0 | 0.0 | 11.0 |
| S39 | 11 894.1 | 84.4% 1s→LUMO+38 | 95.3 | 1.9 | 2.8 |
| S40 | 11 894.2 | 33.2% 1s→LUMO+35<br>21.1% 1s→LUMO+36<br>29.8% 1s→LUMO+40 | 73.3 | 0.8 | 25.9 |

*跃迁能校正值为 184.5 eV

DMA 分子白线峰和共振峰激发态的 NTO 如图 1.21 和 1.22 所示。结合图 1.21 和表 1.15，DMA 的白线峰主峰有 4 个不同的跃迁形式，分别对应的 NTO 为 σ*(As 4p-OH)、π*(As 4s-CH₃)、σ*(CH₃)和 σ*(CH₃-s)。S3 和 S4 是白线峰的主要成分，说明甲基在 DMA 分子的 XANES 谱白线峰中起到重要作用。

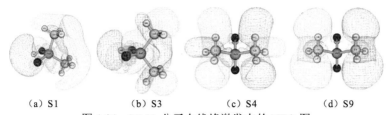

（a）S1　　　　（b）S3　　　　（c）S4　　　　（d）S9

图 1.21　DMA 分子白线峰激发态的 NTO 图

等值面数值为 0.02

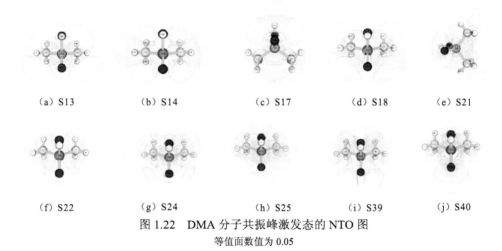

（a）S13　　　（b）S14　　　（c）S17　　　（d）S18　　　（e）S21

（f）S22　　　（g）S24　　　（h）S25　　　（i）S39　　　（j）S40

图 1.22　DMA 分子共振峰激发态的 NTO 图

等值面数值为 0.05

**表 1.15　DMA 分子的 NTO 成分分析结果**

| 激发态 | NTO 本征值 | As $ns$/% | As 4p/% | As 4d/% | O+OH/% | CH₃/% | 主成分 |
|---|---|---|---|---|---|---|---|
| S1 | 0.931 | 8.9 | 25.0 | 1.4 | 27.5 (22.6% s) | 36.8 (28.8% s) | σ*(As 4p-OH) |
| S3 | 0.948 | 14.4 | 6.2 | 0.0 | 18.4 (14.5% s) | 59.8 (43.5% s) | π*(As 4s-CH₃) |
| S4 | 0.963 | 0.0 | 6.6 | 0.0 | 0.5 | 92.4 (51.1% s) | σ*(CH₃) |
| S9 | 0.988 | 0.0 | 1.6 | 0.0 | 0.0 | 98.2 (95.2% s) | σ*(CH₃-s) |
| S13 | 0.960 | 1.3 | 10.4 | 10.6 | 22.5 (18.6% s) | 52.8 (26.0% s) | π(As 4p-CH₃) |
| S14 | 0.963 | 0.0 | 3.7 | 1.8 | 0.9 | 93.4 (65.2% s) | σ*(CH₃-s) |

| 激发态 | NTO 本征值 | As $ns$/% | As 4p/% | As 4d/% | O+OH/% | CH$_3$/% | 主成分 |
|---|---|---|---|---|---|---|---|
| S17 | 0.952 | 0.0 | 45.4 | 3.0 | 22.9 (18.8% s) | 28.4 (22.2% s) | $\sigma^*$(As 4p-CH$_3$-O) |
| S18 | 0.964 | 0.0 | 0.6 | 1.8 | 0.8 | 98.0 (49.0% s) | $\sigma^*$(CH$_3$-sp) |
| S21 | 0.942 | 0.0 | 38.6 | 4.7 | 29.7 (25.9% s) | 26.8 (21.8% s) | $\sigma^*$(As 4p-CH$_3$-O) |
| S22 | 0.973 | 0.0 | 0.6 | 4.1 | 1.1 | 93.8 (65.0% s) | $\pi^*$(CH$_3$-sp) |
| S24 | 0.954 | 30.4 | 6.4 | 3.8 | 12.8 (7.4% s) | 46.4 (37.2% s) | $\sigma^*$(As ns-CH$_3$-O) |
| S25 | 0.939 | 2.7 | 17.9 | 2.4 | 11.3 (6.9% s) | 65.2 (46.8% s) | $\sigma^*$(As 4p-CH$_3$) |
| S39 | 0.960 | 0.0 | 14.8 | 6.3 | 2.3 | 76.2 (69.2% s) | $\pi^*$(As 4p-CH$_3$-s) |
| S40 | 0.959 | 40.2 | 14.8 | 4.5 | 4.4 | 35.6 (28.9% s) | $\pi^*$(As sp-CH$_3$-s) |

注：O+OH、CH$_3$ 代表组成激发态 NTO 的各原子轨道的占比

DMA 光谱中第二个特征峰包含一系列跃迁信号，对应从 S13 到 S25 的共振峰跃迁。NTO 组成各异，没有明显的规律性。DMA 光谱中第三个特征峰信号较弱，根据 NTO 可以归属为 $\pi^*$(As 4p-CH$_3$-s)和 $\pi^*$(As sp-CH$_3$-s)（表 1.15）。

# 1.3　砷与锑的有机配合物

## 1.3.1　有机砷化合物

砷甜菜碱可从具有重要商业价值的海产品（如鳕鱼的肝脏、西方岩龙虾的尾肌和鲨鱼的肉）中分离出来（Cullen et al.，2016）。Minhas 等（1998）利用 $^1$H 核磁共振（nuclear magnetic resonance，NMR）谱研究了溴化砷甜菜碱的分子结构[图 1.23（a）]，在化学位移 $\delta$=1.997 ppm 处的峰可归属于(CH$_3$)$_3$As 基团的 9 个等效质子；在 $\delta$=3.577 ppm 处的峰被分配到 AsCH$_2$ 基团的两个质子上，从峰积分计算出质子比为 8.98：2（约 9：2）。砷甜菜碱的 $^{13}$C NMR 谱在 $\delta$=9.87 ppm、32.81 ppm 和 172.17 ppm 处有三个峰，对应的碳分别为(CH$_3$)$_3$As、AsCH$_2$ 和 COOH 基团。砷甜菜碱是两性离子，质谱分析通常采用正电离模式。Edmonds 等（1977）的质谱分析表明，主要产物离子为：$m/z$ 134（37%，对 $m/z$ 91 归一化的强度，下同）、120（20%）、117（18%）、105（28%）、103（50%）、101（20%）、91（100%）、90（18%）、89（55%）。Fricke（2004）通过高分辨率质谱技术获得了准确的前驱体离子和产物离子，被测分子离子[M+H]$^+$（$m/z$ 179.004 0）与砷甜菜碱（C$_5$H$_{12}$As$^+$O$_2$）

的理论值（179.005 3）一致。

洛克沙肼（roxarsone，ROX）是 20 世纪 60 年代广泛使用的含砷饲料添加药物，目前被科学证实具有致癌效应，已被明令禁止使用。Peng 等（2017）给 1 600 只鸡喂养洛克沙肼，在鸡肝样品中检测到甲基洛克沙肼[甲基-ROX，图 1.23（b）]。采用高效液相色谱（high performance liquid chromatography，HPLC）-电感耦合等离子体质谱（inductively coupled plasma-mass spectrometry，ICP-MS）和电喷雾电离质谱（electrospray ionization mass spectrometry，ESI-MS），在含砷前驱体离子 $m/z$ 260 处测到砷的碎片离子在 $m/z$ 91（$AsO^-$）、107（$AsO_2^-$）、121（$CH_2AsO_2^-$）和 123（$AsO_3^-$）处。采用高分辨飞行时间质谱分析（time-of-flight mass spectrometry，TOF-MS），确定化合物[M-1]$^-$的精确荷质比（$m/z$）为 259.954 8，与甲基-ROX 的理论值 259.954 6 大致相匹配。前驱体离子在 $m/z$ 259.954 8 处产生的质谱显示了预期的碎片离子特征峰，$m/z$ 90.918 0（$AsO^-$）、106.910 9（$AsO_2^-$）、120.924 9（$CH_2AsO_2^-$）、138.020 0（$C_6H_4NO_3^-$）和 212.949 0（$C_7H_6AsO_3^-$），进一步证实了甲基-ROX 的存在。

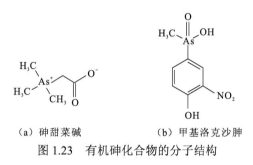

（a）砷甜菜碱 （b）甲基洛克沙肼

图 1.23 有机砷化合物的分子结构

## 1.3.2 有机锑配合物

锑的有机配合物是无机态以外非常重要的存在形态，在生物转化、金属药物、环境催化等领域具有重要应用。Zhong 等（2022）利用傅里叶变换离子回旋共振质谱（Fourier transform ion cyclotron resonance mass spectrometry，FTICR-MS）和 DFT 计算，研究 Sb(III) 与有机配体络合后的赋存形态。如图 1.24 所示，酒石酸锑钾（$C_8H_4K_2O_{12}Sb_2$）溶液中

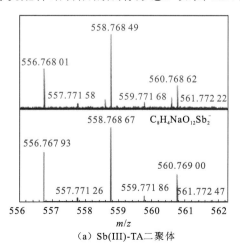

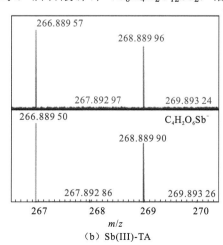

（a）Sb(III)-TA 二聚体 （b）Sb(III)-TA

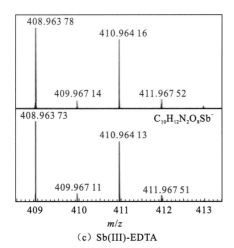
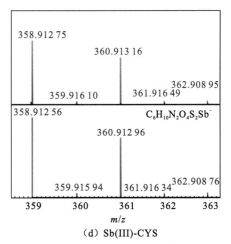

（c）Sb(III)-EDTA　　　　　　　　　　（d）Sb(III)-CYS

图 1.24　Sb(III)与有机配体的混合样品的 FTICR-MS 谱图（红线）和物质的标准谱图（蓝线）

[Sb(III)-TA]，FTICR-MS 捕捉到 $m/z$ 为 266.889 57/268.889 96 和 556.768 01/558.768 49/560.768 62 的物质，分子式为 $C_4H_2O_6Sb^-$ 和 $C_8H_4NaO_{12}Sb_2^-$，分别指认为 $Sbtar^-$ 和 $Sb_2tar_2Na^-$。当乙二胺四乙酸（ethylenediaminetetraacetic acid，EDTA）和酒石酸锑钾混合[Sb(III)-EDTA]时，FTICR-MS 捕捉到 $m/z$ 为 408.963 78/410.964 16 的物质，分子式为 $C_{10}H_{12}N_2O_8Sb^-$（$SbEDTA^-$）；当半胱氨酸（cysteine，CYS）和酒石酸锑钾混合时[Sb(III)-CYS]，出现 $m/z$ 为 358.912 75/360.913 16 的物质，指认为 $C_6H_{10}N_2O_4S_2Sb^-$（$Sbcys_2^-$）。这些峰的强度符合 Sb 的同位素丰度比值：$^{121}Sb : ^{123}Sb = 100 : 75$。

为了确定 Sb(III)与有机配体的作用位点，进行轨道权重福井函数及其简缩双描述符（condensed dual descriptors，CDD）的计算，研究亲电亲核能力。如图 1.25 所示，$Sb(OH)_3$ 分子中，Sb 原子的 CDD 为 0.403，大于 0，说明其具有亲电性能，容易被亲核分子进行攻击。EDTA 分子中，负的 CDD 分布在氨基和羧基附近，说明氨基和羧基具有亲核性

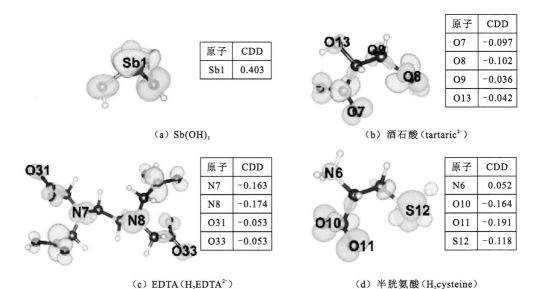

（a）$Sb(OH)_3$　　　　　　　　　　（b）酒石酸（tartaric$^{2-}$）

（c）EDTA（$H_2EDTA^{2-}$）　　　　　　　　（d）半胱氨酸（$H_2cysteine$）

图 1.25　轨道权重双描述符等值面

黄色区域代表正值，蓝色区域代表负值

能，可以进攻 Sb 原子。其中，N 原子的 CDD（−0.174）低于 O 原子（−0.053），说明 N 原子是最易与 Sb 结合的位点。类似地，对于酒石酸分子，其羟基和羧基都分布着负的 CDD，说明羧基和羟基均为活性位点。半胱氨酸的巯基和羧基附近的 CDD 均为负值，说明其可以与锑反应。以上有机酸分子均可通过不同的官能团与三价锑进行反应，从而形成络合物。

根据 FTICR-MS 实验结果和福井函数，构建 Sb(III)与有机酸的络合物构型并进行结构优化。由于同一种有机酸与 Sb(III)具有多种结合方式，通过比较不同结构的单点能，确定最稳定的构型。如图 1.26 所示，对于酒石酸与 Sb(III)的络合物，六配位 $Sb_2tar_2^{2-}$ 的单点能为−1 691.63 Hartree，小于四配位 $Sbtar^-$ 的单点能[2×(−845.77) Hartree= −1 691.54 Hartree]，说明 $Sb_2tar_2^{2-}$ 具有更稳定的结构。对于 $SbEDTA^-$，Sb 与 4 个羧基和 2 个氨基配位的络合物结构更稳定；对于 $Sbcys_2^-$，Sb 与 2 个羧基和 2 个巯基同时络合时的结构最稳定。

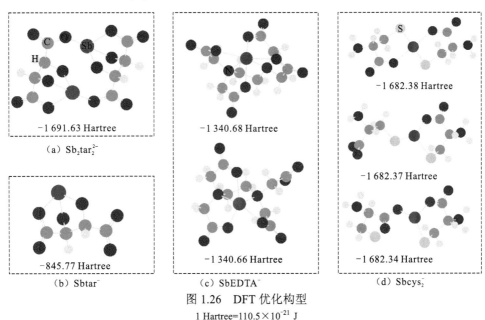

图 1.26　DFT 优化构型

1 Hartree=110.5×10⁻²¹ J

通过计算 Mayer 键级（Mayer bond order，MBO）比较 Sb—O、Sb—N 和 Sb—S 在络合物中的键强度。如表 1.16 所示，对于 $Sb_2tar_2^{2-}$，Sb 原子与—OH 和—COO—的 O 原子间的距离分别为 2.08～2.13 Å 和 2.16～2.32 Å，MBO 值分别为 0.572～0.699 和 0.387～0.547，表明 Sb 与—OH 的结合强度大于 Sb 与—COO 的结合强度。对 $SbEDTA^-$、Sb—O 与 Sb—N 的结合强度相近，MBO 值分别为 0.491 和 0.520。在 $Sbcys_2^-$ 中，Sb—S 的 MBO 值为 0.992，远高于 Sb—O 的 MBO 值（0.432），表明 Sb—S 之间的键强于 Sb—O。因此，有机酸分子 EDTA、酒石酸、半胱氨酸均可通过不同的官能团与 Sb(III)进行反应，形成具有不同络合强度的化合物。

计算吉布斯生成自由能的变化（$\Delta G$）评估络合物的稳定性，如表 1.17 所示。$\Delta G$ 遵循 $SbEDTA^-$＜$Sb_2tar_2^{2-}$＜$Sbcys_2^-$ 的顺序，反映了不同有机酸对 Sb(III)的亲和力顺序为 EDTA＞酒石酸＞半胱氨酸。

表 1.16　Mayer 键级分析结果

| 构型 | 有机锑配合物 | 键 | 键长/Å | MBO |
|---|---|---|---|---|
| | $Sb_2tar_2^{2-}$ | $Sb_{25}\!-\!O_{18}$ | 2.16 | 0.547 |
| | | $Sb_{25}\!-\!O_{19}$ | 2.08 | 0.699 |
| | | $Sb_{25}\!-\!O_{21}$ | 2.13 | 0.572 |
| | | $Sb_{25}\!-\!O_5$ | 2.32 | 0.387 |
| | $SbEDTA^-$ | $Sb_{33}\!-\!O_{28}$ | 2.21 | 0.491 |
| | | $Sb_{33}\!-\!O_{27}$ | 2.45 | 0.318 |
| | | $Sb_{33}\!-\!N_8$ | 2.40 | 0.520 |
| | $Sbcys_2^-$ | $Sb_{25}\!-\!O_{23}$ | 2.23 | 0.432 |
| | | $Sb_{25}\!-\!S_{24}$ | 2.47 | 0.992 |

注：图中数字表示成键原子序号

表 1.17　有机锑配合物的生成反应自由能变化

| 络合反应方程 | $\Delta G / (\mathrm{kcal/mol})$ |
|---|---|
| $Sb(OH)_3 + tarH_2^{2-} + H^+ \longleftrightarrow \frac{1}{2}Sb_2tar_2^{2-} + 3H_2O$ | $-64.84$ |
| $Sb(OH)_3 + HtarH_2^- \longleftrightarrow \frac{1}{2}Sb_2tar_2^{2-} + 3H_2O$ | $-52.94$ |
| $Sb(OH)_3 + H_2tarH_2 \longleftrightarrow \frac{1}{2}Sb_2tar_2^{2-} + 3H_2O + H^+$ | $-45.90$ |
| $Sb(OH)_3 + EDTA^{4-} + 3H^+ \longleftrightarrow SbEDTA^- + 3H_2O$ | $-106.01$ |
| $Sb(OH)_3 + HEDTA^{3-} + 2H^+ \longleftrightarrow SbEDTA^- + 3H_2O$ | $-87.57$ |
| $Sb(OH)_3 + H_2EDTA^{2-} + H^+ \longleftrightarrow SbEDTA^- + 3H_2O$ | $-70.18$ |
| $Sb(OH)_3 + H_3EDTA^- \longleftrightarrow SbEDTA^- + 3H_2O$ | $-54.65$ |
| $Sb(OH)_3 + H_4EDTA \longleftrightarrow SbEDTA^- + 3H_2O + H^+$ | $-40.76$ |
| $Sb(OH)_3 + 2cysteine^{2-} + 3H^+ \longleftrightarrow Sbcysteine_2^- + 3H_2O$ | $-123.25$ |
| $Sb(OH)_3 + 2Hcysteine^- + H^+ \longleftrightarrow Sbcysteine_2^- + 3H_2O$ | $-50.81$ |
| $Sb(OH)_3 + 2H_2cysteine \longleftrightarrow Sbcysteine_2^- + 3H_2O + H^+$ | $-15.76$ |
| $Sb(OH)_3 + 2H_3cysteine^+ \longleftrightarrow Sbcysteine_2^- + 3H_2O + 3H^+$ | $-9.14$ |

# 1.4 典型地区的砷与锑分布

## 1.4.1 山西高砷地区的砷分布

砷是地壳中的微量组分，丰度不高（质量分数为 1.5~2 mg/kg）。含砷地层、岩石和矿床等在天然过程和人类活动的共同影响下，会释放砷到水体中，并在多因素作用下发生砷的迁移和转化。高砷地下水主要归结于两种地质条件：一种是内陆干旱或半干旱地区封闭的盆地或冲积层，这些地区含水层处于强还原条件，地势平坦，水流缓慢，蒸发作用强烈，沉积物中的砷易被释放并在地下水中积累；另一种是一些地热地区，其中含砷岩石易在生物地球化学活动中释放砷，并向地表水及地下水迁移。除自然成因外，人类活动如矿山开采、金属冶炼、化石燃料燃烧和木材防腐剂及农药生产使用均可造成砷污染。

地下水砷污染是当今国际社会面临的最严重的环境问题之一，据估计全球超过 1 亿人面临地下水砷污染问题，主要分布于阿根廷、智利、美国、印度、孟加拉国、越南、泰国、中国及日本等国家和地区。

Cui 等（2013）在我国山西高砷地区采集了 131 个地下水样品、19 个家庭菜园土壤样品、120 个家庭菜园蔬菜样品、25 个粮食样品、99 个尿液样品、176 个指甲样品和 159 个头发样品，并对其中砷含量进行分析，评估当地的砷暴露水平。如图 1.27 所示，地下水中砷平均质量浓度为 168 g/L（$n$=131），其中 75% 的样品超过饮用水标准（10 g/L）。蔬菜中砷质量分数为 0~6.0 g/g，平均值为 1.0 g/g（$n$=120，干重），其中 93% 的样品高于我国限量值（0.05 g/g）。相关性分析结果显示，蔬菜砷含量与浇灌的地下水砷浓度呈显著正相关性（$p$=0.026），而与土壤中砷含量无相关性（$p$=0.586），说明蔬菜中较高的砷含量主要由长期浇灌高砷地下水造成。粮食中的砷质量分数为 0~0.42 g/g，平均值为 0.10 g/g（$n$=25，干重），其中 32% 的样品超出了国家限量值（大米 0.15 g/g，面粉 0.1 g/g，其他 0.2 g/g）。

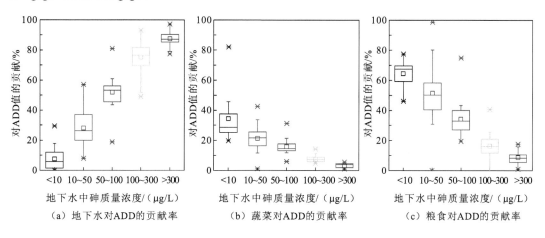

（a）地下水对ADD的贡献率　（b）蔬菜对ADD的贡献率　（c）粮食对ADD的贡献率

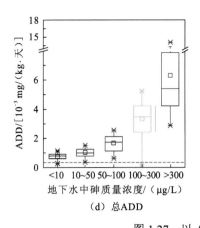
（d）总ADD

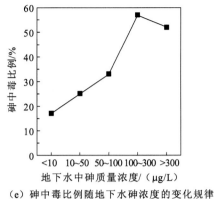
（e）砷中毒比例随地下水砷浓度的变化规律

图 1.27 以 ADD 计算的砷暴露水平

日均砷摄入量（average daily dose, ADD）；地下水中砷质量浓度<10 μg/L（$n=30$），10～50 μg/L（$n=28$），50～100 μg/L（$n=18$），100～300 μg/L（$n=30$），>300 μg/L（$n=25$）；砷中毒按照我国地方性砷中毒诊断标准对人体皮肤症状分析确定

　　长期高砷暴露严重威胁当地居民的身体健康。分析山西高砷地区居民的尿液样品，结果显示，当地居民人体尿液中总砷质量浓度为 0～551 g/L，平均值为 56 g/L [$n=99$，图 1.28（a）]。其中，70%的尿液样品中砷质量浓度超出了背景值 10 g/L，且尿液砷浓度随饮用水砷浓度的升高而上升（$p=0.029$）。饮用水中砷质量浓度低于 10 g/L（$n=13$）时，尿液砷质量浓度平均值为 16 g/L；饮用水砷质量浓度为 10～50 g/L（$n=17$）时，尿液砷质量浓度为 46 g/L；当饮用水砷质量浓度高于 50 g/L（$n=34$）时，尿液砷质量浓度为 110 g/L。对尿液中的砷形态进行分析，结果显示，尿液中的砷主要以 DMA 为主，平均质量浓度为 42.6 g/L [图 1.28（a）]；其次为 As(III)，平均质量浓度为 6.4 g/L；MMA 与 As(V)的质量浓度分别为 5.9 g/L 和 4.8 g/L。这一结果表明人体摄入的无机砷易于在肝脏内甲基化后经尿液排出。

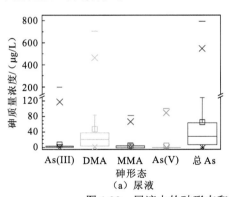
（a）尿液

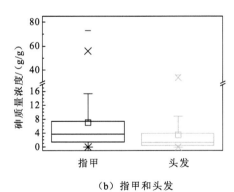
（b）指甲和头发

图 1.28 尿液中的砷形态和浓度及指甲和头发中的砷浓度

　　如图 1.28（b）所示，高砷地区居民指甲和头发中砷平均质量分数分别为 7.8 g/g（$n=176$）和 4.2 g/g（$n=159$），约 76%的指甲样品和 61%的头发样品中砷含量超出了背景值（指甲 1.5 g/g，头发 1.0 g/g）。相关性分析结果表明，指甲和头发中砷浓度与饮用水中砷浓度呈显著性相关，$p$ 值分别为<0.001 和 0.001，表明指甲和头发可作为人体砷暴露的长期标志物。

## 1.4.2  湖南锡矿山地区的锑分布

锑（Sb）在地壳层中的丰度为 0.2～0.5 mg/kg。位于我国湖南省冷水江市的锡矿山是世界上储量最大的锑矿，矿区附近水体中 Sb 质量浓度高达 29 423 μg/L，部分地表水中锑的质量浓度为 0.037～0.063 mg/L，周边管道废水中锑质量浓度高达 1.33～21.8 mg/L（何孟常 等，2004）。锑对人体健康造成巨大威胁，人体可通过空气、饮用水和食物暴露于锑风险中（Ren et al.，2020）。含有高浓度锑的饮用水可能是人体摄取锑的主要来源。

Ye等（2018）在我国湖南锡矿山锑矿区域（70 km$^2$）采集了83个饮用水样品、168个蔬菜样品、11个鸡蛋样品、9个大米样品、63个尿液样品、48个唾液样品、47个指甲样品和51个头发样品，评估当地的锑暴露水平。如图1.29所示，采集的83个饮用水样品中，Sb(V)是饮用水中的主要形态，平均质量浓度为13.4 μg/L，约70%的样品锑含量超过世界卫生组织（World Health Organization，WHO）标准（6 μg/L），71%的样品锑含量超过国家标准（5 μg/L）。采集的188个食物样品中锑质量分数从低于检出限到85 μg/g，平均为1.9 μg/g，80%的样品超出欧洲标准（20 μg/kg）。

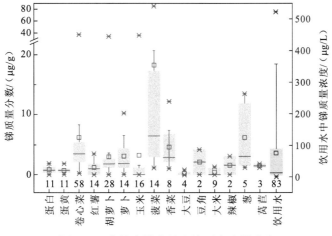

图 1.29  食物中锑含量和饮用水中锑浓度

采集的63个尿液样品中Sb的平均质量浓度为27.6 μg/L，最高达到459 μg/L。锑在尿液中的背景值为0.2 μg/L，未污染人群尿液中的锑质量浓度为0～0.35 μg/L，有约95%的尿液样品超出0.35 μg/L。与尿液一样，唾液也可作为短期暴露的生物指示物。48个唾液样品中锑的平均质量浓度为0.51 μg/L，最高达67.0 μg/L，近44%的唾液样品超出锑在唾液中的背景值（1.8 μg/L）。锑通过食物或饮用水被人体摄取后，无机锑会通过人体代谢系统转化为甲基锑并被排出体外。如图1.30所示，三甲基锑（trimethylantimony，TMSb）占尿液中锑的46%～100%，平均质量浓度达31.0 μg/L，其次是8.1 μg/L的Sb(V)和0.1 μg/L的Sb(III)。甲基锑也是唾液中的主要形态，占总锑的74%～100%，平均质量浓度为5.3 μg/L。

对于长期暴露指示物，头发样品（51个）中锑质量分数高达41.8 μg/g，指甲样品（47个）中锑质量分数高达69 μg/g。大约82%的头发样品和83%的指甲样品的锑含量超出背景值（0.026 μg/g和0.024 μg/g）。头发中的平均锑质量分数为6.8 μg/g，约为2011年同一

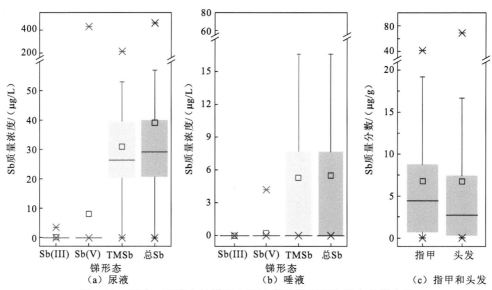

图 1.30　尿液、唾液中的锑形态和浓度及指甲和头发中的锑含量

区域所报道的15.7 μg/g的一半（Wu et al.，2011）。头发中锑含量的降低可能是因为当地居民日益提高的健康意识和锑矿区更加规范严格的限排措施。利用μ-XRF表征锑在头发和指甲中的分布，结果显示，锑与其他重金属（如锌、锰、钙）分布一致，但是头发中的砷与锑分布差距很大。砷在头发和指甲中分布比较集中且倾向于在根部分布，而锑的分布比较离散。

# 参 考 文 献

何孟常，万红艳，2004. 环境中锑的分布、存在形态及毒性和生物有效性. 化学进展, 16(1): 131-135.

CANCHE-TELLO J, VARGAS M C, HÉRNANDEZ-COBOS J, et al., 2014. Interpretation of X-ray absorption spectra of as(III) in solution using Monte Carlo simulations. The Journal of Physical Chemistry A, 118(46): 10967-10973.

CUI J, SHI J, JIANG G, et al., 2013. Arsenic levels and speciation from ingestion exposures to biomarkers in Shanxi, China: Implications for human health. Environmental Science & Technology, 47(10): 5419-5424.

CULLEN W R, REIMER K J, 1989. Arsenic speciation in the environment. Chemical Reviews, 89(4): 713-764.

CULLEN W R, LIU Q Q, LU X F, et al., 2016. Methylated and thiolated arsenic species for environmental and health research: A review on synthesis and characterization. Journal of Environmental Sciences, 49: 7-27.

DEHMER J L, DILL D, 1975. Shape resonances in K-shell photoionization of diatomic-molecules. Physical Review Letters, 35(4): 213-215.

DUESTER L, DIAZ-BONE R A, KOSTERS J, et al., 2005. Methylated arsenic, antimony and tin species in soils. Journal of Environmental Monitoring, 7(12): 1186-1193.

EDMONDS J S, FRANCESCONI K A, CANNON J R, et al., 1977. Isolation, crystal-structure and synthesis of arsenobetaine, arsenical constituent of western rock lobster *panulirus longipes cygnus* George. Tetrahedron Letters, 18(18): 1543-1546.

FRICKE M, 2004. Synthesis of organoarsenic compounds for elemental speciation. Cincinnati: University of Cincinnati.

HERATH I, VITHANAGE M, BUNDSCHUH J, 2017. Antimony as a global dilemma: Geochemistry, mobility, fate and transport. Environmental Pollution, 223: 545-559.

LINTSCHINGER J, SCHRAMEL O, KETTRUP A, 1998. The analysis of antimony species by using ESI-MS and HPLC-ICP-MS. Fresenius Journal of Analytical Chemistry, 361(2): 96-102.

MÄHLER J, PERSSON I, HERBERT R B, 2013. Hydration of arsenic oxyacid species. Dalton Transactions, 42(5): 1364-1377.

MANGALGIRI K P, ADAK A, BLANEY L, 2015. Organoarsenicals in poultry litter: Detection, fate, and toxicity. Environment International, 75: 68-80.

MINHAS R, FORSYTH D S, DAWSON B, 1998. Synthesis and characterization of arsenobetaine and arsenocholine derivatives. Applied Organometallic Chemistry, 12(8-9): 635-641.

MUELLER K, DAUS B, MATTUSCH J, et al., 2009. Simultaneous determination of inorganic and organic antimony species by using anion exchange phases for HPLC-ICP-MS and their application to plant extracts of *Pteris vittata*. Talanta, 78(3): 820-826.

NATOLI C R, MISEMER D K, DONIACH S, et al., 1980. First-principles calculation of X-ray absorption-edge structure in molecular clusters. Physical Review A, 22(3): 1104-1108.

PENG H Y, HU B, LIU Q Q, et al., 2017. Methylated phenylarsenical metabolites discovered in chicken liver. Angewandte Chemie-International Edition, 56(24): 6773-6777.

PLANER-FRIEDRICH B, SCHEINOST A C, 2011. Formation and structural characterization of thioantimony species and their natural occurrence in geothermal waters. Environmental Science & Technology, 45(16): 6855-6863.

REN J, LIU X, LI J, et al., 2020. Analysis of exposure status quo and environmental chemical behaviors of antimony in China. Environmental Chemistry, 39(12): 3436-3449.

RODRÍGUEZ-LADO L, SUN G F, BERG M, et al., 2013. Groundwater arsenic contamination throughout China. Science, 341(6148): 866-868.

SHARMA V K, SOHN M, 2009. Aquatic arsenic: Toxicity, speciation, transformations, and remediation. Environment International, 35(4): 743-759.

WANG S, MULLIGAN C N, 2006. Occurrence of arsenic contamination in Canada: Sources, behavior and distribution. Science of the Total Environment, 366(2-3): 701-721.

WILLIAM C, REIMER K J, 1989. Arsenic speciation in the environment.Chemical Review, 89(4): 713-764.

WILSON S C, LOCKWOOD P V, ASHLEY P M, et al., 2010. The chemistry and behaviour of antimony in the soil environment with comparisons to arsenic: A critical review. Environmental Pollution, 158(5): 1169-1181.

WU F, FU Z Y, LIU B J, et al., 2011. Health risk associated with dietary co-exposure to high levels of antimony and arsenic in the world's largest antimony mine area. Science of the Total Environment, 409(18): 3344-3351.

YE L, QIU S, LI X, et al., 2018. Antimony exposure and speciation in human biomarkers near an active mining area in Hunan, China. Science of the Total Environment, 640: 1-8.

ZHONG W, YIN Z, WANG L, et al., 2022. Structural and mechanistic study of antimonite complexation with organic ligands at the goethite-water interface. Chemosphere, 301: 134682.

# 第 2 章　砷与锑的形态分析

砷与锑作为变价元素，赋存形态复杂多变，两者在环境中的赋存形态决定其生物毒性和迁移性。砷与锑的形态分析是判定环境样品的砷/锑毒性，以及研究其地球化学循环的基础。环境样品中砷/锑的形态分析可分为三个步骤：砷/锑的萃取富集；砷/锑的形态分离；砷/锑的定量检测。此外，原位光谱技术如拉曼光谱、同步辐射 X 射线吸收光谱等也是砷与锑形态分析的有力手段。

## 2.1　环境中砷与锑的赋存形态

### 2.1.1　土壤环境

随着含砷、锑金属矿产开采与冶炼、化石燃料燃烧、工业废水废渣的排放，环境中砷、锑浓度日益升高（He et al.，2019）。据世界卫生组织估算，土壤中最大可允许砷、锑的质量分数分别为 8 mg/kg 和 5 mg/kg，超过该限值的含砷、锑土壤均为污染土壤。在好氧土壤中，砷和锑主要以五价含氧阴离子（$As^V$-O/$Sb^V$-O）的形式存在，而在厌氧沉积物中，砷和锑主要以 $As^{III}$-O/$Sb^{III}$-O 的形式存在（Wang et al.，2018；O'Day et al.，2004）。

土壤中的砷和锑吸附于含铝、铁、锰和钙的氧化物和羟基氢氧化物，如方解石、黄铁矿等。此外，沉积物中的硅酸盐和硫化物可通过与砷/锑结合，继而对其固定起到重要作用。有机物的存在也会影响砷、锑的形态，例如在土壤还原条件下，天然有机质中的巯基会与 $As^{III}$-O/$Sb^{III}$-O 结合（Besold et al.，2019b；Langner et al.，2012）；当矿物与有机物共存时，砷/锑与有机物及 Fe(III)、Cr(III) 等金属氧化物会形成三元络合结构（Besold et al.，2019a）。逐步萃取实验结果表明，超过 50% 的锑既没有与金属氧化物或氢氧化物结合，也没有与有机质结合（Wilson et al.，2010）。而砷在土壤中主要以残留态砷和可交换态砷的形式存在，约占土壤中总砷含量的 60%（Wei et al.，2016）。

### 2.1.2　水环境

水环境中砷、锑的形态主要是由氧化还原条件决定。在好氧条件下，砷主要以氧化态的五价砷酸盐（$As^V$-O）形式存在（O'Day et al.，2004）。$As^V$-O 较容易被铁氧化物等天然矿物吸附，从而导致溶解态砷被固定到固相，因此，砷在好氧水体中的浓度较低（Fendorf et al.，2010）。当环境由好氧层转化为亚厌氧层时，$As^V$-O 可能会在微生物作用下还原为三价亚砷酸盐（$As^{III}$-O）。一般来说，由于还原态 $As^{III}$-O 的吸附能力较 $As^V$-O 弱，还原过程通常会导致砷的释放（Kocar et al.，2006）。此外，亚厌氧层还会发生铁矿物的还原溶解，吸附载体的溶解是造成砷释放的另一个主要原因（Islam et al.，2004）。有些研究表明相比于砷还原，铁还原促进砷释放的能力更强（Tian et al.，2015；Kocar et al.，2006）。此外，铁还原可能会伴随着二次铁矿的生成（Acharyya et al.，1999），新生成的铁矿物可以吸附溶解态砷从而使砷再次固定（Islam et al.，2005），这种固定作用可能会导致铁还原最终表现出抑制砷释放的特点（Kocar et al.，2006）。

与砷类似，锑在好氧时主要以五价锑酸盐（$Sb^{V}$-O）形式存在，而厌氧条件下以三价亚锑酸盐（$Sb^{III}$-O）为主。与砷不同，$Sb^{V}$-O 的迁移性强于 $Sb^{III}$-O，因而锑在好氧时更易被释放到水中（Arsic et al.，2018）。另外，锑也易吸附到含铁矿物上（Leuz et al.，2006），因此铁还原作用也是促进锑从固相释放到水体的一大原因（Hockmann et al.，2014）。最近有研究发现，还原生成的二价铁离子（Fe(II)）可沉淀形成二次铁矿，二次铁矿可通过两种途径再次捕捉水中的 $Sb^{V}$-O。一是溶解态锑被二次铁矿再吸附；二是在二次铁矿形成过程中，溶解态的 $Sb^{V}$-O 可以通过取代 Fe(III) 的位置嵌入二次铁矿结构中（Burton et al.，2019）。

随着氧气的进一步减少，氧化还原电位更低时，硫酸盐还原作用会取代铁还原作用（Lovley et al.，1994）。硫酸盐还原导致还原态硫（$HS^-$）的生成，$HS^-$ 可以与砷、锑反应生成硫化砷、硫化锑等沉淀，使水中砷、锑的浓度再次降低（Fendorf et al.，2010）。近年来，人们发现 $HS^-$ 还可能与砷、锑生成溶解态的硫代砷酸盐（As-S）、硫代锑酸盐（Sb-S），而 As-S 和 Sb-S 的生成会显著促进砷、锑的释放（Stucker et al.，2014）。在硫酸盐还原作用下，是生成硫化物沉淀还是 As-S/Sb-S 释放，主要是由 pH、溶解态砷/锑和 $HS^-$ 浓度等因素决定的，如图 2.1（Ye et al.，2021）所示。一般来说，在 $HS^-$ 物质的量浓度高于 0.1 mol/L 的偏碱性（pH＞7）水体中，更容易生成溶解态 As-S/Sb-S，而非硫化物沉淀。这也是在热泉中经常检测到 As-S/Sb-S 存在的原因（Guo et al.，2017；Planer-Friedrich et al.，2007）。

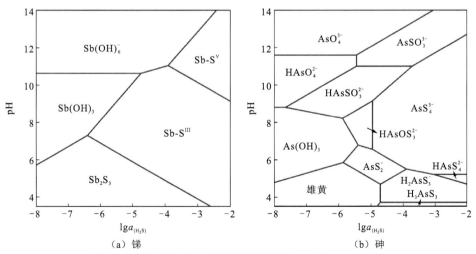

图 2.1　锑与砷的形态随着不同活度的 $H_2S$ 和 pH 的变化

$a_{(H_2S)}$ 为 $H_2S$ 活度

### 2.1.3　大气环境

化石燃料的燃烧是大气中砷、锑污染的主要来源。我国山东、江苏、山西、河北是砷、锑大气排放较多的省份（Tian et al.，2014a，2014b）。近年来随着煤矸石生产量的增加，煤矸石的燃烧也成为我国大气砷污染的主要来源之一。

由于大气环境的特殊性，砷、锑会在大气中迁移扩散，继而影响砷、锑在地表的地球化学循环。例如火山喷发产生的砷会通过飞灰沉积的方式改变周围湖泊底栖生物中砷的积累。另外，砷、锑污染源当地风向也会影响附近土壤中砷、锑的分布。

最新研究表明，砷、锑可在大气环境中进行长距离迁移。甚至南极洲地区也可检测到砷和锑，这主要是由于南美洲智利非铁矿物的熔炼及石料燃烧所产生的砷和锑，随着大气颗粒传输沉降，最终与积雪中的高分子有机质络合（Calace et al.，2017）。

### 2.1.4　植物系统

关于砷在水稻体内的传输行为和形态已有较多研究，但是关于锑的研究却相对较少。关于稻田土壤-水-水稻系统的研究发现锑主要以 Sb(V)的形式存在，且在水稻地上部的含量要高于根和孔隙水中的含量。这说明水稻地上部优先吸附 Sb(V)，或 Sb(III)在从根到水稻地上部的迁移过程中被氧化（Okkenhaug et al.，2012）。与此不同的是，Yamaguchi等（2014）研究表明 As(III)是水稻根和地上部分的主要形态。

砷和锑在土壤-水-水稻系统中有相似的吸收速率。但是在向日葵、小麦、黑麦草幼苗中，砷的积累速度大大高于锑（Tschan et al.，2009）。Fu 等（2016）研究认为：在锡矿山尾矿和土壤中锑的含量比砷高一个数量级；而在植物中检测到的砷含量与锑大致相当，有些植物中砷含量甚至高于锑，这是因为砷的生物积累性大约是锑的 10 倍。

大气沉积同样会影响植物体内砷、锑的富集，锡矿山周围的叶类蔬菜体内积累的砷、锑要大于其他种类的蔬菜，且植物叶片内砷、锑的含量高于根部，这说明大气沉降对砷、锑在植物体内的分布影响更为明显。即使是在种皮包裹的布什豆种子内部，也存在砷的富集。同时，树的年轮中富集的砷、锑可以反映周围环境中砷、锑排放随时间的变化。

## 2.2　砷与锑的萃取技术

虽然现代仪器分析方法的抗干扰能力越来越强且检出限不断降低，但是实际环境样品基质复杂，基体物质会影响砷、锑的形态分析检测，因此测试前对环境样品中的砷、锑进行萃取和富集是非常有必要的。环境样品中砷、锑的萃取和富集是探究其赋存形态和转化的关键步骤。在提高萃取效率的同时，萃取和富集过程引入的形态变化应尽可能小。此外，为便于后续的色谱或质谱分析，萃取体系应与分析体系兼容。

## 2.2.1 固-液萃取法

传统固-液萃取法在砷、锑的形态分析中得到广泛应用。柠檬酸与 $Sb^{III}$-O 和 $Sb^{V}$-O 均能形成稳定的配合物且在液相色谱上能被较好地分离，因此被用于萃取大气颗粒物（Zheng et al.，2001）、沉积物、土壤（Wei et al.，2015）、稻米（Ren et al.，2014）等环境样品中的锑，从而进行锑的形态分析。此外，酒石酸、草酸等也能有效萃取固相中的锑（Yang et al.，2015a）。草酸和抗坏血酸能够萃取植物组织中的甲基锑（Mestrot et al.，2016）。三氟乙酸可用于萃取植物中不同形态的砷，磷酸和抗坏血酸则被用于萃取土壤中不同形态的砷（Wei et al.，2015）。Chen 等（2021）用 1% $HNO_3$ 萃取稻米中的甲基砷和硫代甲基砷。

## 2.2.2 连续提取法

连续提取法（sequential extraction procedure）采用多种溶剂分步提取不同结合态的砷、锑。Keon 等（2001）提出了针对沉积物砷形态的八步提取方法（表 2.1）。Yang 等（2015b）采用改良的连续提取法提取土壤中的溶解和交换态、可还原态、可氧化态及残渣态的砷和锑，回收率分别能达到 102% 和 96%。Berg 等（2008）采用连续提取法考察了地下水砷污染的主控因子，认为离子结合态砷的还原驱动了地下水砷污染的形成。Zhang 等（2021）利用八步提取方法，分析了湖南省锡矿山尾矿库沉积物中锑和砷的形态（图 2.2）。结果表明，该区域沉积物中锑的主要赋存形态为残渣态和强吸附态，而砷主要以残渣态、黄铁矿结合态和硫化砷的形态存在。

**表 2.1 含砷固相的连续提取方法**

| 组分 | 提取液 | 目标形态 | 机理 |
|------|--------|----------|------|
| F1 | 氯化镁 | 离子结合态砷 | 氯离子与砷的离子交换 |
| F2 | 磷酸二氢钠 | 强吸附态砷 | 磷酸根与砷酸根的离子交换 |
| F3 | 盐酸 | 砷共沉淀（硫化物、碳酸盐、锰氧化物） | 质子化溶解；形成 Fe-Cl 配合物 |
| F4 | 草酸铵/草酸 | 砷共沉淀（无定形铁氢氧化物） | 配体促进溶解 |
| F5 | Ti(III)-柠檬酸-EDTA-碳酸氢根 | 砷共沉淀（晶形铁氢氧化物） | Fe(III) 还原为 Fe(II) |
| F6 | 氢氟酸，硼酸 | 砷氧化物，砷与硅酸盐共沉淀 | 氧化物溶解；Si-Fe 四面体配位 |
| F7 | 硝酸 | 砷黄铁矿，无定形 $As_2S_3$ | 硫化物被氧化 |
| F8 | 热硝酸，过氧化氢 | 雌黄，残渣态砷 | 硫化物和有机质被氧化 |

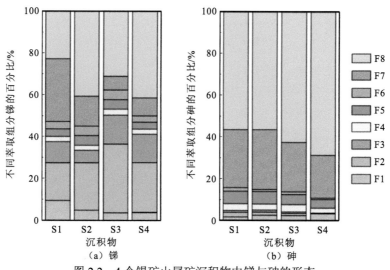

图 2.2　4 个锡矿山尾矿沉积物中锑与砷的形态
F1～F8 组分的提取液见表 2.1

### 2.2.3　酶解萃取法

酶解萃取法适用于动植物组织等生物样品中砷、锑的萃取。Dai 等（2021）采用淀粉酶和磷酸盐缓冲液提取稻米中的砷，发现二甲基一硫代砷酸盐可在稻米中富集且质量分数高达 10 μg/kg。此外，常用的酶还有胰蛋白酶、胰液素和淀粉酶等。

### 2.2.4　其他萃取法

高效的萃取方法是新形态砷、锑分析鉴定的前提条件。由于新形态的鉴定通常需要液相色谱、有机质谱、原子质谱等技术联用，合适的萃取和富集方法可降低体系的复杂度和鉴定难度。Liu 等（2021）采用二氯甲烷和甲醇混合液萃取海藻、带鱼等海产品中的砷，并鉴定了 10 种新的砷脂。Viczek 等（2016）采用二氯甲烷和甲醇混合液萃取鱼子酱中的砷并鉴定出一类新的含砷化合物——含砷林芝酰胆碱。Peng 等（2017）采用胃蛋白酶处理鸡的肝脏，发现一系列未报道的甲基苯胂代谢产物。

# 2.3　色　谱　分　离

色谱分离技术是分离不同形态砷、锑的有效手段。根据样品种类和不同形态性质的差异，选择适用的色谱柱与流动相成分。例如，阴/阳离子交换色谱、反相色谱、离子对色谱、亲水相互作用色谱、尺寸排阻色谱等均可被用于砷、锑的形态分离。

### 2.3.1　$As^V$-O 与 $As^{III}$-O 的分离

对于常规砷、锑形态分析，包括 $As^V/Sb^V$-O、$As^{III}/Sb^{III}$-O 等，常利用阴离子交换色

谱柱，如 Hamilton PRP-X100，进行形态分离。该方法采用 30 mmol/L 磷酸氢二铵
[$(NH_4)_2HPO_4$]（pH=6）作为流动相，实现 $As^{III}$-O、一甲基砷（MMA）、二甲基砷（DMA）、
$As^V$-O 的依次分离。不同形态砷的分离顺序与其 $pK_a$ 值息息相关：$As^V$-O 的 $pK_{a1}$ 与 $pK_{a2}$
分别为 2.19 与 6.98，分离条件下带有较强的负电性，因而具有较长的保留时间；$As^{III}$-O
的 $pK_a$ 较高（$pK_{a1}$=9.23，$pK_{a2}$=12.13，$pK_{a3}$=13.4），呈中性，因而保留时间较短，最先被
分离出色谱柱。

## 2.3.2　$Sb^V$-O 与 $Sb^{III}$-O 的分离

$Sb^V$-O 与 $Sb^{III}$-O 也可利用 Hamilton PRP-X100 进行形态分离，其流动相一般为
10 mmol/L EDTA 与 1 mmol/L 邻苯二甲酸氢钾（KHP）。由于 $Sb^{III}$-O 不稳定，EDTA 被
用于与 $Sb^{III}$-O 络合，形成[$Sb^{III}$-EDTA]⁻络合物，而邻苯二甲酸氢钾的加入是为了优化峰
形。值得注意的是，在复杂基质下，$Sb^V$-O 也可与某些配体（如柠檬酸等）形成配合物，
从而呈现错误的"新峰"或与[$Sb^{III}$-EDTA]⁻同时出峰。如图 2.3 所示，当 1 mmol/L 碳酸
钾作为流动相时，Hamilton PRP-X100 可用于分离三甲基锑与 $Sb^V$-O，此时 $Sb^{III}$-O 不能
被淋洗出色谱柱。

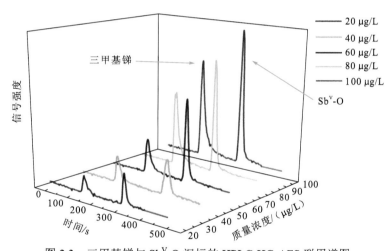

图 2.3　三甲基锑与 $Sb^V$-O 混标的 HPLC-HG-AFS 联用谱图

HPLC-HG-AFS 为高效液相色谱-氢化物发生-原子荧光光谱（high performance liquid chromatography- hydride
generation-atomic fluorescence spectrometry）

## 2.3.3　硫代砷/锑酸盐的分离

对于极性更强的硫代砷酸盐与硫代锑酸盐，需要利用离子色谱分离，色谱柱为戴安
AG16/AS16，砷形态所用流动相为梯度淋洗的 20～80 mmol/L KOH 溶液，而锑形态所用
流动相为 70 mmol/L KOH 溶液。砷、锑形态的谱图如图 2.4 所示，一、二、三、四硫代
砷酸盐依次出峰，而 Sb-S 以三、四硫代锑酸盐为主（Ye et al.，2020，2019）。

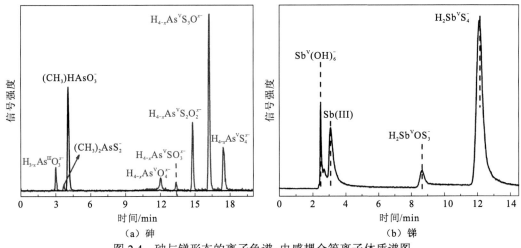

图 2.4 砷与锑形态的离子色谱-电感耦合等离子体质谱图

### 2.3.4 其他砷形态的分离

尽管同一类型色谱柱的分离原理相似，但由于不同的商品化色谱柱采用不同功能基团修饰的固定相填料，用于砷形态分析时的分离条件和分析性能有所差异。例如，Grant（2004）使用 HPLC-ICP-MS 分析鸡组织样品中的砷形态，发现 ROX 不能从 PRP-X100 洗脱下来，而 Dionex AS7 则可以分离 $As^{III}$-O、$As^{V}$-O、DMA、MMA 和 ROX。

# 2.4 检测系统

不同形态的砷、锑经色谱分离后，检测方法以光谱和质谱为主。原子吸收光谱（atomic absorption spectroscopy，AAS）法、原子发射光谱（atomic emission spectroscopy，AES）法、原子荧光光谱（AFS）法、X 射线荧光光谱（X-ray fluorescence spectrometry，XRF）法、电感耦合等离子体质谱（ICP-MS）法等都已广泛使用在检测中。

### 2.4.1 定量检测系统

高效液相色谱-氢化物发生-原子荧光光谱（HPLC-HG-AFS）联用系统将高效液相色谱的分离能力与原子荧光光谱的检测能力结合起来，兼顾低廉成本与灵敏性能，是经典的砷、锑形态检测方法。此外，灵敏度更高的 HPLC-ICP-MS 是更优的选择，可以实现环境样品中痕量砷、锑的定量检测，已广泛应用于砷、锑形态的测定与分析中。

### 2.4.2 定性检测系统

虽然 AFS 与 ICP-MS 可高灵敏地提供砷、锑元素形态的定量信息，但不能提供结构信息。随着高分辨质谱技术的飞速发展，分子质谱在砷、锑形态，特别是未知形态的鉴定中功不可没。以变幻莫测的硫代锑酸盐为例，由于硫代锑酸盐种类多样且不太稳定，其分子结构及形成过程是一大难点。超高分辨的傅里叶变换离子回旋共振质谱（FTICR-MS）被用于探索硫代锑酸盐的结构及形成过程（Ye et al.，2019）。

如图 2.5 所示，三、四硫代锑酸盐均为四配位结构，四硫代锑酸盐（$H_{3-x}Sb^VS_4^{x-}$）

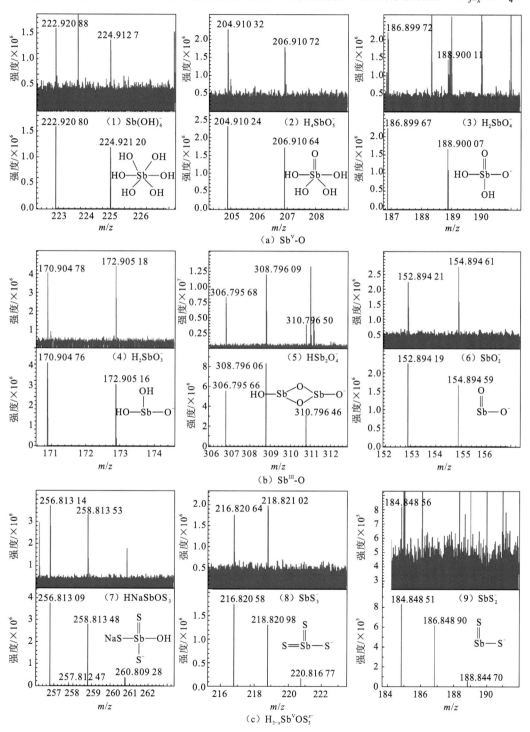

（a）$Sb^V$-O

（b）$Sb^{III}$-O

（c）$H_{3-x}Sb^VOS_3^{x-}$

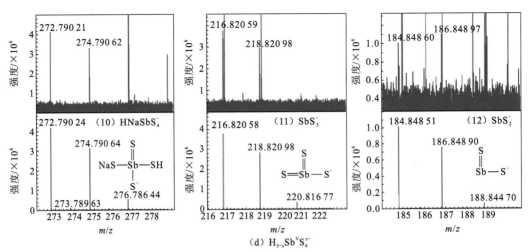

图 2.5　离子色谱分离出的 4 个锑组分的 FTICR-MS 图

的锑由 4 个巯基配位，三硫代锑酸盐（$H_{3-x}Sb^VOS_3^{x-}$）中的锑由 3 个巯基和 1 个羟基配位。硫代锑酸盐是由初始的八面体结构 $Sb^V$-O（$Sb^V(OH)_6^-$）与 $HS^-$ 反应生成，反应过程中锑由八面体转变为四面体。

如图 2.6 所示，最开始 Sb 以六配位的 $Sb^V(OH)_6^-$ 存在，其对应 FTICR-MS 的峰位为 $m/z$ 222.920 80 和 224.921 20，同位素峰的丰度比为 100∶75。当 $Sb^V(OH)_6^-$ 与 $HS^-$ 反应后会先生成一个六配位的 $Sb^V(OH)_2(SH)_4^-$，$Sb^V(OH)_2(SH)_2(SNa)_2$ 对应的 $m/z$ 为 330.793 32 和 332.793 71，因此反应 I 为

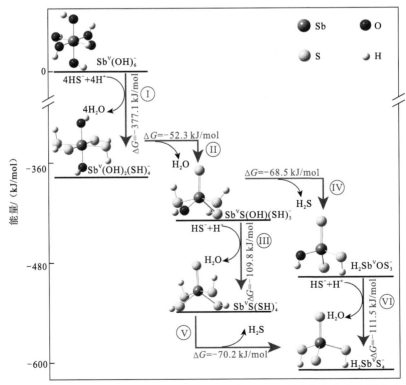

图 2.6　硫代锑酸盐形成过程中的中间体及密度泛函理论计算出的吉布斯自由能
中间体均由 FTICR-MS 鉴定得到

$$\mathrm{Sb^V(OH)_6^- + 4HS^- + 4H^+ \longrightarrow Sb^V(OH)_2(SH)_4^- + 4H_2O} \qquad (2.1)$$

式（2.1）是亲核取代反应，$\Delta G$ 为-377.1 kJ/mol，表明该反应可自发进行。

反应 II 为六配位的 $\mathrm{[Sb^V(OH)_2(SH)_4^-]}$ 脱去一分子 $\mathrm{H_2O}$，转变为五配位的 $\mathrm{Sb^VS(OH)(SH)_3^-}$（$\Delta G$=-52.3 kJ/mol）。新生成的 $\mathrm{Sb^VS(OH)(SH)_3^-}$ 可以通过巯基再取代转变为 $\mathrm{Sb^VS(SH)_4^-}$（$\Delta G$=-109.8 kJ/mol）。六配位的 $\mathrm{Sb^V(OH)_2(SH)_4^-}$ 不太稳定、较易转化，而 $\mathrm{Sb^VS(OH)(SH)_3^-}$ 和 $\mathrm{Sb^VS(SH)_4^-}$ 相对更稳定，在发生反应 2 min 后仍然存在。

接着，五配位的 $\mathrm{Sb^VS(OH)(SH)_3^-}$ 和 $\mathrm{Sb^VS(SH)_4^-}$ 可以进一步脱去一分子 $\mathrm{H_2S}$ 分别转变为四配位的 $\mathrm{H_2Sb^VOS_3^-}$ 和 $\mathrm{H_2Sb^VS_4^-}$。消去反应导致锑由六配位转变为四配位，四配位是稳定的 Sb-S 的产物。

在反应 VI 中，$\mathrm{H_2Sb^VOS_3^-}$ 可以通过巯基取代转变为 $\mathrm{H_2Sb^VS_4^-}$（$\Delta G$=-111.5 kJ/mol），该自发反应解释了硫酸盐还原条件下的主要产物是 $\mathrm{H_2Sb^VS_4^-}$，而不是 $\mathrm{H_2Sb^VOS_3^-}$。

全反应写为

$$\mathrm{Sb^V(OH)_6^- + 4HS^- + (5-x)H^+ \longrightarrow H_{3-x}Sb^VS_4^{x-} + 6H_2O} \qquad (2.2)$$

事实上，该反应在 pH 为 11 时是不能进行的，原因是该反应消耗质子，为依赖 pH 的反应。

综上所述，原子质谱可精确定量痕量砷、锑浓度；分子质谱可定性鉴定砷、锑分子结构。随着砷、锑形态研究的逐渐深入，复杂新形态被发现，原子质谱与分子质谱的联用有效地实现两种手段间的优势互补，成为当前形态分析的前沿手段。不同形态的砷、锑经 HPLC 分离纯化后，原子质谱与分子质谱同时作为后续的检测器。因此，原子/分子质谱联用所提供的定量与定性信息使其在元素形态分析上有着广泛的应用，尤其是未知形态的鉴定。

# 2.5　原位光谱分析

原位光谱是砷、锑形态分析的另一大利器，可实现复杂环境样品的原位检测，得到砷、锑的近邻结构，包括化学价态、配位数、配位原子等信息。原位光谱检测无须样品前处理，可最大程度地保留原始样品信息。针对砷、锑形态检测，拉曼光谱及同步辐射吸收光谱应用较为广泛。

## 2.5.1　拉曼光谱

原位拉曼光谱对锑的化学价态与配位环境敏感，可区分砷/锑的含氧阴离子及硫代砷/锑酸盐等。原位拉曼光谱表征了亚锑酸盐（$\mathrm{Sb^{III}}$-O）巯基化过程，以及硫代亚锑酸盐（$\mathrm{Sb^{III}}$-S）被零价硫（$\mathrm{S^0}$）厌氧氧化为硫代锑酸盐（$\mathrm{Sb^V}$-S）过程。如图 2.7 所示，位

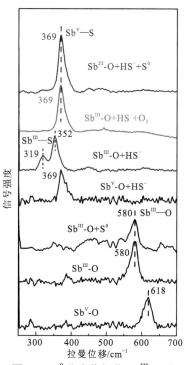

图 2.7　$\mathrm{S^0}$ 非生物氧化 $\mathrm{Sb^{III}}$-S 至 $\mathrm{Sb^V}$-S 的拉曼光谱

于 580 cm$^{-1}$ 和 618 cm$^{-1}$ 处的拉曼峰分别归属于 Sb$^{III}$—O 和 Sb$^{V}$—O 振动。Sb$^{III}$-O 与 HS$^{-}$ 反应（Sb$^{III}$-O+HS$^{-}$）生成 Sb$^{III}$-S，拉曼峰位于 319 cm$^{-1}$ 和 352 cm$^{-1}$，对应的可能是单体或聚合体 Sb$^{III}$-S 的 Sb$^{III}$—S 振动。当 Sb$^{III}$-S 暴露于氧气（Sb$^{III}$-O+HS$^{-}$+O$_2$）后，Sb$^{III}$-S 被氧化为 Sb$^{V}$-S，拉曼峰偏移至 369 cm$^{-1}$，归属于 Sb$^{V}$—S 振动。而在 Sb$^{III}$-S 中添加零价硫（Sb$^{III}$-O+HS$^{-}$+S$^0$）后，厌氧条件下，拉曼峰位置仍偏移至 369 cm$^{-1}$，证明了 S$^0$ 将 Sb$^{III}$-S 厌氧氧化为 Sb$^{V}$-S。

## 2.5.2 X 射线吸收光谱

基于同步辐射的 X 射线吸收精细结构（X-ray absorption fine structure，XAFS）光谱在分析复杂环境样品中痕量元素的赋存状态中有得天独厚的优势。

砷、锑的 XANES 光谱被广泛用于土壤或沉积物中砷、锑的形态研究。如图 2.8 所示，一阶导数谱图 11 870 eV 和 11 874 eV 处的峰分别归属于 As$^{III}$—O 和 As$^{V}$—O。As$^{III}$—O 的峰强度在厌氧阶段升高而在好氧阶段降低，意味着固相中的 As$^{V}$-O 在厌氧阶段被还原，而 As$^{III}$-O 在好氧阶段被氧化。位于 4 703 eV 和 4 707 eV 的峰分别归属于 Sb$^{III}$—O 和 Sb$^{V}$—O。随着培养时间延长，Sb$^{III}$—O 的峰强度逐渐降低，意味着固相中的 Sb$^{III}$-O 在不断氧化。需要注意的是，即使在厌氧条件下，固相中的 Sb$^{V}$-O 也没有被还原。

此外，基于同步辐射的微束硬 X 射线荧光（μ-XRF）也是分析环境样品中砷形态的一大利器。μ-XRF 可无损伤地表征人体标志物，如指甲中的砷形态分布，从而明确砷在人体内的富集程度。图 2.9 表明砷在指甲横断面呈三层结构分布，在横断面外层和内层含量较高，中间含量较低[图 2.9（a）]。由于指甲富含角质层，硫在整个断面分布较为均匀。指甲横断面角质层内外两侧富含游离态的巯基，易与砷结合，而中间层主要以稳定态为主，不易与砷结合，因此砷在指甲横断面形成了三层结构，与金矿区指甲样品中砷分布一致。同步辐射微束 X 射线吸收近边结构（micro X-ray absorption near edge structure，μ-XANES）结果[图 2.9（b）]显示指甲和头发中砷主要与硫结合（As(Glu)$_3$），经线性拟合后 As(Glu)$_3$ 质量分数分别达到 69%～76% 和 54%～64%，表明指甲和头发中的砷容易富集于富含巯基的角质层。指甲中 As(Glu)$_3$ 含量较大，这与指甲中角质层多于头发相符。三个头发样品中不同比例的 DMA 和 As(V)表明不同人体头发对砷代谢的差异性。而 Fe、Cu、Mn 和 Ca 主要分布于指甲的内外两侧，Zn 则在指甲横断面分布较为均匀（图 2.10）。这一结果与之前的研究结果（Pearce et al.，2010）类似。各元素在指甲中的分布情况与每种元素的物理化学性质及生物代谢转化相关。

扫描透射 X 射线电子显微镜（scanning transmission X-ray microscopy，STXM）是基于软 X 射线的一种扫描透射显微技术。STXM 结合了几十个纳米的高空间分辨和 X 射线近吸收边精细结构（near edge X-ray absorption fine structure，NEXAFS）谱学的高化学态分辨能力，可以在介观尺度研究固体、液体、软物质（如水凝胶）等多种形态的物质，也可以开展蛋白质与人工材料的相互作用、微生物体及微生物-微矿物相互作用特性、组织-金属相互作用的化学分析，以及介观尺度污染物的空间分布和化学形态分布研究等。电子在化学反应中起着非常重要的作用，污染物分子中电子的数量及它们的位置决定着污染物分子在自然环境中的行为及迁移转化规律。STXM 能够原位表征污染物分子中电子所处的

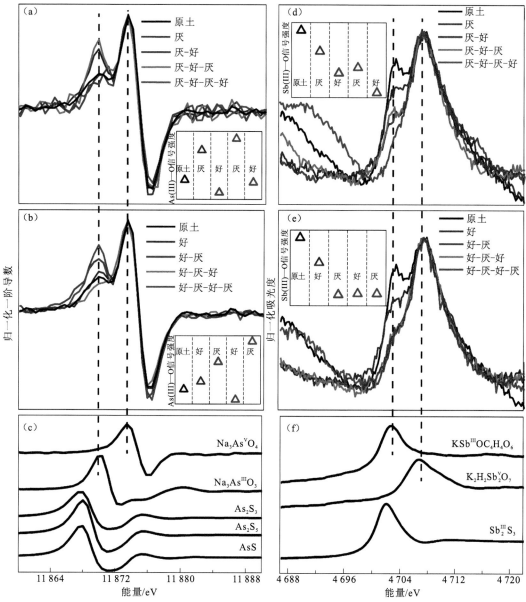

图 2.8　砷、锑污染沉积物经厌氧-好氧转换培养过程中砷、锑的形态变化

（a）～（c）砷 K 边的 XANES 谱的一阶导数，（d）～（f）锑 $L_1$ 边的 XANES 谱；

插入图为不同阶段 $As^{III}$—O 和 $Sb^{III}$—O 的峰强度变化

位置，由于具有这种独特优越性，软 X 射线显微技术在环境污染物分子的研究中具有不可替代的作用。迄今为止，STXM 已经在研究生物样品中有机分子的化学不均匀性、土壤样品中有机分子的化学性、有机分子的结构及其在矿物界面的吸附等方面有了一些应用。例如 Yoon 等（2004）使用 C 光谱测定了 *Caulobacter cresentus* 的生物膜，然后通过获得 Al 的 K 边堆栈图像确定了 Al 矿物胶体的分布及不同价态 Al 矿物存在生物膜中。另外，通过扫描 C 的 K 边可以获得微生物的生物膜信息。例如 Benzerara 等（2007）通过 STXM 的 C 光谱获得了不同微生物的生物膜信息及生物膜中蛋白质和胞外多糖的分布。

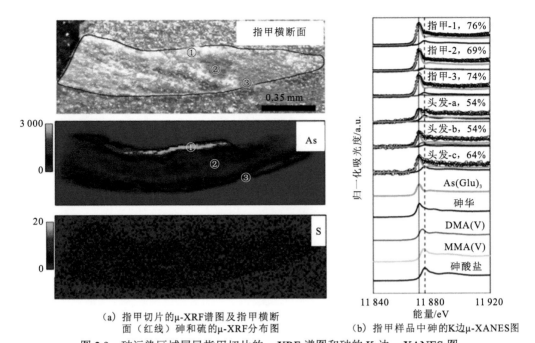

（a）指甲切片的μ-XRF谱图及指甲横断
面（红线）砷和硫的μ-XRF分布图

（b）指甲样品中砷的K边μ-XANES图

图 2.9　砷污染区域居民指甲切片的 μ-XRF 谱图和砷的 K 边 μ-XANES 图

（a）图中①号和③号点代表指甲边缘，②号点代表中间层，颜色标尺代表元素的相对浓度；（b）图中指甲样品三个点位（砷质量分数为 73.1 μg/g）及三个头发样品砷质量分数（头发-a 为 17.2 μg/g，头发-b 为 21.6 μg/g，头发-c 为 17.7 μg/g），百分比为线性组合拟合后 As(Glu)$_3$ 的质量分数

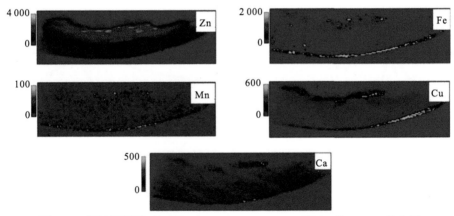

图 2.10　指甲横断面（红线）中 Zn、Fe、Mn、Cu 和 Ca 的 μ-XRF 分布图

颜色标尺代表元素的相对浓度

STXM 用于表征硫酸盐还原菌（sulfate reducing bacteria，SRB）介导吸附态 As 的形态转化过程（Luo et al.，2013）。图 2.11（f）显示 As$^{III}$—O 的 L$_{III}$ 边吸收峰位于 1 339.4 eV，As$^V$—O 峰位于 1 339.4 eV 和 1 342.2 eV。基于不同砷价态的 NEXAFS 谱，STXM 在不同能量处可以获得 As$^{III}$—O 及 As$^V$—O 的空间分布。通过扫描 As 的吸收边前能量 1 335.2 eV，As$^{III}$—O 和 As$^V$—O 的共同吸收峰位于 1 339.4 eV，以及只有 As$^V$—O 的吸收峰位于 1 342.2 eV，获得 STXM 图像。将 SRB 与吸附态 As 培养 4 天后，TiO$_2$ 固体表面既有 As$^V$—O，也有 As$^{III}$—O。As$^{III}$—O 可能来自 As$^V$—O 在固体上的直接还原，但也不能排除是溶液中的 As$^{III}$—O 重新吸附到 TiO$_2$ 固体的表面。

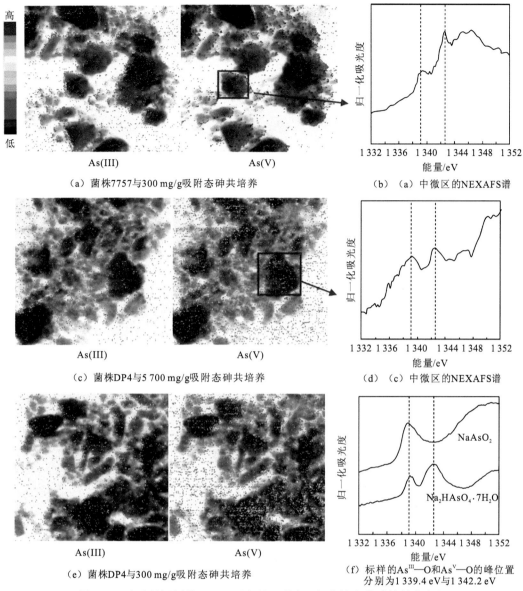

（a）菌株7757与300 mg/g吸附态砷共培养　　（b）（a）中微区的NEXAFS谱

（c）菌株DP4与5 700 mg/g吸附态砷共培养　　（d）（c）中微区的NEXAFS谱

（e）菌株DP4与300 mg/g吸附态砷共培养

（f）标样的As$^{III}$—O和As$^{V}$—O的峰位置分别为1 339.4 eV和1 342.2 eV

图2.11　硫酸盐还原菌（SRB）介导吸附在二氧化钛上的砷的转化表征

# 参 考 文 献

ACHARYYA, S K, CHAKRABORTY P, LAHIRI S, et al., 1999. Arsenic poisoning in the Ganges delta. Nature, 401: 545.

ARSIC M, TEASDALE P R, WELSH D T, et al., 2018. Diffusive gradients in thin films reveals differences in antimony and arsenic mobility in a contaminated wetland sediment during an oxic-anoxic transition. Environmental Science & Technology, 52: 1118-1127.

BENZERARA K, TYLISZCZAK T, BROWN G E, 2007. Study of interactions between microbes and minerals by scanning transmission X-ray microscopy (STXM). AIP Proceedings, 882: 726-730.

BERG M, TRANG P T K, STENGEL C, et al., 2008. Hydrological and sedimentary controls leading to arsenic contamination of groundwater in the Hanoi area, Vietnam: The impact of iron-arsenic ratios, peat, river bank deposits, and excessive groundwater abstraction. Chemical Geology, 249: 91-112.

BESOLD J, EBERLE A, NOEL V, et al., 2019a. Antimonite binding to natural organic matter: Spectroscopic evidence from a mine water impacted peatland. Environmental Science & Technology, 53: 10792-10802.

BESOLD J, KUMAR N, SCHEINOST A C, et al., 2019b. Antimonite complexation with thiol and carboxyl/ phenol groups of peat organic matter. Environmental Science & Technology, 53: 5005-5015.

BURTON E D, HOCKMANN K, KARIMIAN N, et al., 2019. Antimony mobility in reducing environments: The effect of microbial iron(III)-reduction and associated secondary mineralization. Geochimica et Cosmochimica Acta, 245: 278-289.

CALACE N, NARDI E, PIETROLETTI M, et al., 2017. Antarctic snow: Metals bound to high molecular weight dissolved organic matter. Chemosphere, 175: 307-314.

CHEN C, YANG B Y, SHEN Y, et al., 2021. Sulfate addition and rising temperature promote arsenic methylation and the formation of methylated thioarsenates in paddy soils. Soil Biology & Biochemistry, 154: 108129.

DAI J, CHEN C, GAO A X, et al., 2021. Dynamics of dimethylated monothioarsenate(DMMTA) in paddy soils and its accumulation in rice grains. Environmental Science & Technology, 55: 8665-8674.

FENDORF S, MICHAEL H A, VAN GEEN A, 2010. Spatial and temporal variations of groundwater arsenic in South and Southeast Asia. Science, 328: 1123-1127.

FU Z, WU F, MO C, et al., 2016. Comparison of arsenic and antimony biogeochemical behavior in water, soil and tailings from Xikuangshan, China. Science of the Total Environment, 539: 97-104.

GRANT T D, 2004. Assessing the environmental and biological implications of various elements through elemental speciation using inductively coupled plasma mass spectrometry. Cincinnati: University of Cincinnati.

GUO Q, PLANER-FRIEDRICH B, LIUA M, et al., 2017. Arsenic and thioarsenic species in the hot springs of the Rehai magmatic geothermal system, Tengchong volcanic region, China. Chemical Geology, 453: 12-20.

HE M, WANG N, LONG X, et al., 2019. Antimony speciation in the environment: Recent advances in understanding the biogeochemical processes and ecological effects. Journal of Environmental Sciences, 75: 14-39.

HOCKMANN K, LENZ M, TANDY S, et al., 2014. Release of antimony from contaminated soil induced by redox changes. Journal of Hazardous Materials, 275: 215-221.

ISLAM F S, GAULT A G, BOOTHMAN C, et al., 2004. Role of metal-reducing bacteria in arsenic release from Bengal delta sediments. Nature, 430: 68-71.

ISLAM F S, PEDERICK R L, GAULT A G, et al., 2005. Interactions between the Fe(III)-reducing bacterium *Geobacter sulfurreducens* and arsenate, and capture of the metalloid by biogenic Fe(II). Applied and Environmental Microbiology, 71: 8642-8648.

KEON N E, SWARTZ C H, BRABANDER D J, et al., 2001. Validation of an arsenic sequential extraction method for evaluating mobility in sediments. Environmental Science & Technology, 35: 2778-2784.

KOCAR B D, HERBEL M J, TUFANO K J, et al., 2006. Contrasting effects of dissimilatory iron(III) and arsenic(V) reduction on arsenic retention and transport. Environmental Science & Technology, 40: 6715-6721.

LANGNER P, MIKUTTA C, KRETZSCHMAR R, 2012. Arsenic sequestration by organic sulphur in peat.

Nature Geoscience, 5: 66-73.

LEUZ A K, MONCH H, JOHNSON C A, 2006. Sorption of Sb(III) and Sb(V) to goethite: Influence on Sb(III) oxidation and mobilization. Environmental Science & Technology, 40: 7277-7282.

LI W, WANG T, ZHOU S, et al., 2013. Microscopic observation of metal-containing particles from Chinese continental outflow observed from a non-industrial site. Environmental Science & Technology, 47: 9124-9131.

LIU Q, HUANG C, LI W, et al., 2021. Discovery and identification of arsenolipids using a precursor-finder strategy and data-independent mass spectrometry. Environmental Science & Technology, 55: 3836-3844.

LOVLEY D R, CHAPELLE F H, WOODWARD J C, 1994. Use of dissolved $H_2$ concentrations to determine distribution of microbially catalyzed redox reactions in anoxic groundwater. Environmental Science & Technology, 28: 1205-1210.

LUO T, TIAN H, GUO Z, et al., 2013. Fate of Arsenate adsorbed on Nano-$TiO_2$ in the presence of sulfate reducing bacteria. Environmental Science & Technology, 47: 10939-10946.

MESTROT A, JI Y, TANDY S, et al., 2016. A novel method to determine trimethylantimony concentrations in plant tissue. Environmental Chemistry, 13: 919-926.

O'DAY P A, VLASSOPOULOS D, ROOT R, et al., 2004. The influence of sulfur and iron on dissolved arsenic concentrations in the shallow subsurface under changing redox conditions. Proceedings of the National Academy of Sciences of the United States of America, 101: 13703-13708.

OKKENHAUG G, ZHU Y G, HE J, et al., 2012. Antimony(Sb) and arsenic(As) in Sb mining impacted paddy soil from Xikuangshan, China: Differences in mechanisms controlling soil sequestration and uptake in rice. Environmental Science & Technology, 46: 3155-3162.

PEARCE D C, DOWLING K, GERSON A R, et al., 2010. Arsenic microdistribution and speciation in toenail clippings of children living in a historic gold mining area. Science of the Total Environment, 408: 2590-2599.

PENG H, HU B, LIU Q, et al., 2017. Methylated phenylarsenical metabolites discovered in chicken liver. Angewandte Chemie International Edition in English, 56: 6773-6777.

PLANER-FRIEDRICH B, LONDON J, MCCLESKEY R B, et al., 2007. Thioarsenates in geothermal waters of yellowstone national park: Determination, preservation, and geochemical importance. Environmental Science & Technology, 41: 5245-5251.

REN J H, MA L Q, SUN H J, et al., 2014. Antimony uptake, translocation and speciation in rice plants exposed to antimonite and antimonate. Science of the Total Environmet, 475: 83-89.

STUCKER V K, SILVERMAN D R, WILLIAMS K H, et al., 2014. Thioarsenic species associated with increased arsenic release during biostimulated subsurface sulfate reduction. Environmental Science & Technology, 48: 13367-13375.

TIAN H, LIU K, ZHOU J, et al., 2014a. Atmospheric emission inventory of hazardous trace elements from China's coal-fired power plants-temporal trends and spatial variation characteristics. Environmental Science & Technology, 48: 3575-3582.

TIAN H, SHI Q, JING C, 2015. Arsenic biotransformation in solid waste residue: Comparison of contributions from bacteria with arsenate and iron reducing pathways. Environmental Science & Technology, 49: 2140-2146.

TIAN H, ZHOU J, ZHU C, et al., 2014b. A comprehensive global inventory of atmospheric antimony emissions from anthropogenic activities, 1995-2010. Environmental Science & Technology, 48: 10235-10241.

TSCHAN M, ROBINSON B H, NODARI M, et al., 2009. Antimony uptake by different plant species from nutrient solution, agar and soil. Environmental Chemistry, 6: 144-152.

VICZEK S A, JENSEN K B, FRANCESCONI K A, 2016. Arsenic-containing phosphatidylcholines: A new group of arsenolipids discovered in herring caviar. Angewandte Chemie International Edition, 55, 5259-5262.

WANG L, YE L, YU Y, et al., 2018. Antimony redox biotransformation in the subsurface: Effect of indigenous Sb(V) respiring microbiota. Environmental Science & Technology, 52: 1200-1207.

WEI C Y, GE Z F, CHU W S, et al., 2015. Speciation of antimony and arsenic in the soils and plants in an old antimony mine. Environmental and Experimental Botany, 109: 31-39.

WEI M, CHEN J, WANG X, 2016. Removal of arsenic and cadmium with sequential soil washing techniques using $Na_2EDTA$, oxalic and phosphoric acid: Optimization conditions, removal effectiveness and ecological risks. Chemosphere, 156: 252-261.

WILSON S C, LOCKWOOD P V, ASHLEY P M, et al., 2010. The chemistry and behaviour of antimony in the soil environment with comparisons to arsenic: A critical review. Environmental Pollution, 158: 1169-1181.

YAMAGUCHI N, OHKURA T, TAKAHASHI Y, et al., 2014. Arsenic distribution and speciation near rice roots influenced by iron plaques and redox conditions of the soil matrix. Environmental Science & Technology, 48: 1549-1556.

YANG H L, HE M C, 2015a. Speciation of antimony in soils and sediments by liquid chromatography-hydride generation-atomic fluorescence spectrometry. Analytical Letters, 48: 1941-1953.

YANG H L, HE M C, WANG X Q, 2015b. Concentration and speciation of antimony and arsenic in soil profiles around the world's largest antimony metallurgical area in China. Environmental Geochemistry and Health, 37: 21-33.

YE L, CHEN H, JING C, 2019. Sulfate-reducing bacteria mobilize adsorbed antimonate by thioantimonate formation. Environmental Science & Technology Letters, 6: 418-422.

YE L, JING C, 2021. Environmental geochemistry of thioantimony: Formation, structure and transformation as compared with thioarsenic. Environmental Science-Processes & Impacts, 23: 1863-1872.

YE L, MENG X, JING C, 2020. Influence of sulfur on the mobility of arsenic and antimony during oxic-anoxic cycles: Differences and competition. Geochimica et Cosmochimica Acta, 288: 51-67.

YE L, QIU S, LI X, et al., 2018. Antimony exposure and speciation in human biomarkers near an active mining area in Hunan, China. Science of the Total Environment, 640-641: 1-8.

YOON T H, JOHNSON S B, BENZERARA K, et al., 2004. In situ characterization of aluminum-containing mineral-microorganism aqueous suspensions using scanning transmission X-ray microscopy. Langmuir, 20: 10361-10366.

ZHANG D, GUO J, XIE X, et al., 2021. Acidity-dependent mobilization of antimony and arsenic in sediments near a mining area. Journal of Hazardous Materials, 426: 127790.

ZHENG J, IIJIMA A, FURUTA N, 2001. Complexation effect of antimony compounds with citric acid and its application to the speciation of antimony(III) and antimony(V) using HPLC-ICP-MS. Journal of Analytical Atomic Spectrometry, 16: 812-818.

# 第3章  砷与锑的分析技术

对环境中砷与锑的分析包括三个层次：首先，需要对环境中砷、锑的总量进行测定，以实现对污染水平的全面了解；其次，需要明确砷、锑的环境赋存化学形态及价态，以此得到特定时间段某一研究区域中砷、锑的地球化学分布特征，并解释由污染所引发的一系列生物效应及作用机制；最后，通过对某一区域长期多次监测与现场分析，并综合多种分析方法的结果，得到砷、锑环境地球化学过程的"动态描述"。砷、锑的总量与形态分析通常采用原子吸收光谱法、原子发射光谱法、原子荧光光谱法、X 射线荧光光谱法及电感耦合等离子体质谱法。As(III)/Sb(III)由于易在样品保存、运输及前处理过程中氧化为 As(V)/Sb(V)，使研究人员低估其毒性，并且对砷、锑的地球化学行为做出错误的判断。所以，现场快速准确测定砷、锑的浓度及价态是研究砷、锑地球化学过程的基础。水体砷、锑的现场分析方法包括荧光法、电化学法、比色法、拉曼光谱法等。土壤砷、锑的现场分析方法主要有 X 射线荧光分析法等。将新型材料与高新技术相结合，开发基于新型标记或功能材料的快速分析新方法也成为近年的研究热点。本章将从基本原理、光电响应探针、传感器应用等角度，介绍砷、锑的分析技术。

## 3.1  砷与锑的原子光谱分析技术

### 3.1.1  原子吸收光谱法

砷原子吸收光谱（AAS）包括火焰原子化吸收光谱、石墨炉原子吸收光谱（graphite furnace atomic absorption spectroscopy，GFAAS）、氢化物发生原子吸收光谱（hydride generation-atomic absorption spectroscopy，HG-AAS）等。对于砷等易形成氢化物的元素，用火焰原子化法测定时灵敏度很低，因此目前的研究中多采用氢化物发生原子吸收光谱法和石墨炉电热原子吸收光谱法测定痕量的砷。

Holak（1969）首次将氢化物发生原子吸收光谱法用于原子吸收测定砷。HG-AAS 法由于具有灵敏和经济的特点，已成为检测环境中砷、锑的标准方法。HG-AAS 法测得的形态为 As(III)/Sb(III)，因此必须用还原剂将 As(V)/Sb(V)预先还原为 As(III)/Sb(III)。常见的还原剂包括碘化钾-抗坏血酸混合溶液、$NaBH_4$、$KBH_4$ 等。HG-AAS 法可以在不高的温度下（低于 900 ℃）分解出自由原子，达到瞬间原子化，该方法本身生成过程就是一个分离过程，因此可以克服试样中其他组分对被测元素的干扰。近年来，为解决 HG-AAS 法分析速度慢、样品消耗量大等问题，研究人员在其基础上发展了流动注射-氢化物发生-原子吸收光谱（flow injection-hydride generation-atomic absorption spectrometry，FI-HG-AAS），该方法灵敏度及自动化程度较高。

Lvov（1961）提出石墨炉技术，利用高温石墨管使样品完全蒸发、充分原子化，再测其吸收值。此方法测砷的绝对灵敏度高，但往往存在较严重的基体干扰，需要添加包括镧系金属、镁、锌、镍、钯或锶等常见基体改进剂。大量的锌对砷的测定有一定的改进作用，样品处理后不需要添加其他基体改进剂便可以利用标准加入法直接测定砷的含量，样品用 $HNO_3$ 处理后可消除记忆效应。许杨等（2002）系统研究了酸的种类、酸度，基体改进剂的选择、灰化和原子化温度对砷测定的影响。该研究认为含高氯酸、硫酸的试液中，砷的原子吸收信号明显被抑制，磷酸次之，而硝酸和盐酸则不影响砷的测定。但考虑三氯化砷的挥发温度仅为 122 ℃，在样品消解时和灰化阶段易与砷生成挥发性氯化物而使样品损失，因此采用硝酸介质，硝酸体积分数为 0.2%～1.0% 时可得到最大的吸收信号。在硝酸镁、硝酸钯、硝酸镍、硝酸镧 4 种不同的基体改进剂中，硝酸镁有最高的灵敏度，虽然硝酸镁允许的灰化温度较低，但采用硝酸钯可使最高灰化温度提高到 1 400 ℃；灰化温度为 900～1 400 ℃ 时，原子吸收信号最大且为恒定值。杨金星等（2018）使用石墨炉原子吸收分光光谱对水样、大气颗粒物、土壤样品总砷进行了测定。在加入钯-镁混合基体改进剂及选择合适的石墨炉升温程序的条件下，采用石墨炉原子吸收分光光度法测定消解后的各类型样品总砷含量简便快速，相对标准偏差为 3.0%，各类型样品回收率为 90.9%～106.2%。

研究人员将 HG-AAS 法测定锑时干扰离子的干扰机理总结为 4 个阶段：①氢化物产生之前，某些还原电势高于 Sb(III)/Sb(V) 系统电势的物质可氧化 Sb(III)/Sb(V)，或能与锑形成络合物或沉淀；②加入还原剂形成 $SbH_3$ 之前的阶段，某些物质与还原剂的反应能力要强于锑化合物，会消耗一部分还原剂，以及还原剂的水解反应，使得实际参与锑化合物反应的还原剂的量减少；③锑氢化物形成阶段，某些物质可与锑化合物反应生成不可溶盐，它们也能生成气态氢化物，但是生成速度比锑慢；④形成气态锑化物之后，某些过渡态元素的离子能催化 $SbH_3$ 的降解。研究表明以下物质即使在高于锑 2 000 倍的浓度下，也不干扰锑的测定：Li(I)、Na(I)、K(I)、Ba(II)、Sr(II)、Ca(II)、Mg(II)、Zn(II)、Hg(II)、Cd(II)、Mn(II)、Sn(II)、As(III)、As(V)、Te(VI)、U(VI)、Pb(II)、Tl(II)、$NH_4^+$、$F^-$、$Br^-$；产生干扰的物质主要有 Ni(II)、Bi(III)、Co(II)、$I^-$、Cr(VI)，其中 Al(III)、Sn(IV) 和 Mo(VI) 的干扰情况取决于介质酸的种类，选取适当的酸介质可以忽略其干扰。

石墨炉原子吸收光谱法虽然是测定痕量砷、锑的有效方法，但还不能直接对超痕量砷、锑进行检测和形态分析。随着砷、锑相关研究的不断深入，要求分析方法的检出限越来越低，并且朝着形态分析的方向发展，因此形成了原子吸收技术与其他分析技术联用的发展趋势。

## 3.1.2　原子发射光谱法

原子发射光谱（atomic emission spectroscopy，AES 或称 optical emission spectroscopy，OES）是一种相对比较古老的分析技术。20 世纪 50 年代，以电弧/火花放电为激发光源的电弧/火花 AES 技术在原子光谱分析中占主导地位。但到了 50～60 年代，原子吸收技术的兴起及其日益广泛的应用使 AES 面临十分严峻的挑战。直到 60 年代中期，Wendt 等（1965）和 Greenfield 等（1964）分别报道了各自取得的重要研究成果，研发了电感耦合等离子体原子发射光谱（inductively coupled plasma-atomic/optical emission spectroscopy，ICP-AES/OES）新技术。这是光谱化学分析的一次重大突破，也是原子发射光谱技术的一次复兴。ICP-OES 法是以电感耦合等离子炬为激发光源的一种新型的发射光谱分析方法，该方法根据样品雾化被激发后发射出所测元素的特征谱线强度实现定量分析。ICP-OES 法具有较高的精密度和选择性；能同时进行多元素测定；具有 4~6 个数量级的较宽线性范围，是分析砷、锑液体环境样品的主要方法之一。

表 3.1 列出了利用 ICP-OES 法测得的大同盆地 37 个地下水样品和河套盆地 62 个地下水样品中多种元素的浓度。该实验通过盐酸调节试液酸度，同步测定了砷、铝、铁、镁等元素的浓度，并验证了样品中共存钠、锰等不会干扰砷的测定。

表 3.1  大同盆地（山西）和河套盆地（内蒙古）地下水中砷等元素质量浓度

| 测试元素 | 大同盆地 | | | | | 河套盆地 | | | | |
|---|---|---|---|---|---|---|---|---|---|---|
| | 最大值 | 最小值 | 平均值 | 中位数 | 偏差 | 最大值 | 最小值 | 平均值 | 中位数 | 偏差 |
| 总 As/（μg/L） | 1 160 | <1 | 280 | 260 | 242 | 804 | <1 | 314 | 304 | 214 |
| Al/（mg/L） | 0.22 | 0.14 | 0.15 | 0.14 | 0.02 | 0.15 | 0.08 | 0.12 | 0.12 | 0.02 |
| Ca/（mg/L） | 40.4 | 6.4 | 19.4 | 17.8 | 8.7 | 219.8 | 3.6 | 34.3 | 17.2 | 39.1 |
| Fe/（mg/L） | 0.35 | <0.01 | 0.07 | 0.10 | 0.09 | 0.38 | <0.01 | 0.02 | 0.02 | 0.09 |
| K/（mg/L） | 10.9 | 0.4 | 1.0 | 0.7 | 1.7 | 9.3 | 1.3 | 3.8 | 3.2 | 1.7 |
| Mg/（mg/L） | 112.5 | 21.7 | 39.5 | 30.4 | 22.7 | 264.7 | 17.2 | 71.3 | 45.0 | 63.9 |
| Mn/（mg/L） | 0.23 | <0.01 | 0.03 | <0.01 | 0.06 | 1.16 | <0.01 | 0.04 | <0.01 | 0.15 |
| Na/（mg/L） | 941.4 | 40.0 | 165.9 | 91.9 | 177.1 | 946.4 | 52.3 | 327.1 | 300.4 | 170.5 |
| Pb/（mg/L） | 未检出 | 未检出 | 未检出 | 未检出 | — | 未检出 | 未检出 | 未检出 | 未检出 | — |

## 3.1.3  电感耦合等离子体质谱法

电感耦合等离子体质谱（ICP-MS）法利用电感耦合等离子体将试样原子化并使之电离。不同于 ICP-OES 法检测光谱，ICP-MS 直接将离子送入质量分析器进行检测。凭借其高灵敏度和易于与色谱分离系统联用的进样系统，ICP-MS 在元素形态分析领域得到了广泛应用，已成为许多实验室和环保监测部门测定砷、锑的首选手段。

对于砷、锑的各种不同形态，使用 ICP-MS 作为高效液相色谱砷、锑形态分析联用系统的检测器，最低检出限均为 ng/mL 级。如果在此基础上采用氢化物发生装置，即 LC-HG-ICP-MS，将会进一步提高测定灵敏度，检出限可达到 ng/L 级。氢化物发生进样法是利用被测离子在酸性条件下，与初生态的氢生成挥发性氢化物蒸气，然后被引入仪器中进行测定的一种方法，其产物为共价氢化物。对于 ICP-MS，采用氢化物发生进样法，能使被分析物与基体有效分离，从而降低基体干扰，避免由雾化器喷射导致的样品损失，消除记忆效应。LC-HG-ICP-MS 联用系统已经成功应用于地表水样品、生物样品、尿样、海水样品中砷、锑浓度与形态的分析，并且可以研究砷、锑在复杂基体中的代谢过程和代谢产物。对于较复杂的有机砷、锑形态，需要在氢化物发生装置之前进行在线降解，使被分析物产生气态氢化物。

LC-HG-ICP-MS 以其良好的稳定性和高灵敏度被广泛应用于环境样品分析，已经成为研究砷代谢和毒理学最重要的形态分析手段。砷化物被成功应用于治疗急性早幼粒细胞白血病，但亚致死量的砷在人体内的代谢机理和作用机制并不清楚。利用 LC-HG-ICP-MS 方法可准确分析鉴定经砷化物治疗的病人尿液中砷的代谢形态，并验证砷代谢中间产物的存在及病人之间砷代谢的个体差异，为揭示砷制剂治疗白血病的剂量、病理和毒理学机制提供参考依据。通过培养细胞系，采用不同砷化合物暴露，利用 LC-HG-ICP-MS 分析测定培养液中砷化合物的形态，可以研究砷化合物在细胞中的代谢情况。LC-HG-ICP-MS 也可以分析特殊体液中的砷化合物形态，如人体唾液中砷的代谢产物。人体唾液样品因为含有蛋白质等，具有一定黏性，必须经过前处理才能进行 LC-HG-ICP-MS 分析。其中重要的一步是用去离子水稀释。稀释使样品中很低的砷化合物浓度进一步降低，这就对方法灵敏度提出了更高的要求。采用 LC-HG-ICP-MS 联用方法，通过升温色谱柱，采用离子对色谱快速洗脱以得到较高的灵敏度，同时分离了 As(III)、As(V)、DMA(V)、MMA(V)、DMA(III)、MMA(III) 6 种重要的砷形态化合物，检出限可以达到 $0.03 \sim 0.10\ \mu g/L$。

## 3.1.4　原子荧光光谱法

原子荧光光谱仪是我国少数具有自主知识产权的中高端分析仪器之一。近年来原子荧光技术在激发光源、原子化器、反应发生系统、进样系统及联用技术等方面都取得了很大的进步，处于国际领先地位。1977 年，我国科研工作者开始建立以无电极灯为光源的无色散原子荧光实验平台，并进行了一系列的研究工作。针对国外装置过于复杂及光谱干扰严重等问题，我国提出了利用与酸反应产生的氢气产生氩氢小火焰，极大简化了装置；国外在约十年后才开始发现与应用这种技术。与此同时，采用溴化物无极放电灯代替碘化物无极放电灯，成功地解决了锡的光谱干扰问题。利用氢化物发生产生的氢气使之在电热石英炉中形成氢焰，氢气用量大幅度下降，从而使氢化物发生-原子荧光光谱（hydride generation-atomic fluorescence spectroscopy，HG-AFS）方法成为实用性很强的高效低耗分析方法。西安西北有色地质研究院有限公司的郭小伟等研制了非色散原子荧光分析仪和无极放电灯，采用氢化物发生法测定了矿物和岩石中的微量砷、锑等元素，取得了很好的分析效果。基于以上研究成果，西北有色地质研究院与其他单位合作开发了双道原子荧光仪样机，可同步测定两个可形成氢化物的元素。近年来，中国科学院生态环境研究中心与北京海光仪器有限公司合作，研发的液相色谱-原子荧光联用系统已实现商品化，广泛应用于地下水砷的监测，并获得 2015 年中国分析测试协会科学技术奖特等奖。

相比于 HG-AAS，HG-AFS 具有以下特点：①谱线简单，仅需要分光能力一般的分光光度计，甚至可以用滤光片等进行简单分光或用日盲型光电倍增管直接测量；②灵敏度高，检出限低；③适用于多元素同时分析。

对于环保分析中很常见而其他分析方法难以快速测定的砷、锑、汞、硒等元素的测定，HG-AFS 显示出了独特的优点。上述这些元素的主要荧光谱线介于 200~290 nm，正好处于日盲型光电倍增管灵敏度最优的波段。此外，这些元素可以形成气态氢化物，不但可以与大量的基体相分离，降低基体干扰，而且气体进样方式极大地提高了进样效率。因此目前 HG-AFS 仪器已成为国内很多实验室的常规测试仪器。

原子荧光光谱的测试原理（以砷为例）：硼氢化钾与酸作用产生的新生态氢，与三价砷反应生成砷化氢气体，被惰性气体（氩气）载入电热石英炉原子化器中，分解为原子态砷，其蒸气吸收砷空心阴极灯发射的特定波长的激发光之后被激活，通过能量跃迁在返回基态时放出原子荧光。

砷、锑的原子荧光光谱见图 3.1。实验时首先测定标准样品的荧光光谱，获得标准曲线，由于荧光强度与砷、锑含量成正比，通过比较实际样品与标准样品光谱强度可实现定量。

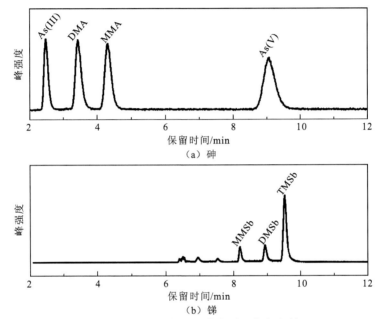

图 3.1　不同形态砷、锑的原子荧光光谱

原子荧光光谱已被广泛应用于水体、土壤、空气颗粒物、食品、血液、尿液等多种基质中砷、锑的形态分析。生物及环境样品中砷、锑同时测定的方法也有较多报道。在共同测定砷和锑时，$Sn^{4+}$、$Te^{6+}$、$Bi^{3+}$、$Se^{6+}$、$Cu^{2+}$、$Co^{2+}$、$Ni^{2+}$、$Fe^{3+}$、$Mn^{2+}$、$Zn^{2+}$、$Pb^{2+}$ 等离子会对测试产生一定程度的干扰。加入硫脲、抗坏血酸混合溶液，既可起到还原作用，又可作为掩蔽剂消除上述离子的干扰。由于氢化反应中硼氢化钾产生大量的氢，而镍会挤占与砷、锑反应的氢，从而抑制砷化氢、锑化氢的合成，导致测定结果偏低，因此在测定金属矿山等地区水样中砷、锑时，样品基体中若含有镍，可能对测定结果产生较大干扰，必须加入掩蔽剂加以消除。

## 3.1.5　X 射线荧光光谱法

荧光分析是原子受到 X 射线或其他光源激发造成核外电子（基态）跃迁到外层（激发态），当被激发的电子返回基态时会发出荧光，荧光的波长与原子的特征能级结构相关,因此通过测定荧光的波长和强度即可确定元素的种类及含量。X 射线荧光光谱(XRF)按分离特征谱线的方法分为波长色散型 X 射线荧光(wavelength dispersive X-ray fluorescence,WD-XRF)光谱和能量色散型 X 射线荧光(energy dispersive X-ray fluorescence,ED-XRF)光谱两种。WD-XRF 光谱是用分光晶体将荧光光束进行色散,ED-XRF 光谱则是借助高分辨率敏感半导体检测器与多道分析器将所得信号按光子能量进行分离来测定各元素含量。XRF 分析是主、次量元素分析精度、准确度和自动化程度最高的多元素分析方法,同时是一种环境友好的洁净分析技术。

由于同步辐射光源具有强度高、谱宽、方向性好和偏振等特性,利用同步辐射进行 X 射线荧光分析,可以大大提高微量元素分析的灵敏度和空间分辨率。对于生物样品,同步辐射 X 射线荧光分析在空间上可以达到单层以至单个细胞的水平,检出限可以达到 $10^{-9} \sim 10^{-6}$ 量级。因此,自 20 世纪 80 年代以来,同步辐射 X 射线荧光光谱法成为一项迅速发展的物质成分分析方法。微束硬 X 射线荧光(μ-XRF)分析是基于硬 X 射线的一种荧光分析,它不但可以分析样品中微量元素的含量,还可以获得样品成分的二维三维空间分布信息。由于同步辐射光源强,通常直径为毫米大小的光束就可以用于荧光分析,这种微光束可以通过调节狭缝大小获得。所以要得到微光束必须通过聚焦提高单位面积的光强度,聚焦后的光束才可用于微区分析。

X 射线聚焦与带电粒子聚焦不同,带电粒子可以在磁场作用下聚焦,而 X 射线只能运用光学方法达到聚焦的目的。同步辐射光亮度大,用于 X 荧光分析的硬 X 射线波长又短,因此必须选择用于聚焦的元件材料,尤其第三代同步辐射光源聚焦元件更要重视材料的耐热和不变形。第三代同步辐射光源的高亮度更有利于建立性能优异的微探针。它的高亮度和对样品的低损伤是任何一种微探针所不及的,是非破坏性微区分析的有力手段,此外它可以测量活体样品、湿样品中元素含量的动态变化。

微区荧光分析的主要任务是微区元素的定量分析,比如单细胞中元素定量分析。细胞大小一般只有几至几十微米,其中元素质量仅为 $10^{-13} \sim 10^{-11}$ g,很容易受损伤。同步辐射微探针的光源亮度高、本底低、损伤小,非常适合对细胞中砷、锑元素的定量分析。微区元素定量分析非常困难,不但各微区中待测元素含量有变化,而且各微区的质量也不相同。因此,测定元素含量的相对变化比较容易。而要得到定量结果还必须知道该测量点的样品质量。如果测谱时能同时得到该点的厚度信息,则有可能进行微区定量分析。

同步辐射微探针可以进行微区非破坏性、对样品无损伤的元素空间分布分析。基于同步辐射的 μ-XRF,可以将样品中元素的二维空间分布图像化,以颜色深浅或不同颜色表示,得到直观的元素分布图,图具有几百个纳米的高分辨率。样品中有多少种元素,就可以得到多少幅图像。用同步辐射微米光束对样品进行逐点的微区荧光分析,可以得到各种元素在样品中不同部位的相对含量,然后用作图的方法将一种元素含量在一幅图中表示出来。图像的清晰度取决于光束的大小和分析点之间的距离。元素质量分数大于 $10^{-7}\%$ 数量级就可以进行图像分析。该方法的缺点是要得到一幅比较好的图像通常耗时较长。

相较于传统的化学萃取方法,μ-XRF 无须破坏样品,可直接测定。目前,同步辐射微束硬 X 射线荧光分析越来越广泛地应用于环境领域。μ-XRF 可分析植物根部及土壤颗粒中砷的含量、分布及价态，从分子水平上揭示植物–土壤砷污染传输的生物地球化学过程。应用 μ-XRF 并结合 XANES，可研究砷在大米中的分布，以及生物体内砷的形态与分布。结合了 XANES 的 μ-XRF，可为砷在固液微界面中的形态分析及迁移转化机理提供至关重要的证据，从而指导吸附材料的制备合成。μ-XRF 可用于研究吸附态砷在吸附剂及矿物表面的分布特征。如图 3.2 所示，μ-XRF 图像显示了土壤中 As、Ti、Fe、Mn、S、Zn、Ca 和 Cu 元素的空间分布。通过 As 与其他金属元素的相关分析，As 与 Ti 存在显著相关性，而与其他元素则没有相关性。该实验结果表明吸附 As 的 $TiO_2$ 在环境迁移转化的过程中，$TiO_2$ 表面吸附态 As 大部分都保留在 $TiO_2$ 上，只有小部分 As 脱附，成为溶解态 As。

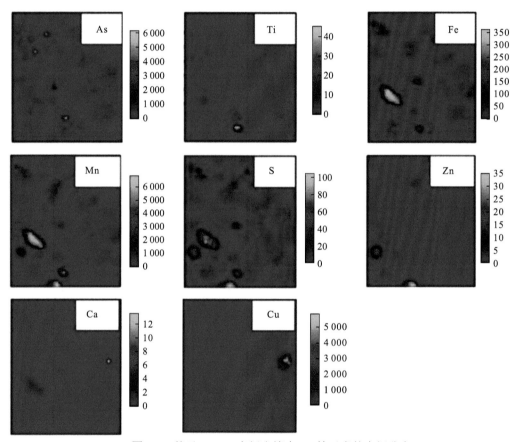

图 3.2　基于 μ-XRF 表征土壤中 As 等元素的空间分布
颜色标尺为微区扫描成像信号强度

## 3.1.6　联用技术

ICP-OES、ICP-MS 的进一步完善与 AFS 的发展，使环境样品砷、锑分析格局发生重大变化，现代化的多元素仪器与联用分析技术已成为砷、锑日常分析的主要手段。随着研究的深入与扩展，研究目标不仅是成分浓度的测定，形态、价态、同位素成分等都成为分析的必要内容；测试目的也不仅是整体分析，而是细化到微区原位分析及元素微区分布特征分析。联用技术从结构上可分为 4 个部分：分离系统、反应系统、测量系统和数据处理系统。

（1）分离系统。该系统一般采用高效液相色谱、毛细管电泳分离砷与锑元素的不同化合物，使其产生进入检测器的时间差别。

（2）反应系统。该系统一般采用微波消解、紫外消解、氢化物发生等方法，主要功能是将分离后、不能直接用于测量的砷的不同形态化合物在线转化为可以直接测量的形式。

（3）测量系统。该系统主要采用原子吸收、原子荧光光谱等元素检测器，主要功能是对转化成适当形式的元素化合物进行定量测定。

（4）数据处理系统。一般是谱图分析系统，主要功能是对测量数据进行分析与处理。

液相色谱（liquid chromatography，LC）、毛细管电泳（capillary electrophoresis，CE）、流动注射（flow injection，FI）、电喷雾电离（electrospray ionization，ESI）、微波诱导等离子体（microwave induced plasma，MIP）等技术与光谱、质谱分析技术联用是砷、锑形态分析的发展方向。表 3.2 列出了常见砷、锑形态分析方法及联用技术。发展较成熟的联用技术包括液相色谱-电感耦合等离子体质谱（LC-ICP-MS）、毛细管电泳-电喷雾电离质谱（CE-ESI-MS）、毛细管电泳-电感耦合等离子体质谱（CE-ICP-MS）、液相色谱-电感耦合等离子体发射光谱（LC-ICP-OES）、液相色谱-氢化物发生-原子荧光光谱（LC-HG-AFS）。其中，LC-ICP-MS 是砷、锑分析最为有力的方法之一；CE-ESI-MS 可作为形态分析的一种辅助方法，提供被分析物分子结构方面的信息；LC-HG-AFS 是最简易、最方便的方法之一。

表 3.2　常见砷、锑形态分析方法及联用技术

| 方法 | 砷/锑的形态 | 检出限 |
| --- | --- | --- |
| LC-ICP-MS | As(III) As(V) MMA DMA | ng/L 数量级 |
| CE-ESI-MS | As(III) As(V)MMA DMA | μg /L 数量级 |
| CE-ICP-MS | As(III) As(V) MMA DMA | μg/L 数量级 |
| LC-ICP-AES | As(III) As(V) | mg/L 数量级 |
| LC-HG-AAS | As(III) As(V) | μg/L 数量级 |
| LC-HG-AFS | As(III) As(V) MMA DMA | μg/L 数量级 |
| FI-HG-AFS | As(III) As(V) | μg/kg 数量级 |
| LC-UV-HG-AFS | As(III) As(V) MMA DMA | μg/L 数量级 |
| HG-MIP-AES | As(III) As(V) | 1.3（As(V)）～1.8（As(III)）ng/L |
| LC–ICP-MS | Sb(III) Sb(V) (CH$_3$)$_3$SbCl$_2$ | ng/L～μg/L 数量级 |
| LC-HG-AFS | Sb(III) Sb(V) (CH$_3$)$_3$SbCl$_2$ | μg/L 数量级 |
| IC-HG-AFS | Sb(III) Sb(V) (CH$_3$)$_3$SbCl$_2$ | μg/L 数量级 |
| LC–HG-AFS | Sb(III) Sb(V) (CH$_3$)$_3$SbCl$_2$ | ng/L 数量级 |
| CE–ICP-MS | Sb(V) (CH$_3$)$_3$SbCl$_2$ | mg/L 数量级 |

目前，砷、锑的联用分析技术较为成熟，但仍有一些问题亟待解决。例如缺少标准参考物质是锑形态分析的一个主要问题。此外，锑的形态分析还缺乏合适的锑化合物标准，使色谱分离中一些未知峰无法进行鉴定。对环境样品尤其是固体样品，锑的提取率

偏低、锑化合物的不稳定也给形态分析造成了困难。今后的研究方向仍将是建立先进的分离富集前处理方法和发展高灵敏度、高选择性的检测技术，在此基础上进一步提高联用技术水平。

# 3.2　砷与锑的现场分析技术

## 3.2.1　荧光法

**1. 基本原理**

发光是指物质吸收能量后产生光的过程，包含两个基本过程，即激发过程和去激发过程（图 3.3）。激发过程是指物质通过吸收外界激发源的能量并使自身由基态（$S_0$）跃迁到较高能级的激发态（$S_1$ 或 $S_2$）。处于高能量状态的分子不能稳定存在，会通过衰变过程返回基态，并伴随着能量的释放，即去激发过程。去激发过程的三种表现方式为辐射跃迁、非辐射跃迁和能量转移。辐射跃迁会产生发射光，有荧光和磷光两种基本形式。荧光的产生经历基态分子的激发和退激发两个过程。具有荧光发光能力的分子选择性地吸收 X 射线或紫外光辐射的能量，由原来稳定的基态跃迁到不稳定的激发态。处于激发单重态的电子经振动弛豫及内转换后以光的形式释放能量，返回第一激发单重态的最低振动能级，该过程通常持续不超过 10 ns。磷光是指自旋多重态不同的状态之间的发光，即分子发生从基态（$S_0$）到激发三重态（$T_1$）的系间跨越（又称系间窜越），并通过振动弛豫返回至激发三重态的最低能级，该过程可以持续一微秒至数秒。

并不是所有处在不同激发态的分子都进行辐射跃迁，有些过程属于非辐射跃迁，如系间跨越、各个激发态之间的内转换与外转换、激发态内部的振动弛豫（图 3.3）。系间跨越表示分子在激发态的单重态跃迁至此激发态相同能级的三重态，发生的原因为电子的自旋角动量之和不等于 0，系间跨越导致发射的荧光强度非常微弱。并不是所有的分

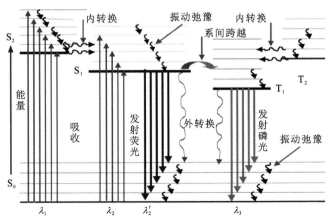

图 3.3　雅布隆斯基分子能级图

S：单重态；T：三重态

子都会发生系间跨越，一些物质分子中含有质量较重的原子，或分子中含有顺磁性物质（如氧分子），容易发生系间跨越。内转换表示分子从某一激发态的最低振动能级跃迁至下一个激发态的最高振动能级，并释放能量的过程。跃迁前后的两个能级能量差别较小，因此内转换过程释放的能量较低。外转换表示溶液中的溶质分子在运动过程中与其他物质碰撞，碰撞过程使溶质分子能量降低，外转换出现于溶质分子由第一激发态的最低振动能级向基态的最高振动能级跃迁的过程中，导致发射的荧光或磷光强度衰减或猝灭。振动弛豫表示处于激发态的溶质分子在运动过程中与其他介质的分子相互碰撞，将能量传递给介质分子，并跃迁至相同激发态的最低振动能级。

荧光分析技术是利用待测物质与发光物质相互作用，使得发光物质在紫外光照射辐射下发生发光改变而反映出该物质特性的荧光，从而进行定性或定量分析的方法。荧光探针检测法是利用荧光物质或体系在某些外界（金属阳离子、阴离子）的刺激下导致的荧光物质与外界物质发生物理或化学等性质变化，从而引起相应的荧光信号改变。荧光探针包含三部分：荧光团或报告基团、连接基团和识别基团。常见重金属离子识别荧光探针的结构示意如图 3.4 所示。

荧光团或报告基团　　　连接基团　　识别基团

图 3.4　荧光探针结构示意图

荧光团或报告基团负责光学信号表达，是荧光探针分子中的荧光输出部分，能够将客体分子与识别基团相互作用产生的光学信号转化为仪器检测或人为感知的信号。连接基团或连接臂是连接识别基团和荧光团或报告基团的部分。连接臂可以与识别基团及荧光团共同作用，进而识别不同种类的金属离子。识别基团是指荧光探针分子中用于识别客体分子或者离子的部分，该部分通过氢键、分子间作用力、范德瓦耳斯力、配位键合等共价作用及化学反应方式实现与被分析物的结合，可以选择性识别客体离子。

荧光团或报告基团是荧光探针的最基本组成部分，其作用是将重金属离子识别信息转化为荧光信号反馈出来。通常选择具有荧光量子效率高、光稳定性好、斯托克斯（Stocks）位移大等优点的荧光化合物作为探针的发色团。当识别基团与重金属离子相互作用后，荧光团表现出光学性质（发射光谱的强度、波长或者荧光寿命等）变化，上述荧光变化可以依据不同的反应机理来解释，如光致电子转移（photoinduced electron transfer，PET）、分子内电荷转移（intermolecular charge transfer，ICT）、荧光共振能量转移（fluorescence resonance energy transfer，FRET）及激基缔合物（excimer）。

PET 机理是指电子给体或电子受体受光激发后，激发态的电子给体与电子受体之间发生电子转移从而导致荧光的猝灭。按 ICT 机理设计的荧光探针，一般由供电子基团和吸电子基团两部分组成，供电子基团和吸电子基团通过共轭的 π 电子体系连接在一起，在光激发下，分子内的电子从供电子基团转移到吸电子基团。当客体分子与上述荧光探针作用时，若荧光团上连接的是供电子的受体，此时，由于与客体离子结合而使其供电子能力降低，体系的共轭程度减弱，吸收光谱向短波长移动，即蓝移；若为吸电子基团，则吸收光谱向长波长移动，即红移。FRET 机理是指荧光探针体系内含有不同的荧光团：

受体荧光团和供体荧光团，其吸收光谱有一定的重叠，在光的激发作用下，在供体荧光团产生荧光的同时，在受体荧光团也能够观察到荧光现象，即能量由供体到受体转移的现象。基于激基缔合物机理的荧光化学传感器是指一个分子中含有两个荧光基团，并且两个基团处于分子的合适位置。当两个荧光基团相同时，其中一个荧光基团（单体）被激发后，会和另一个处于基态的荧光基团形成分子内激基缔合物。

**2. 荧光物质**

常见的荧光物质包括天然和合成荧光染料、半导体量子点、碳量子点、金属团簇等。其中量子点（quantum dots，QDs）是近年研究最多、发展最快的荧光物质。量子点是由苏联 Yoffe 研究所的科学家 Alexander Efros 和 Victor I Klimov 及贝尔实验室的科学家 Louis Brus 于 20 世纪 80 年代共同发现的。通过对半导体材料光电化学性质的研究，他们开发出了半导体与液体之间的结合面，利用纳米晶体颗粒具有较大的体表面积比来产生能量。Louis Brus 与同事们发现粒径大小不同的 CdS 颗粒会发出不同颜色的荧光，这项重大发现为量子点的应用开辟了一条新的道路。量子点是准零维（quasi-zero-dimensional）纳米材料，三个维度的尺寸均在 100 nm 以内。由于量子点的半径必须小于其对应体材料的激子玻尔半径，量子点能表现出明显的量子限域效应（quantum confinement effect）。此时载流子在三个方向上的运动受势垒约束，这种约束主要是由静电势、材料界面、半导体表面的作用或三者的综合作用造成的。量子点中的电子和空穴被限域，使连续的能带变成具有分子特性的分离能级结构，这种分离结构使量子点具有优异的光电特性。

量子点的荧光强度强、光稳定性好、荧光寿命长。大量研究证明，量子点的荧光强度比传统有机荧光材料的荧光强度高近 20 倍，稳定性更可高达 100 倍以上。同时量子点的荧光寿命要比传统荧光材料的荧光寿命长得多，可高达数十倍甚至百倍。传统荧光材料的荧光寿命通常都较短，只有几纳秒，易对实验产生干扰；而量子点的荧光寿命一般可达 20～50 ns，某些量子点在长波激发时荧光寿命高达上百纳秒。经光源激发后，大多数样本的自发荧光已衰减到很弱，而量子点的荧光仍基本保持不变，此时即可得到无背景干扰的荧光信号。量子点具有较大的斯托克斯位移。理想状态下，分子荧光光谱应与其吸收光谱成镜像对称，但实际情况下荧光发射波长通常会向长波方向移动，科学家将最大发射波长与最大吸收波长之间的差值称为斯托克斯位移。斯托克斯位移在荧光光谱信号的检测中有广泛的应用。

**3. 影响荧光强度的因素**

具有发射荧光特性的有机物，其分子结构比较特殊，在紫外-可见光范围内能够对激发光有吸收作用，而且物质分子具有发射荧光的量子效率，即量子产率。荧光物质的量子产率表示其发射荧光的能力，分子的量子产率越高，发射荧光的能力越强。量子产率可以表示为式（3.1），定义为在激发光作用下，物质发射荧光的光子数与所吸收的激发光的光子数之比 $\Phi_F$：

$$\Phi_F = \frac{N_F}{N_A} \tag{3.1}$$

式中：$\Phi_F$ 为量子产率；$N_F$ 为发射的荧光光子数；$N_A$ 为吸收的激发光光子数。

分子在激发光的照射下，吸收光能量跃迁至激发态，并回到基态发出荧光，分子回到基态的过程分为辐射跃迁和非辐射跃迁两种形式。用辐射跃迁和非辐射跃迁的分子数来表示荧光量子产率，可以表示为

$$\Phi_F = \frac{k_F}{k_F + \sum K} \tag{3.2}$$

式中：$k_F$ 为荧光发射速率常数；$K$ 为分子内非辐射跃迁衰变过程速率常数。

由式（3.2）可知，荧光的量子产率与分子的非辐射跃迁过程和辐射跃迁过程有关。当辐射跃迁过程的荧光常数越大时，荧光量子产率越大；当非辐射过程的跃迁速率越大时，荧光量子产率越小。由光致荧光的原理可知，荧光量子产率总是小于 1，物质的荧光量子产率越大，说明有更多的分子参与辐射跃迁，发出的荧光强度越强。

分子在基态吸收光能量跃迁到激发态时，返回基态的形式有三种：辐射跃迁、非辐射跃迁和光化学反应。这三种过程中，速率常数较大的途径起主要作用。当辐射跃迁中荧光发射阶段的速率常数大于另外两种途径时，物质分子发出的荧光强度较大。分子发射荧光的强度与分子结构密切相关，主要体现在如下几个方面。

（1）分子的结构含有共轭的双键。共轭组分越多，双键电子越容易被激发。绝大多数的荧光类物质都具有环状结构，荧光峰值与环的结构有关，越是多环结构，峰值越容易出现红移，荧光峰值越高。当环的总数相同但结构不同时，呈线性的环的分子的荧光峰值要大于呈非线性的荧光峰值。

（2）能产生荧光的物质分子结构为刚性平面结构。平面的结构有利于分子的稳定性，不易与外界环境的其他分子发生碰撞，避免了荧光猝灭。

（3）荧光物质分子的结构中，取代基团为给电子取代基。这种结构有助于荧光峰值出现红移，使荧光强度增强。

（4）分子的跃迁发生在紫外-可见光区，即为 $\pi \to \pi^*$ 型跃迁，这种跃迁具有较高的荧光强度。

影响荧光强度的环境因素主要包括溶剂、pH、温度、有序介质和测量激发光源等。由于溶剂分子和溶质分子间存在静电作用，并且溶质分子具有不同的偶极、极化率，在混合溶液中荧光体分子与溶剂分子间的相互作用程度不同将会造成其光谱产生很大变化，即使光谱图像发生斯托克斯位移。不同溶剂对荧光体的光谱图有着不同的影响，为了更好地进行实验检测，需要针对不同的被测物质选择适当的溶剂。

溶液酸碱性对荧光体荧光特性的影响主要是由氢键造成的。当被测物是具有—H 键或—OH 键的有机物质时，当 pH 不同时，—H 键或—OH 键会与其他分子发生反应形成复合物从而使荧光强度发生改变，进而影响物质的荧光光谱。氢键的影响有两种情况：一种是使吸收光谱和荧光光谱都受影响，这是因为氢键配合物产生在激发之前；另一种是只影响荧光光谱，这是因为氢键配合物产生在激发之后。

通常情况下，溶液的荧光量子产率和荧光强度与温度的变化都呈反比关系，这主要是由溶液中介质的黏度变化引起的：温度升高会引起黏度降低，从而造成溶液溶剂分子与周围环境发生碰撞的概率和频率变大，分子通过其他形式释放能量，产生的荧光效应减弱；随着温度降低，溶液溶剂分子与周围环境发生碰撞的概率变小，分子能量以荧光形式释放的概率变大，此时荧光效应增强。因此在实验时，应当保持室内温度恒定，使

测量结果稳定。

常见的有序介质有表面活性剂或环糊精溶液等，加入溶液后将对物质荧光特性产生明显影响。表面活性剂两端的粒子性质截然不同，一端具有极强的亲水性，另一端具有极强的疏水性，因此，不管是水还是油性溶剂都能够降低表面张力和表面自由能，使溶质易溶于溶液。表面活性剂一般是非光活性物质，毒性小、价格便宜、使用方便。目前胶束溶液主要用来提高测定的灵敏度。环糊精与表面活性剂相似，其分子结构中存在一个亲水的外缘和一个疏水的空腔，空腔能够与许多有机物结合形成稳定性特别好的主客体包合物，使荧光强度增强，故得到了广泛的应用。

激发光源对荧光光谱的影响主要由激发光源的波长和强度不同造成。物质对光的吸收具有选择性。当激发物质的激发波长发生细小变化时，很可能引起荧光效率的巨大改变。而当激发光的能量大于某一临界值时，可能引起某些荧光物质发生光化学反应，如光解变化。化学变化一旦发生就是不可逆的，并且改变了分子的结构，因此，荧光光谱也会随之改变，荧光强度随光照射时间增加而逐渐下降。尤其对于浓度非常低的溶液，光化学分解造成的影响非常严重，特别是有毒化合物发生光化学分解后的产物还是有毒的。因此，进行荧光测量时，应当针对不同的被测物选择不同大小的狭缝来改变射入的激发光强。

### 4. 荧光传感器

荧光分析法一般可分为两类：直接荧光分析法和间接荧光分析法。直接荧光分析法操作比较简单，只要被测物质具有荧光性质，就能利用荧光分析仪得到该物质的荧光强度，从而测定该物质的浓度。直接荧光分析法主要是根据被测物质的荧光性质进行定量分析。被测物质能够发生荧光必须满足两方面的要求：被测物质吸收结构一定要与所照射光线的频率相同；吸收能量后，一定要具有荧光量子产率。

不是所有的被测物都能发出荧光。有些被测物质自身不具有荧光性质，有些被测物质荧光量子产率不高，无法用直接荧光分析法测得其荧光强度，因此只能采用间接方法进行分析，称为间接荧光分析法。在环境分析中使用的间接方法主要有如下 4 类。

（1）络合荧光法。被测物质与络合剂结合，形成具有荧光性质的络合物。

（2）荧光猝灭法。被测物质本身不产生荧光，却可以使一些荧光化合物的荧光值降低，根据荧光强度的降低程度，来间接测定被测物质。

（3）荧光增强法。被测物质本身不产生荧光，却可以使一些荧光化合物的荧光值升高，根据荧光强度的升高程度，来间接测定被测物质。

（4）催化荧光法。被测物质对某个荧光反应具有催化作用，最后得到的产物对荧光体本身具有增强或抑制催化作用，来间接测定被测物质。

研究人员用介孔二氧化硅纳米颗粒（silicon dioxide nanoparticles，SNPs）做支撑材料，将适配体与多孔 SNPs 结合，制备荧光生物传感器检测 As(III)，对水溶液中 As(III) 的检出限为 11.97 nmol/L［图 3.5（a）］（Oroval et al.，2017）。CdTe/ZnS 量子点聚集荧光适配体传感器对水溶液中 As(III) 的检出限可达 1.3 pmol/L（Ensafi et al.，2016）。当水中存在 As(III) 时，适配体与 As(III) 络合阻止量子点团聚，随着 As(III) 浓度升高，量子点团聚效果减弱，释放出荧光信号［图 3.5（b）］。

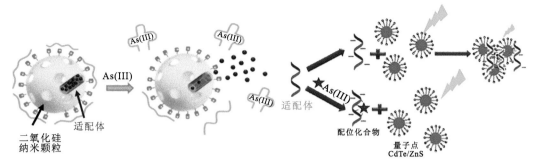

（a）二氧化硅纳米颗粒的As(III)荧光传感器　　（b）基于量子点的荧光传感器分析As(III)

图 3.5　砷荧光传感器示意图

桑色素荧光猝灭法可用于测量水中的微量锑（白延涛　等，2014）。在酸缓冲溶液中，向桑色素中加入不同浓度的 Sb(III)时，其荧光强度出现了不同程度的降低，且当激发波长为 417 nm、发射波长为 496 nm 时，这种现象最为明显。聚集诱导发光材料和芘衍生物类荧光材料为设计新型锑离子检测探针提供了新思路。Huang 等（2020）将这两类荧光生色团引入锑离子检测，并连接对锑离子具有特异性识别作用的功能基团，实现了对锑离子的简便高效荧光检测。聚集诱导发光材料对锑离子的荧光检测机理为：功能基团在形成分子内氢键的情况下对锑离子产生特异性络合作用，增加荧光探针的聚集程度，从而增强检测体系的荧光强度，实现对锑离子的荧光检测。芘衍生物类荧光材料对锑离子荧光检测机理为：功能基团与锑离子的弱配位能力促使荧光生色团芘在混合体系中形成规整聚集结构，有效加速检测体系的荧光增强。

通过 2-氨基-3-巯基丙酸（2-amino-3-mercaptopropionic acid，2A-3SHPA）修饰 ZnS@CdS 核壳结构纳米线，Ge 等（2010）制备了用于锑离子检测的荧光材料 ZnS@CdS@2A-3SHPA。该复合材料本身具有强烈的荧光发射能力，在锑离子存在的情况下，复合材料对锑离子的荧光共振能量转移过程显著减弱其荧光强度，从而实现了对锑离子的高灵敏度、高选择性荧光检测（图 3.6）。牛血清白蛋白（bovine serum albumin，BSA）修饰 CdTe 量子点纳米传感器也被应用于锑离子的检测（Mahmoud，2017）。锑离子能够与纳米传感器中的 N、O 原子络合，有效阻断 BSA 对 CdTe 量子点的电子转移，降低 CdTe 量子点的

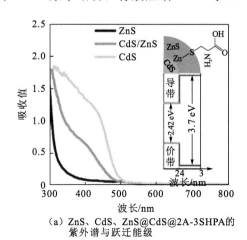

（a）ZnS、CdS、ZnS@CdS@2A-3SHPA的　　　（b）ZnS、CdS、ZnS@CdS@2A-3SHPA
　　　　紫外谱与跃迁能级　　　　　　　　　　　　 的荧光吸收谱

图 3.6　锑荧光传感器

荧光强度。因此，荧光材料的荧光强度随锑离子的增加而降低，呈现出很好的锑离子检测性能。以富含 G/T 碱基的单链 DNA 为原料，程秀芝（2016）在温和条件下合成了荧光生物量子点，该材料粒径分散均匀、耐光性强，具有较好水溶性和生物相容性。水热反应过程中，量子点保留了 DNA 的大部分构型，形成的 $sp^2$ 杂化碳中心作为发光中心或发色团使 DNA-dots 发光。基于 As(III) 与 G/T 碱基之间特殊的氢键作用，DNA-dots 荧光增强，达到检测 As(III) 的目的。

借助简单紫外灯，通过肉眼观测荧光比色试纸亮度和颜色变化来确定目标分析物的存在情况和含量。通常情况下，人眼对颜色变化的敏感度远大于对亮度变化的敏感度，因此一个理想的定量可视化试纸应该具有颜色响应能力。然而，获得剂量敏感、宽范围的荧光颜色连续演变一直是荧光比色试纸难以逾越的障碍。Zhou 等（2016）以敏感的碲化镉红色量子点作为检测探针、青色碳点作为内标探针，通过非等比例混合有效避免了中间色的生成，获得了红绿蓝三基色的比率荧光探针，使探针达到了从红色到青色的宽颜色范围变化。将探针混合溶液通过喷墨打印的方法印刷到滤纸上，得到高质量的荧光比色试纸，实现了对环境中砷离子的定性定量检测。该试纸在不同剂量的砷离子存在条件下，呈现出连续的荧光颜色变化（图 3.7），从最初的桃红色逐渐变成粉红色、橘黄色、卡其色、淡黄色、黄绿色，最终至青色。即使低至 5 μg/L 的 As(III) 溶液滴在试纸上，也可以肉眼清晰地辨别出其荧光颜色改变，低于世界卫生组织规定的饮用水中 10 μg/L 的 As(III) 检出限，因此，该试纸可应用于湖水、自来水等环境样品的检测。

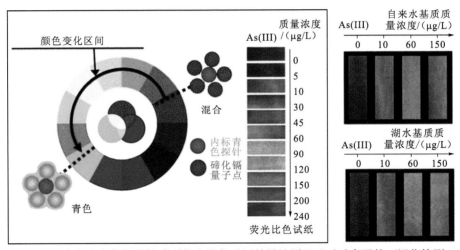

图 3.7　多色演变的剂量敏感型荧光比色试纸的设计原理及对砷离子的可视化检测

## 3.2.2　比色法

### 1. 基本原理

比色法是通过比较有色物质的溶液颜色改变或测量发光物质的发光亮度及颜色变化，来定性定量分析待测物质含量的方法。比色法的普遍原理是向一组比色皿中加入相同量的有色或发光溶液作为探针溶液，再按顺序加入相同剂量、不同浓度的待测物质。待测物质将与探针溶液发生相互作用，形成一组颜色递变的标准溶液。此时，另取一支比色皿，加入相同成分的探针溶液，用来检测未知浓度的待测物质。通过将最终的溶液颜色与上述标准溶液做对比，由两者的颜色改变可得出待测物质的浓度。

**2. 常见探针**

常见的比色法是基于不同尺寸金纳米颗粒（Au nanoparticles，Au NPs）颜色不同，来达到检测分析的目的。自 1857 年 Faraday 发现纳米金溶液具有优异的比色性质后，纳米金在比色领域的研究和应用逐渐发展起来。近年来，关于纳米金光学探针在重金属比色/可视化检测中应用的报道呈指数增长。由氯金酸和恰当的还原剂及稳定剂制备而成的金纳米颗粒通常由数十个到数百个金原子组成，原子数量不同决定了其物理尺寸分布在 1～100 nm，稳定剂使金纳米颗粒在水溶液中以胶体颗粒形式存在。胶体金溶液的颜色与纳米金粒子的粒径、形状、周围化学环境等因素有关。纳米金可选择性吸收和散射部分波长的光，其中以吸收为主，散射只占很小一部分。吸收光主要位于绿色光区域，波长在 520 nm 左右，根据补色原理，纳米金溶液因吸收绿色光而呈红色。随着金纳米颗粒粒径增大，胶体金溶液的颜色呈淡黄色、酒红色、深红色、紫色和蓝色。与有机分子探针相比，纳米金光学探针的摩尔消光系数要高几个数量级，可极大提高可视化检测的灵敏度，即使在很低的浓度（10 nmol/L）条件下，也可以用裸眼直接观察到其颜色。更为重要的是，金纳米颗粒表面易于修饰，可提高该类探针的特异性。

**3. 可视化传感器**

纳米金光学探针已被成功用于砷和锑的分析检测。Zhan 等（2014）研究表明，基于盐诱导金纳米颗粒团聚对 As(III)的检出限为 1.26 μg/L。当水中没有 As(III)时，金纳米颗粒表面覆盖适配体，提高了金纳米颗粒的稳定性，即使在高浓度 NaCl 溶液中也不团聚，溶液呈红色；当水中存在 As(III)时，As(III)与表面适配体选择性结合形成络合物，金纳米颗粒在 NaCl 介质中发生团聚，溶液呈蓝色。但该传感器依赖于盐诱导发生团聚，因此极易受到环境中共存离子的干扰。Kalluri 等（2009）将谷胱甘肽-二硫苏糖醇-半胱氨酸依次修饰在纳米金光学探针表面，制备了对 As(V)特异性响应的光学探针。该探针可以实现 μg/L 量级砷离子的可视化检测，此方法不仅能满足超痕量砷离子测定的灵敏度要求，而且选择性较好，整个分析过程仅需 10 min。应用该方法测定孟加拉国井水、自来水和瓶装水中砷浓度，结果与采用电感耦合等离子体质谱法所得测定值吻合较好。

Tan 等（2014）将季鏻盐离子液体修饰在纳米金表面，发展了可视化检测无机砷离子形态的纳米金光学探针（图 3.8）。在 As(III)存在时，离子液体功能化的纳米金光学探针发生团聚，纳米金溶液颜色由红色转为蓝色或无色，通过观察溶液颜色的变化可确定 As(III)的浓度，检出限（肉眼观察）为 7.5 μg/L。当测定 As(V)时，预先向溶液中加入还原剂抗坏血酸，测定还原后的 As(III)浓度即可得到溶液中 As(V)浓度。当 As(III)和 As(V)共存时，测定加入还原剂前后 As(III)浓度，通过差减法可实现这两种无机砷离子的形态分析。该探针对常见金属离子和常见阴离子有较好的抗干扰能力。对湖水和地下水中砷的测定值与 LC-HG-AFS 联用系统测定结果吻合较好，可用于野外分析中痕量砷离子的准确快速筛查。

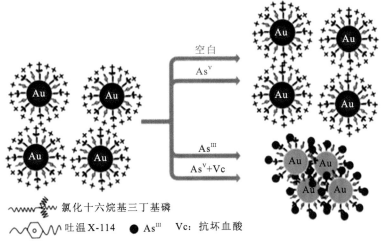

氯化十六烷基三丁基磷

吐温 X-114　　●：As$^{III}$　　Vc：抗坏血酸

（a）离子液体功能化的纳米金探针对砷可视化检测示意图

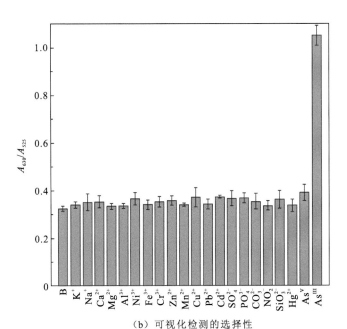

（b）可视化检测的选择性

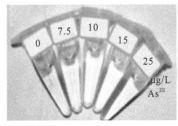

（c）加入As(III)与干扰离子后离子
液体探针溶液的颜色变化

（d）加入不同浓度As(III)后离子
液体探针溶液的颜色变化

图 3.8　离子液体功能化的纳米金光学探针的可视化检测

Wang 等（2021a）研究表明，具有氧化酶模拟活性的 $Mn_3O_4$ 纳米颗粒可以吸附砷，八面体材料对砷的吸附能力最强。吸附砷可以显著提高八面体 $Mn_3O_4$ 纳米颗粒的氧化酶模拟活性，吸附砷后纳米颗粒的表面形貌和锰价态发生了变化。基于上述机理，Wang 等（2021b）成功构建了一种用于砷检测的比色化学传感器。该化学传感器灵敏度高，在砷的快速检测和脱除方面具有应用前景。L-精氨酸修饰的羟基氧化铁 FeOOH（2Arg@FeOOH）具有良好的类过氧化物酶活性，可催化 $H_2O_2$ 分解生成羟基自由基，使无色的 3,3′-5,5′-四甲基联苯胺（tetramethyl benzidine，TMB）转化为蓝色氧化 TMB。2Arg@FeOOH 的催化活性位点可以被 As(V)掩盖，从而抑制 2Arg@FeOOH 的类过氧化物酶活性。基于此策略，研究人员建立了 As(V)可视化定量检测平台，检出限可达到 0.42 μg/L。

Priyadarshni 等（2018）根据金纳米棒（gold nano rods，GNR）与聚乙二醇甲醚硫醇（poly(ethylene glycol) methyl ether thiol，mPEG-SH）和内消旋-2,3-二巯基琥珀酸（meso-2,3-dimercaptosuccinic acid，meso-DMSA）的逐步化学结合，进一步开发出一种 GNR-PEG-DMSA 比色传感器。GNR-PEG-DMSA 使用了具有显著纵向表面等离子体敏感的金纳米棒，可同步实现比色和光谱分析。砷诱导的 GNR 颗粒间组装使检测过程变得快速、敏感，并且该方法对 As(III)和 As(V)都有很强的选择性。GNR-PEG-DMSA 与 As(III)/As(V)混合后，在纸条上显示出可见的颜色变化（图 3.9）。该传感器仅需要少量的 GNR-PEG-DMSA 就可以实现砷痕量检测，检出限约为 1 μg/L。整个检测过程快速且成本较低，方便用户使用，并可实现环境水体中砷的分析。

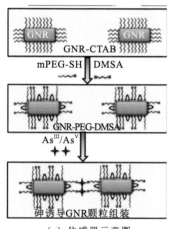
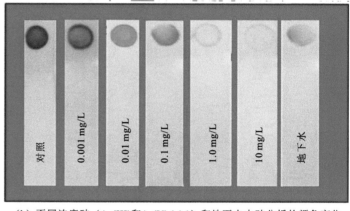

（a）传感器示意图　　（b）不同浓度砷（As(III)和As(V)1:1）和地下水中砷分析的颜色变化

图 3.9　GNR-PEG-DMSA 比色传感器示意图及砷的检测分析

（b）中最左边的条带为 GNR-PEG-DMSA 的颜色（对照），右边条带为含砷样品的比色响应

基于金纳米颗粒与寡核苷酸（聚 A 序列）的结合，Berlina 等（2019）建立了一种简单快速测定锑离子的比色方法。比色测定结果表明，加入锑离子后，金纳米颗粒可以聚集，使溶液颜色由粉红色变为蓝色。该方法对饮用水中 Sb(III)的检测具有快速（2 min）、灵敏（检出限为 10 ng/mL）等优点。氢化物发生-巯基乙酸功能化纳米金（TGA-Au NPs）顶空比色法可用于检测 Sb(III)（Tolessa et al.，2018）。该方法将 Sb(III)通过氢化物发生反应转化为挥发形态（SbH$_3$），顶空提取到以甲醇为萃取剂、TGA-Au NPs 为纳米传感器的 100 mL 显色剂中，使 TGA-Au NPs 发生聚集，其颜色由红变蓝。肉眼和紫外可见分光光度计对 Sb(III)的检出限分别为 6.0 μg/L 和 1.2 μg/L，满足美国环境保护署规定的饮用水中 Sb(III)的最高允许水平（6 μg/L）。该方法可用于河流、湖泊、地下水和海水样品中 Sb(III)的肉眼快速检测。

席夫碱自身含有 N、O 等电子供体及生色团，与金属离子结合后形成的配合物通常会发生明显的颜色变化。陈爱乾等（2018）以 1,2-苯二胺和 4-二甲基氨基肉桂醛为原料，一步合成了一种席夫碱化合物。席夫碱与 Sb(III)的配位结合有良好选择性，配位比为 1:1。该过程可通过测定紫外可见吸收光谱和肉眼观察溶液颜色变化而实现定量检测及比色检测。席夫碱与 Sb(III)结合后产生生色传感效应，溶液由淡黄色迅速变成玫红色，最大吸收波长从 398 nm 红移至 507 nm，操作简便、响应快速。

比色法可以与电化学法相结合形成双信号传感器，既具有比色法的易操作、可视化及响应快的优点，又具有电化学分析的高灵敏度和可现场检测等优点。基于 FeOOH 纳米棒的类过氧化物酶活性，钟晓丽（2019）构建了用于检测 As(V)的比色和电化学双信号传感器。合成的 FeOOH 纳米棒在 $H_2O_2$ 存在下可快速将比色底物氧化成深绿色产物。加入 As(V)后，As(V)可通过 As—O 键和静电作用吸附在 FeOOH 纳米棒上，从而抑制 FeOOH 纳米棒的类过氧化物酶活性，导致绿色氧化产物减少。因此，通过记录紫外可见吸收光谱并观察相应溶液的颜色变化可实现对 As(V)的检测。进一步，将 FeOOH 纳米棒修饰在玻碳电极上，构建基于 FeOOH 纳米棒良好导电性、比色底物氧化还原性质及 As(V)对 FeOOH 纳米棒类过氧化物酶活性抑制作用的电化学方法。构建的比色-电化学双信号检测方法可成功应用于环境水样中 As(V)的定量检测。

## 3.2.3　表面增强拉曼分析法

### 1. 基本原理

表面增强拉曼散射（surface enhanced Raman scattering，SERS）是将激光拉曼光谱应用于表面科学研究探索中所发现的异常表面光学现象。常规拉曼散射截面灵敏度非常低，分别只有红外和荧光的 $10^{-6}$ 和 $10^{-14}$。这种内在的低灵敏度缺陷曾经制约了拉曼技术在痕量检测和表面科学领域的应用。20 世纪 70 年代，英国南安普顿大学的 Fleischmann 等对 Ag 电极表面进行了粗糙化处理，首次获得了水溶液吡啶分子吸附于粗糙 Ag 电极表面的高质量拉曼谱图，这一发现成功奠定了将拉曼光谱应用于表面科学的实验基础。但是他们认为增强作用源于粗糙 Ag 电极具有较大比表面积，从而可以吸附较多的吡啶分子。1977 年，美国西北大学的 van Duyne 等和英国肯特大学的 Creighton 等分别独立重复了粗糙 Ag 电极上吸附吡啶分子的拉曼光谱实验，他们提出拉曼光谱的增强机理不能简单地解释为电极比表面积增加而引起的吡啶信号增强。随后，van Duyne 等对吡啶增强机理进行了初步探讨，确认了粗糙 Ag 电极表面吡啶分子的拉曼信号比其在溶液中增强了约 $10^6$ 倍。人们将这种由分子被吸附或者靠近某种纳米结构引起拉曼信号显著增强的现象称为 SERS 效应。

与 SERS 实验及应用进展相比，SERS 增强机理的研究一直处于相对滞后的状态。这主要是由于 SERS 效应体系涉及的影响因素非常多，包括基底表面形貌和表面电子结构、入射光和基底表面的相互作用、入射光和被增强分子的相互作用、被增强分子在基底表面的取向及成键作用、分子和表面周边环境的作用及入射光的频率、强度、偏振度和偏振方向等。研究人员从实验的各个角度出发，提出了不同的 SERS 机理。

目前人们普遍认同的机理包括两大类：物理增强机理和化学增强机理（Schatz et al.，2006；Otto，2005），它们与 SERS 的谱峰强度 $I_{SERS}$ 有如下的正比关系：

$$I_{SERS} \propto \left[ \left| E(\omega_0) \right|^2 \left| E(\omega_s) \right|^2 \right] \sum_{\rho,\sigma} \left| (\alpha_{\rho,\sigma})_{fi} \right|^2 \qquad (3.3)$$

式中：$E(\omega_0)$ 和 $E(\omega_s)$ 分别为频率为 $\omega_0$ 的表面局域光激发电场强度和频率为 $\omega_s$ 的表面局

域散射光电场强度；$\rho$ 和 $\sigma$ 分别为分子所处位置的激发光电场方向和拉曼散射光电场方向；$(\alpha_{\rho,\sigma})_{fi}$ 是分子从某始态到终态的极化率张量。

式（3.3）中 $I_{SERS}$ 前半部分表明，入射光与散射光的局域电场强度越大，拉曼信号的强度也越大，这部分来自物理增强的贡献，通常归因为电磁场增强（electromagnetic enhancement，EM）机理。式（3.3）后半部分表明，体系极化率$(\alpha_{\rho,\sigma})_{fi}$ 越大，其相应的拉曼信号强度也会越强，这部分是化学增强（chemical enhancement，CM）机理的贡献。化学增强是由于分子与基底表面发生了化学作用，从而提高了体系的极化率。如式（3.3）所示，两种机理往往是并存的，单一的增强机理并不能解释所有的 SERS 现象。对机理的深入了解有利于将 SERS 谱图与分子在表面的微观过程联系起来，从而使 SERS 技术发展为更广泛的分子识别和检测技术。

电磁场增强机理认为，入射光在粗糙的类自由电子金属基底表面将产生电磁场的增强作用，使处于基底表面上的分子拉曼信号得到增强。电磁场增强主要有以下几种解释。

（1）表面等离子体共振（surface plasmon resonance，SPR）。由 SPR 引起的局域电磁场增强被认为是 SERS 电磁场增强的最主要来源。通常情况下，金属内部与表面存在大量自由电子，形成的自由电子气团就称为等离子体（plasmon）。当入射光的频率与金属基底的表面自由电子气团的振动频率发生共振时，就形成了 SPR。在 SPR 条件下，金属基底表面形成非常大的局域电场，在此区域内分子的拉曼信号也将随之大幅增强。目前能在可见光激发下产生 SPR 效应的金属主要有贵金属银、金、铜及碱金属等自由电子金属。

（2）避雷针效应（lightning rod effect）。不同形貌金属纳米材料的表面曲率各不相同，材料表面曲率半径小的区域电荷密度较高，因而产生的局域电磁场也更强。通常将这种曲率半径引起的 SERS 增强效应称为避雷针效应。

（3）镜像场作用（image field effect）。该模型假定金属表面为一面"镜子"，将分子看作偶极子，在"镜子"作用下金属中也感生出偶极子。偶极子之间相互激励加强，使附近的金属表面产生电场局域加强，从而产生 SERS 效应。该机理可解释 Ag 相比于 Au 具有较高的增强因子的原因，但是不能解释为什么距金属表面较远的范围内仍能出现 SERS 效应。

目前普遍认为电磁场增强机理中占最突出贡献的是 SPR 作用，它与避雷针效应的共同作用是引起 SERS 效应的主要原因。以 SPR 理论为基础，并考虑基底粒子尺寸、形貌及粒子间相互作用等因素影响，人们建立了基于不同基底特征的相关数学模型，并通过数值的或解析的方法求解麦克斯韦方程组来计算 SERS 增强因子（Moskovits，1985）。Lorenz、Mie 和 Debye 各自独立发展了相应方法计算介质球对电磁波的散射作用，这样的理论被称为 Lorenz-Mie-Debye 理论、Lorenz-Mie 理论或 Mie 理论。Gans 对 Mie 理论进行了修正，可以处理椭球或者类椭球粒子的光学性质，较好地解释了金纳米棒的横模和纵模等离子体吸收峰和纵模吸收峰随粒子长径比变化的现象（卢志璐，2011）。早期 Mie 理论只考虑孤立粒子的光学性质，并没有考虑邻近粒子的耦合作用，而纳米粒子之间的耦合作用对其自身的光学性质和 SERS 的增强作用都有很大的影响（Ghosh et al.，2007）。当粒子之间的距离小于粒子本身的尺度，甚至在发生团聚时，SPR 共振峰发生红移，同时在更长波长的位置出现吸收峰，这些谱峰被认为是类似于纳米棒中的纵模共振峰。为了克服 Mie 理论的缺陷，解决复杂 SERS 体系中电磁场增强因子的定量计算，特别是解决金属纳米颗粒间的近场耦合问题，一些围绕求解麦克斯韦方程组的数值方法相继被提出，并在近年来随着计算机技术的快速发展而逐渐完善。时域有限差分（finite difference time domain，FDTD）法、离散偶极子近似（discrete dipole approximation，DDA）法、有限元法（finite element method，FEM）等是目前模拟电磁波与复杂物质体系相互作用过程的主流数值处理方法，它们在 SERS 领域扮演着越来越重要的作用。

**2. 增强基底**

对环境污染物的 SERS 分析而言，针对不同的分析需求设计和制备各种各样的基底一直是最重要的研究内容。SERS 基底发展过程如图 3.10 所示，在传统的 SERS 分析中，溶胶法合成的 Au、Ag 纳米球由于制作简单并且具有良好的 SERS 活性，被广泛地用作 SERS 基底。随着 SERS 基础理论研究的深入及纳米技术的飞速发展，人们发现复杂形貌的贵金属材料具有更强的 SERS 效应，因此更多复杂形状的 SERS 基底被合成出来。除此之外，单一组分构成的基底往往具有这种金属固有的缺点，因此人们开始将两种或者两种以上的纳米材料进行复合。常见的复合材料是核壳结构，这类结构一般同时具有核与壳的性能。与简单的核壳结构相比，卫星状结构的复合材料可在纳米颗粒之间耦合出大量的热点，从而使基底的 SERS 灵敏度得到进一步提高。

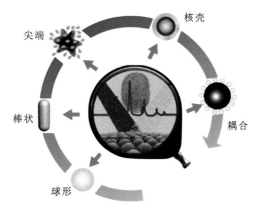

图 3.10　SERS 基底发展过程示意图

卫星状结构的基底一般是将 Au/Ag 纳米颗粒组装到中心核上。卫星状核-壳结构与组装前的核相比，表现出约 700 倍的电磁场增强，如图 3.11 所示（Gandra et al.，2012）。同时，该种结构由于纳米颗粒间的耦合作用，具有多重的 SERS 热点的性质。对于含有 $N$ 个外层粒子的单个卫星状纳米结构，其热点数量可以达到 $2N-1$ 个，其中有 $N-1$ 个热点的贡献来自外层粒子之间，而另外 $N$ 个热点产生于外层粒子与内核之间（Schlucker，2014）。换言之，卫星状纳米结构上的热点数量与外层纳米粒子数量呈线性关系。此外，与对角度依赖的二聚体纳米颗粒相比，卫星状纳米结构拥有各向同性的光学性质，这一点通过单粒子实验得到了证明。

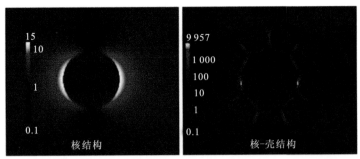

图 3.11　利用 FDTD 法对核和卫星状核–壳结构的电磁场模拟

制备不同尺寸和形状的 Au/Ag 纳米颗粒已有许多研究,通常是通过化学还原方法得到稳定的溶胶。这类胶体粒子的表面官能团化是一个复杂的过程。同时,由于纳米粒子间范德瓦耳斯吸引力与静电斥力之间存在微妙的平衡,离子强度、pH 及温度的变化都会导致粒子间发生聚集。在实际环境分析中,将溶胶体系的纳米粒子提前修饰到材料表面形成卫星状结构,则可以巧妙地避免团聚问题。此外,卫星状基底同时具有内核与外层贵金属的物理化学性质。可以利用 Au/Ag 纳米颗粒的表面物理化学性质实现其在基质上的组装,比如与氨基或巯基之间强的相互作用力、正负电荷间相互的静电作用力、脱氧核糖核酸(DNA)结构碱基配对或生物素–亲和素系统等生物相互作用等。内核的材质可以根据不同应用需求来选取,目前报道有脲醛树脂、聚苯乙烯、$TiO_2$、$SiO_2$ 和 $Fe_3O_4$ 等球形材料,或者同样具有 SERS 活性的 Au、Ag、Au@Ag 等纳米颗粒。

**3. SERS 传感器**

SERS 是一种极具应用前景的分析技术,利用在特定纳米材料表面的局域等离子体共振,使待测分子产生巨大的电磁场增强,从而达到极高的灵敏度。与其他技术相比,SERS 技术有以下特征:①具有超灵敏性,可以检测到单分子水平的被测物;②作为分子振动光谱,可以提供被测物指纹级别的信息;③对被测物的检测时间通常小于 1 min,具有快速检测的特征;④在检测水体样品时几乎不受背景干扰;⑤可以同时实现对化合物及生物分子的检测;⑥以 SERS 为原理可以制造方便且经济高效的便携拉曼光谱仪,这种光谱仪在实验室和现场检测中都有较好的实用性。SERS 技术的这些优点使其在环境污染物痕量分析领域具有巨大的应用潜力。

Greaves 等(1988)首次报道了将 Ag 溶胶作为 SERS 基底检测高浓度(>100 mg/L)的 As(V)。Mulvihill 等(2008)基于多面体 Ag 纳米晶体构建了单分子层 L-B(Langmuir-Blodgett)膜,实现了对水样中 As(V)(1 μg/L)的 SERS 检测。γ-$Fe_2O_3$ 掺杂的 Ag 纳米多孔膜可实现 1 μg/L As(V)的定量 SERS 分析(Liu et al., 2015)。功能化的 Au@Ag 纳米颗粒作为 SERS 基底,对水溶液中 As(III)的检出限为 0.1 μg/L,而且基底材料具有很好的分散性(Song et al., 2016)。Han 等(2011)和 Xu 等(2010)基于 Ag 纳米膜和 Ag 纳米线两种 SERS 基底,实现了对 As(III)和 As(V)的分析。表 3.3 列出了用于 As 分析的拉曼基底、拉曼位移及检出浓度范围。上述结果表明,SERS 方法具有敏感性、均匀性和可重复性。但截至目前,将 SERS 技术用于实际环境水体 As 检测的报道并不多,这是因为 SERS 基底的结构特征及表面性质、Au/Ag 纳米颗粒的团聚性、环境介质中共存物质的干扰等都会影响 SERS 检测。

表 3.3　用于 As 分析的拉曼基底、拉曼位移及检出浓度范围

| 基底种类 | 浓度范围 | 拉曼位移/cm$^{-1}$ $v_s$(As—O) | |
| --- | --- | --- | --- |
| | | As(III) | As(V) |
| 常规拉曼光谱 | — | 795 | 836 |
| | — | 796 | 836 |
| 增强拉曼光谱 | 10～1 000 mg/L | 721 | 780 |
| 银溶胶增强基底 | 750 mg/L | — | 802 859 928 |
| PVP 修饰的 L-B 膜 | 1～180 μg/L | 750 | 800 |
| 银膜 | 10～500 mg/L | 721 | 780 |
| Fe$_3$O$_4$@Ag 磁性基底 | 10～1 000 mg/L | 721 | 780 |

注：PVP 为聚乙烯吡咯烷酮（polyvinyl pyrrolidone）

Du 等（2014）设计了 Fe$_3$O$_4$@Ag 核壳结构的磁性基底，在 Fe$_3$O$_4$@Ag 基底表面，As(III)的 As—O 振动峰在 721 cm$^{-1}$，As(V)的 As—O 振动峰在 780 cm$^{-1}$，该方法检出限为 10 μg/L［图 3.12（a）］。基于 Fe$_3$O$_4$@Ag 磁性卫星 SERS 基底，可实现地下水中 As(III)与 As(V)的选择性富集与检测。该技术操作简便，采集地下水样品后，将水样通过过滤装置与磁性基底混合，利用便携拉曼光谱仪采集信号，整个流程耗时 1 min，检测限可满足我国生活饮用水水质标准要求。该方法对实际地下水的现场检测结果如图 3.12（b）所示，该方法与原子荧光方法对 As 的定量结果处于同一数量级，验证了检测体系的可靠性。

Sb 的 SERS 检测相关报道较少。Panarin 等（2014）基于 Sb(III)与苯基氟酮的配合物，采用 SERS 技术对 Sb(III)进行了定性定量分析。苯基氟酮作为一种有机试剂广泛应用于重金属的分光光度测定。SERS 实验中，Sb 与苯基氟酮形成配合物后，苯基氟酮的 SERS 信号明显退化。由于金属有机配合物具有独特的振动特性和拉曼光谱的共振特性，该技术具有良好的选择性；方法检出限为 1 μg/L，比分光光度法的检出限低一个数量级。

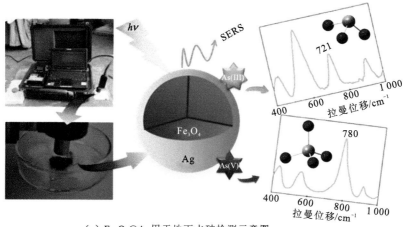

（a）Fe$_3$O$_4$@Ag用于地下水砷检测示意图

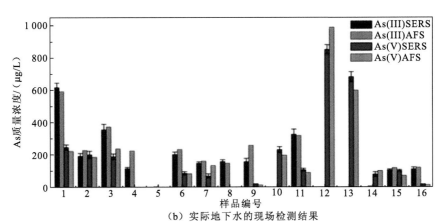

（b）实际地下水的现场检测结果

图 3.12　$Fe_3O_4@Ag$ 表面增强拉曼传感器检测示意及实际地下水检测结果

## 3.2.4　电化学法

**1. 基本原理**

电化学法是一种利用待测物质的电化学性能，在检测传感器表面发生化学反应，将浓度信号转换成电信号来确定物质组分和浓度的分析方法。通过简单的设备可以直接测定物质在化学反应过程中的电流、电位、电荷、电导等参数，进而确定参加反应的化学物质含量。电化学法具有准确度高、选择性好、可测组分含量范围宽、适用范围广等特点。常用于重金属检测的电化学法有电位分析法、电导分析法、电解分析法和溶出伏安法。

电位分析法是利用电极电位和溶液中金属离子浓度之间的关系实现含量的测定。最常用的是离子选择性传感器，也是一种特殊的压电传感器。该传感器由内参比电极、内参比溶液和选择性敏感膜三个部分组成，当传感器被浸入含有重金属离子的待测溶液中，特定的重金属离子会利用选择性敏感膜进行扩散和交换，促使膜的两侧重金属离子浓度不同而产生一定的电势差，通过电势差的大小实现对金属离子的定量检测。这类型检测传感器结构简单、易于微型化、平衡时间短、选择性好，但传感器内部电阻较高，容易受温度影响。

电导分析法是一种通过测定待测液体/气体的导电性或者导电性变化来确定液体/气体中待测物质含量的分析方法，常用的方法有直接电导法和电导滴定法两种。电导分析法具有设备结构简单、操作方便、检测迅速等优点；但该方法只能测得总电导率，无法实现对复杂体系中多种离子的识别。

电解分析法（极谱法）是一种在特殊条件下进行电解的分析方法，通过测定电解过程得到的电流-电位曲线或者电压-时间曲线来确定待测物质浓度。该方法具有灵敏度高、重现性好、分析速度快、易实现自动化等优点；不足之处是分析时需使用毒性强且易挥发的汞金属。

溶出伏安法是一种结合预富集和电溶出的电化学分析方法，具有准确性好、灵敏度高、抗干扰能力强等优点，广泛用于环境、临床及工业制造中样品超低含量物质的检测。溶出伏安法通常需要检测设备、电解池及三电极系统，其中三电极分别是工作电极、参比电极和对电极。阳极溶出伏安法对重金属离子检测具有非常高的灵敏度和超低的检测限，同时相应的检测设备结构简单、价格低廉，因此引起国内外科研工作者的关注。阳极溶出伏安法的检测过程需要预先在工作电极表面施加一个负向电压，使溶液中的金属离子富集在电极表面，然后施加一个正向扫描电压，使富集在工作电极表面的金属离子发生还原反应而溶出，记录溶出过程中产生的电流信号。阳极溶出伏安法对锌、镉、铅、铜、汞等重金属表现出非常好的检测性能，但是由于部分重金属离子的溶出电位过高或过低，传感器在检测过程中很容易析氢或析氧，造成检测值不准确等问题。

**2. 电极材料**

电化学检测技术的关键是电极材料，目前最常用的电极材料是碳材料和金、银、铂等贵金属材料。为了提高电极材料的性价比及稳定性，引入过渡金属、石墨烯、金属氧化物制备的电极材料也得到了关注。碳是一种惰性化学物质，表面不易被空气氧化且导电性好，来源广泛、价格优廉、背景电流小、氢电位高，非常适合用于电化学分析研究。以碳为材料的常见固体电极有玻碳电极、碳糊电极、浸渍石墨电极、热解石墨电极等。在贵金属电极中，金电极是最受欢迎的，其具有较宽的电势、较小的背景电流和良好的催化性等优点。常见的金电极有金盘电极和金膜电极。金盘电极可以结合一些金属或化合物，在电极表面形成合金或强金属键，进而扩大检测范围和降低检测限。金膜电极主要是通过预先电镀或电解的方法，将金镀在电极表面上。

**3. 电化学传感器**

电化学传感器是将一种或多种纳米材料集成为一个电极器件。与光学传感器相比，电化学传感器更容易与电子器件结合，在分析目标分子方面更有优势（Kempahanumakkagari et al.，2017）。近年来，通过电化学阻抗谱、微分脉冲伏安法及其他电化学信号收集方法，开发出新的砷分析方法。

微电极阵列在电分析应用中越来越受欢迎，因为包含微/纳米电极的各种阵列，可以设计成规则分布和随机分布。金属纳米颗粒修饰电极可以被认为是随机排列的微电极，电极的伏安行为强烈依赖于它们在单个纳米颗粒之间的距离。例如相邻 Au 纳米颗粒之间的距离会导致严重的扩散层重叠，随后生成相当于一个金微电极的伏安响应。Wei 等（2016）在 $Fe_3O_4$ 纳米球表面大量分散 Au 纳米颗粒制备电极传感器，通过溶出伏安超灵敏检测 As(III)。As(III)首先吸附在 $Fe_3O_4$ 纳米球表面，Au 纳米颗粒在纳米球表面大量均匀分布，As(III)的氧化还原发生在 Au 纳米颗粒的表面，因此产生一个剥离的 As 峰。

三维还原氧化石墨烯修饰的 Au 纳米颗粒电极（3D-rGO/AuNPs）可以实现 As(III)检测（Ensafi et al.，2018）。该研究用硫醇修饰玻碳电极，通过 Au—S 键将 3D-rGO/AuNPs 修饰到玻碳电极表面。当电解液中有 As(III)存在时，As(III)与表面形成络合物，阻碍电子转移，产生与无 As(III)体系不同的电阻信号，对 As(III)的检出限为 $1.4\times10^{-7}$ μg/L。由于 DNA 序列的灵活可设计性，以 DNA 为识别元件的电化学传感器更易实现环境样品中污染物的高灵敏检测。Wen 等（2017）设计了表面修饰 ssDNA 的金电极，适配体先与金电极表面的 DNA 结合，然后插入亚甲基蓝分子。溶液中有 As(III)存在时，As(III)与适配体结合导致亚甲基蓝分子被释放，电极上的亚甲基蓝分子减少，亚甲基蓝的电流信号减弱，对 As(III)的检出限为 75 ng/L。

Cui 等（2016）在 Au 纳米颗粒组装的丝网印刷碳电极（Au NPs/SPCE）上修饰了 As 特异性的适配体 Ars-3，结合阳离子聚合物聚二烯丙基二甲基氯化铵（polydiallyldimethylammonium chloride，PDDA），以六氨合钌（$[Ru(NH_3)_6]^{3+}$）为电活性指示器，构建得到免标记信号开关的 As(III) 电化学适配体传感器［图 3.13（a）］。其检测原理为：无 As(III) 时，由于静电作用 PDDA 的正电性中和了适配体磷酸骨架的负电性，所形成的 PDDA-适配体双链接近电中性，从而使电极表面吸附的正电性 $[Ru(NH_3)_6]^{3+}$ 的量减少，微分脉冲伏安法（differential pulse voltammetry，DPV）测得的电信号极低；当存在 As(III) 时，由于强结合作用形成的 As(III)-适配体复合物导致适配体构象改变，电极上 PDDA 组装量降低，有利于电极吸附更多正电性的 $[Ru(NH_3)_6]^{3+}$，DPV 所检测到的峰电流信号与 As(III) 浓度成正比，从而利用电信号开关响应方式实现对 As(III) 的检测。

Zhang 等（2017）发展了一种适配体修饰的纳米复合物，结合电化学阻抗测定痕量 As(III)，其分析过程如图 3.13（b）所示。进一步，通过多步反应制备了 Fe(III)-金属有机骨架/介孔 $Fe_3O_4@C$ 胶囊纳米复合物（Fe-MOF@m $Fe_3O_4$@m C）。该纳米复合物具有

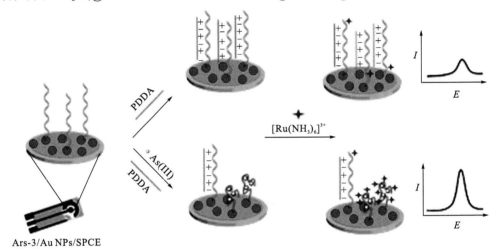

（a）适配体-PDDA 修饰的 Au NPs/SPCE 用于免标记电化学检测 As(III) 的原理示意图

SPCE 全称为 screen printed carbon electrode，丝网印刷碳电极

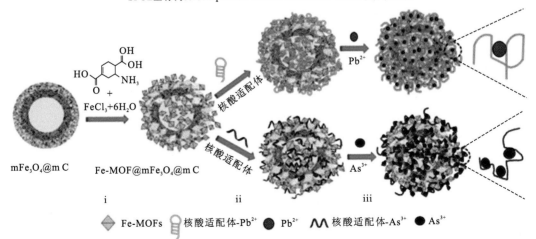

（b）Fe-MOF@m $Fe_3O_4$@m C 纳米复合物的制备过程及其用作电化学适配体传感器检测 As(III) 的示意图

图 3.13　用于检测 As(III) 的电化学适配体传感器

催化活性高、水稳定性强、比表面积大等优势，通过超分子堆积和氢键作用可促进适配体单链在纳米复合物表面的固定。将组装了As(III)对应适配体的Fe-MOF@m Fe₃O₄@m C复合物修饰金电极作为工作电极，测得的电化学阻抗值较小。当工作电极用As(III)孵育后，由于As(III)与适配体链作用形成折叠结构的As(III)-适配体复合物，纳米材料的孔道被封闭，引起电化学阻抗值增大。通过电化学阻抗值的变化实现了As(III)的定量检测。

基于方波阳极溶出伏安法，Li等（2018）在$Co_{0.6}Fe_{2.4}O_4$纳米立方单层自组装的玻碳板上实现了As(III)的高灵敏检测，检测原理可分为两个过程：第一步是负电位下进行的As(III)预富集过程，溶液中的As(III)首先被吸附到$Co_{0.6}Fe_{2.4}O_4$纳米立方表面上，吸附的As(III)在Fe(II)和Co(II)的辅助介导下被还原为As(0)，同时发生了Fe(II)/Fe(III)或Co(II)/Co(III)的氧化还原循环；第二步是纳米立方表面的Fe(II)和Co(II)的良好氧化还原活性能够促进As(III)的检测，As(0)在纳米立方表面上被氧化为As(III)并给出溶出峰信号，同时Fe(III)和Co(III)被还原成Fe(II)和Co(II)，即完成氧化还原循环。$Co_{0.6}Fe_{2.4}O_4$纳米立方单层自组装的玻碳板电极对As(III)有较高的选择性，并且具有很高的循环使用性能和时间稳定性，其检测限达0.093 μg/L。基于类似的检测原理，Yuan等（2018）提出了使用方波阳极溶出伏安法，基于硫代三聚氰酸沉积的还原氧化石墨烯（TTCA/rGO）进行As(III)的电化学测定。TTCA/rGO通过使用$NaBH_4$作为还原剂的简单一锅法制备。大量的TTCA分子通过π-π共轭成功地沉积在rGO表面，由于As—S键的形成，赋予TTCA/rGO优异的As(III)吸附能力，结合还原氧化石墨烯的优异电导率，电化学电流对As(III)响应在电化学检测过程中被显著放大。在最佳条件下，TTCA/rGO修饰Au电极对检测As(III)具有高灵敏度和良好选择性。

通过优化$FeO_x$外壳厚度及Fe价态组成，Yu等（2020）制备了新型$AuFe@FeO_x$电极传感器，实现了对环境水体中As、Sb无机含氧阴离子污染物的现场形态分析。该电极传感器结合Au/Fe双金属优越的电催化性能、$FeO_x$对含氧阴离子的吸附与氧化还原活性，以及碳布良好的耐受性和导电性，As、Sb电化学分析的灵敏度和稳定性较高。基于原位同步辐射-电化学联用技术，Yu等（2020）讨论了电化学检测过程中As在$AuFe@FeO_x$传感器表面的转化机制。在吸附阶段（0 min），As K边能量为11 872 eV，说明As(III)吸附在$AuFe@FeO_x$传感器表面[图3.14（a）]，由于在$FeO_x$壳上有高密度的吸附位点，As(III)在电极表面附近积累。在电沉积阶段（15 min），As K边能量从11 872 eV转移到11 867 eV，表明As(III)在$AuFe@FeO_x$传感器表面被还原为As(0)。在阳极溶出阶段（30 min），As K边白线峰能量偏移至11 870 eV，表明在电极表面积累的As(0)逐渐被氧化为As(III)。随着溶出时间延长，As K边谱在11 872 eV和11 875 eV处出现两个峰，表明在电极表面积累的As(0)进一步被氧化为As(III)和As(V)。与此同时，电沉积阶段$FeO_x$中Fe(II)的占比升高，阳极溶出阶段$FeO_x$中Fe(II)占比降低[图3.14（b）和（c）]，证明电化学检测As(III)的同时，实现了$FeO_x$的循环再生。结合$AuFe@FeO_x$传感器电化学检测As(III)，As与Fe价态的变化的机理分析如图3.14（d）所示。$AuFe@FeO_x$传感器电化学检测As(III)分为三步：第一步，水体中游离的As(III)吸附结合在$FeO_x$外壳上；第二步，吸附的As(III)被还原为As(0)，此时由电极传递的电荷先传递给Fe(III)形成Fe(II)，在Au/Fe双金属的电催化下，Fe(II)将电子再传递给吸附态As(III)；第三步，沉积的As(0)被氧化为As(III)重新释放到溶液中，产生阳极溶出信

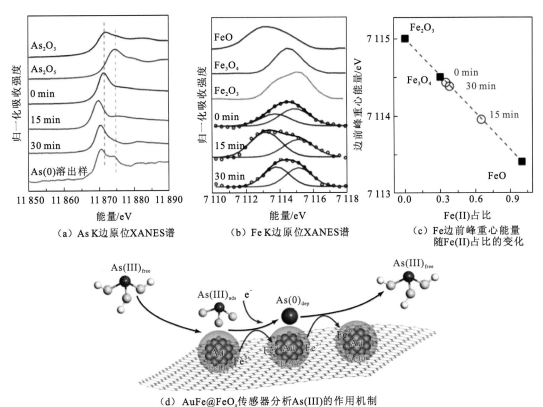

（a）As K边原位XANES谱   （b）Fe K边原位XANES谱   （c）Fe边前峰重心能量随Fe(II)占比的变化

（d）AuFe@FeOₓ传感器分析As(III)的作用机制

图 3.14   用于 As、Sb 无机含氧阴离子分析的新型 AuFe@FeOₓ 电极传感器

号，同时促进 Fe(II)氧化为 Fe(III)，实现 AuFe@FeOₓ 电极传感器的循环再生。

该传感器对 As(III)的灵敏度为 1.26 mA/(μg/L)，检出限为 0.02 ng/L，对 As(V)灵敏度为 1.17 mA/(μg/L)，检出限为 0.03 ng/L；对 Sb(III)灵敏度为 1.09 mA/(μg/L)，检出限为 0.05 ng/L，对 Sb(V)的灵敏度为 1.19 mA/(μg/L)，检出限为 0.03 ng/L。AuFe@FeOₓ 传感器可循环使用 10 次以上，存放 60 天后仍具有较好的稳定性。

## 3.2.5   生物化学法

### 1. 基本原理

生物化学法主要包括酶抑制法、免疫分析法、生物传感器法等。酶抑制法的工作原理是利用毒性重金属离子与生物酶结合后导致酶的活性降低，进而使底物-酶体系的化学性质发生改变，从而引起显色剂颜色、电导率、pH 或在特定波长光线吸光度的改变，然后借助这些信号的变化建立与重金属种类或浓度的相关关系。

早在 20 世纪 50 年代，有学者提出运用酶抑制法来检测环境中的有害物质。其中，脲酶因其对重金属的高灵敏度而被广泛应用。此外，相较于游离态，经固定化的脲酶可与光电传感器相结合，操作自动化程度高，重金属检出限更低，且稳定性和结果可重现性也更好，因此在检测中的应用更为广泛。

除了脲酶，过氧化物酶、葡萄糖氧化酶、乙酰胆碱酯酶、磷酸酯酶等，也越来越多地被用于检测重金属。近年来，蛋白酶也被用于测定环境中的重金属。通常酪蛋白-考马斯亮蓝体系可作为反应底物，它具有较高的有害物质相容性、较广的 pH 活性范围、较强的温度稳定性和相对较快的反应时间。与传统检测方法相比，酶抑制法检测重金属具有快速、简便、能实现在线检测等特点，近年来已经成为相关领域的研究热点。由于不同重金属离子对酶活性的抑制效应相差很大，重金属离子对酶活性抑制的广谱性使该方法对单一重金属检测存在一定的困难，需要采用特殊预处理技术，如预先分离、"掩盖"干扰物等。另外，酶的使用方式（游离或固定）和检测方法（静态或流动）的不同也影响检测的准确性。因此，酶源的筛选、检测结果可重复性、样品提取、与样品结合的酶传感器、试纸条、量热计、比色法等将会是今后进一步的研究方向。

免疫分析法具有较高的灵敏度和特异性，其检测原理是利用抗体与抗原的高度专一性特异反应。重金属离子免疫检测的关键在于重金属特异性单克隆抗体的制备。抗体的产生需要有抗原来刺激机体；但重金属的分子质量小，并且带有电荷的重金属离子趋于与生物分子发生强烈的不可逆的反应，自身不能作为有效的抗体识别目标。因此，设计金属离子完全抗原，是制备出单克隆抗体及建立重金属离子免疫检测方法的基础。由此可见，免疫分析法检测重金属必须进行两方面的工作：①选用合适的络合物或其他化合物与金属离子特异性结合，使其获得一定的空间结构，从而产生免疫反应原性，能与相应的抗体发生特异性结合；②将结合了金属离子的化合物偶联到载体蛋白上，产生免疫原性，以便制备相应的抗体。

目前，用免疫分析法测定重金属的检测结果与传统的检测方法如 ICP-AES、ICP-MS 等具有高度的一致性。免疫分析法具有高度特异性和灵敏度等优点，在环境分析领域中有着广泛的应用。但金属离子单克隆抗体的制备非常困难，而较容易制备的多克隆抗体无法满足对金属离子的特异性要求，这在很大程度上限制了重金属离子免疫分析法的研究与发展。近年来，基因工程和蛋白质工程的发展，为免疫分析法提供了新的技术思路和模式，弥补了其在实际应用中存在的一些缺陷和技术局限性。筛选特异性好的新型螯合剂和单克隆抗体的制备成为该领域今后的研究热点。

**2. 核酸适配体技术**

核酸适配体技术基于核酸适配体与靶目标特殊的结合作用：当适配体与靶目标同时存在时，适配体的构象会折叠成假结、发卡、G-四分体、凸环等三维空间结构，随后通过静电作用、氢键作用等与靶目标特异性结合。核酸适配体是一段小的单链 DNA 或 RNA 片段，具有独特的构象，可以与广泛的靶点识别或者结合，如药物、蛋白质、小分子甚至是癌细胞。在功能方面，核酸适配体具有与抗体相似的高亲和力、高灵敏度、高选择性、高稳定性及无免疫原性和毒性等优点，因此被认为是升级版的抗体，也称为"合成抗体"。虽然其在功能方面与抗体有一些相似之处，但是与抗体相比，核酸适配体明显具有更大的优势。相较于抗体的不可逆性，适配体具有高度的稳定性，其解离常数可以低至皮摩尔—飞摩尔范围，而且高温变性后可以恢复其活性构象；适配体的分子质量非常小，更容易到达先前被阻断的或细胞内的靶点；此外，生产适配体可以使用化学合成法，方便快捷。

核酸适配体技术的关键是获得特异性强的核酸适配体。通常核酸适配体的获得方法是通过体外筛选技术——指数富集的配体系统进化（systematic evolution of ligands by exponential enrichment，SELEX）技术，从随机的核酸分子文库中得到具有特定靶点亲和力的寡核苷酸片段。SELEX 的一般筛选步骤是先将单链寡核苷酸库与靶物质混合，混合液中存在靶物质与核酸的结合物，然后洗脱掉未能与靶物质结合的核酸，将与靶物质结合的核酸分离并以此为模板进行聚合酶链反应（polymerase chain reaction，PCR）扩增，再进行下一轮的筛选，通过重复的筛选与扩增过程，与靶物质亲和力低的核酸片段被洗脱除去，保留下亲和力高的寡核酸片段。随着 SELEX 过程的不断进行，这种亲和力高的寡核苷酸片段浓度也会不断升高，有利于分离出性质稳定、亲和力高的特异性适配体。通过 SELEX 来筛选适配体是一项复杂而烦琐的任务，因此开发出简便准确的新型 SELEX 技术至关重要。

目前新型的 SELEX 方法有毛细管电泳-SELEX、微流体-SELEX、细胞-SELEX 等。Berezovski 等（2006）首次报道了一种不需要重复筛查过程的非 SELEX 方法，这种非 SELEX 选择过程将原本需要几天甚至几周的筛选过程缩短至一个小时以内，提高了生产适配体的效率。目前不需要重复处理过程的 SELEX 技术主要包括纳米选择和大规模并行 SELEX，其在提高适配体生产效率的同时又不影响适配体的特异性。SELEX 的快速发展使从大型核酸文库中快速准确地获得核酸适配体成为可能。

核酸适配体应用于生物传感器中可以实现对目标分子的快速检测。其原理为基于核酸适配体能够被氨基、磷酸基、荧光标记物等活性基团修饰，利用分子识别元件（即核酸适配体）和靶目标特异性结合发生化学变化，通过转换器转化为电、光等物理信号输出，最后通过不同的检测方法对结果进行处理，从而达到对各种目标分子进行定性和定量检测的目的。

### 3. 生物传感器

生物传感器是近几年发展起来的新型检测技术，其工作原理为将生物活性分子（酶、免疫抗体、蛋白质、DNA、生物细胞、微生物等）作为识别单元固定到电极或敏感元件上，这些生物活性分子与重金属离子结合后，会导致检测体系中物理化学性质发生改变，将这些变化通过转换器件转化为光电信号，随后利用检测仪器对其进行分析即可实现对重金属的定性及定量分析。生物传感器具有自动化程度高、检测准确性好、能够在线测量等优点。但其主要缺点是检测成本较高，且生物体受外界环境影响较大，检测条件要求苛刻。

全菌/细胞生物传感器为砷检测提供了一种简单方便的技术手段。一个有效的全菌/细胞生物传感器取决于正确选择两个组成部分：启动子和报告基因。San 等（1990）基于 ArsR 及 *arsR*（As(III)响应的转录阻遏物及其同源启动子），开发出用于砷检测的全细胞生物传感器。以砷响应操纵子/报告基因为基础构建的全细胞生物传感器已被用于砷的检测。砷响应操纵子由砷响应的调控蛋白 ArsR 和 *arsR* 启动子构成：*arsR* 编码 ArsR 阻遏蛋白，ArsR 是转录抑制子，在没有砷存在的情况下结合在操纵子/启动子区 DNA 结合位点，阻止下游砷抗性基因的转录。当砷存在时，砷和 ArsR 结合，导致 ArsR 蛋白构象发生改变，从 DNA 结合位点上解离，并启动下游报告基因的转录。随着材料科学的不断发展和对砷结合机制的理解，研究者已经开发出很多用于砷测定的新型生物传感器。

基于全细胞的生物传感器已经成功地用于分析地下水和土壤中的砷。全细胞砷生物传感器弥补传统砷检测方法的不足，具有灵敏度高、特异性强、成本低、响应快等优点；但是具有稳定性差、重复性差的问题。为了解决上述问题，研究人员构建了如下几种基于无细胞的生物传感器。

1）基于 DNA 探针的生物传感器

基于 DNA 探针的生物传感器的原理是在砷存在的情况下通过氧化损伤释放信号，再利用电化学方法进行检测，电极再生效率低，制备复杂。Ozsoz 等（2003）通过表面和溶液中均带有碳糊电极的差分脉冲伏安法检测技术探究了 As(III)与小牛胸腺双链DNA（dsDNA），小牛胸腺单链 DNA（ssDNA），以及 17 个碱基的短寡核苷酸的相互作用。研究发现，As(III)与小牛胸腺双链 DNA（dsDNA）相互作用后，随着 As(III)积累时间的延长和浓度的增加，鸟嘌呤的脉冲伏安信号降低。基于上述原理，构建了 As(III)与DNA 相互作用影响的鸟嘌呤信号的电化学生物传感器。

2）基于适配体的生物传感器

适配体是人工、单一的标准 RNA 或 DNA 寡核苷酸，可在体外预先组装好，并可以与多个目标分析物选择性结合。张肖肖（2016）将噬菌体随机七肽库与负载不同金属离子的 $\gamma\text{-Fe}_2\text{O}_3$-IDA 亲和树脂柱联用，通过多轮负筛选和正筛选，富集到对 As(III)具有较高亲和性的噬菌体。从亲砷噬菌体集合中随机选取一定数量的噬菌体单克隆，通过 DNA测序技术共得到 5 种 As(III)结合肽。随后，将这 5 种 As(III)结合肽经过酶联免疫分析，从中选出一种对 As(III)具有高亲和力和选择性的多肽序列（TQSYKHG）。利用金纳米颗粒比色方法，将该亲和性多肽作为目标识别元素，以未经修饰的金纳米颗粒作为传感探针，从而建立了一种简单、快速、选择性地检测 As(III)的新方法。As(III)结合肽（TQSYKHG）可促进金纳米颗粒的团聚，而 As(III)又可通过优先与八肽结合而阻止金纳米颗粒的团聚，从而使体系外观呈现肉眼即可观察到的颜色变化，即由金纳米颗粒原本的酒红色向蓝紫色发生不同程度的改变。通过体系颜色变化及紫外可见光谱，即可实现对As(III)的检测。该方法具有较好的选择性及较快的响应速度，其检出限为 0.054 μmol/L。

二氧化硅纳米颗粒因其独特的构造常被用于构建核酸适配体荧光传感器。介孔二氧化硅是一种多孔材料，具有特殊的结构特性如大表面积、高孔隙率、特定的孔径和大孔体积，这些结构特性为控制其粒度提供了便捷，并且易于用不同的官能团进行表面改性，使其孔隙内和/或表面上的介质能够被有效地截留。Oroval 等（2017）用罗丹明 B 改性二氧化硅的孔，用氨丙基使二氧化硅的外表面部分官能化，并通过引入适配体制备最终的封端固体。由此制备的纳米探针对 As(III)的检出限为 0.9 μg/L。化学修饰的二氧化硅纳米颗粒也可以用于构建适配体荧光传感器来检测砷离子。利用生物素和荧光黄修饰的适配体互补链、链霉亲和素修饰的二氧化硅纳米粒子和未标记的适配体诱导的靶构象变化，Taghdisi 等（2018）制备并表征了用于 As(III)测定的荧光生物传感器。

Pan 等（2018）设计了一种 DNA 三螺旋分子开关感知元件，得到以 2-氨基-5,6,7-三甲基-1,8-萘啶为信号指示剂的无标记荧光传感平台。该荧光传感器的检测范围是 10 ng/L～10 mg/L，检出限为 5 ng/L。此传感平台操作简单，只需要根据荧光信号的强弱测定 As(III)的浓度，无须对适配体进行标记和固定，速度快、性价比高。利用该荧光传感器独特的三螺旋分子开关对实际水样进行检测时，传感器对 As(III)具有很高的选择性，可以忽略水样中其他金属离子的干扰，检测结果与 LC-ICP-MS 的检测结果没有显著差异，证明该荧光传感器在检测 As(III)时具有高度的准确性。与普通荧光传感器不同，DNA 三螺旋分子开关基于适配体与目标分子结合后构象发生变化，以此原理制备的传感器在灵敏度和特异性方面都有很大的提升，但是目前 DNA 三螺旋分子开关很少涉及其他分子或离子。因此，探索 DNA 三螺旋分子开关作为新型传感器的应用具有重要意义。

利用水溶性好的阳离子聚合物 PDDA，Wu 等（2012）构建了检测 As(III)的生物传感器。如图 3.15 所示，在该策略中 PDDA 具有双重功能：①促进 Au 的聚集；②通过静电相互作用与 As(III)的适配体（Ars-3）杂交。在没有 As(III)存在的情况下，Ars-3 适配体是游离的并且可以与 PDDA 杂交形成"双链体"结构，因此缺乏 PDDA，Au 纳米颗粒不能聚集。在添加 As(III)时，Ars-3 适配体因与 As(III)形成复合物而耗尽，所以 PDDA 可以使 Au 纳米颗粒聚集，这导致 Au 纳米颗粒颜色从酒红色变为蓝色。溶液的光学性质取决于 PDDA 的浓度，而 PDDA 的浓度又由 As(III)的含量直接调节。因此，该比色策略可用于 As(III)的定量检测。

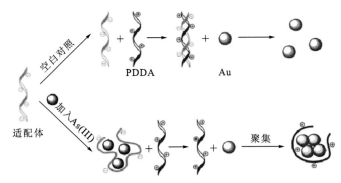

图 3.15　基于 PDDA 和 As(III)适配体介导的 Au 纳米颗粒聚集-分散状态的 As(III)检测

### 3）基于蛋白质的生物传感器

基于蛋白质的生物传感器的检测机制依赖软硬酸碱规则。蛋白质结构中的软硫/软酸与砷之间具有良好的亲和力，大多数基于蛋白质的 As(III)或 As(V)生物传感器是基于抑制作用的，但检测的特异性较低。基于砷对酶活性的抑制作用，Sanllorente-Mendez 等（2012，2010）发展了测定 As(III)及 As(V)的酶促安培法。该方法采用丝网印刷碳电极与乙酰胆碱酯酶直接共价结合在其表面，砷离子的存在影响了乙酰胆碱酯酶的安培响应，使电流强度降低，该生物传感器对砷的检出限为 11 μmol/L，可用于自来水样品中砷的测定。

## 3.2.6　即时检测法

### 1. 基本原理

即时检测（point-of-care testing，POCT）是一种快速检测分析技术，能在实验室之外的其他地方开展，如事故现场、采样点和家庭等，检测样品通常为尿液、唾液、血液等。即时检测的样品不需要过多的预处理操作，检测结果通常在几秒到几分钟内就可得到。性能优异的POCT需要具备以下条件：操作简单，反应迅速，有效的信号输出和放大，以及用户友好的便携式信号定量仪器。即时检测技术按检测原理和检测设备的不同，通常可以分为干化学技术、胶体金免疫标记技术、化学发光免疫分析技术、生物芯片技术、生物传感技术、红外和远红外分光光度技术等。相比于基于实验室精密仪器的传统检测方法，POCT可以不受时间、地点和专业操作人员限制，能够在现场快速得到准确的检测结果。

从分析检测方法的三要素来看，分析信号的产生关乎分析检测的选择性和特异性；分析信号的转移不但与方法的选择性、灵敏度有关，还直接影响分析检测的速度和准确性；分析信号的放大与检测分析的灵敏度直接相关。POCT的信号读取需要将目标信号进行物理信号转换，即转换为肉眼或普通便携式仪器可以直接检测到的信号，或者通过智能设备平台等检测的信号。按信号读出的最终输出方式分类，常见的POCT信号读出方法可分为颜色信号读出、距离信号读出和便携仪器信号读出。

基于颜色变化的信号也称为可视化信号，因为这类信号用户只需通过简单的肉眼观察就可实现对待测物的定性或半定量检测，无须任何额外仪器设备的帮助，方便直接，是POCT一种重要的信号测量方式。这种信号读出方式，大多利用显色反应将待测样品中目标物的浓度信息转化为不同的颜色信息。根据颜色变化方式的不同，一般将其分为具有颜色深浅变化的单色信号读出和具有多种颜色变化的多色信号读出。基于单一颜色变化的比色传感器具有操作简单、肉眼可直接读出等优点。然而，单色传感器由于其固有的较差的颜色分辨率，在常规应用中往往受到限制。因此，开发更简单有效，利用肉眼视觉传感目标物，特别是具有高颜色分辨率的方法是非常有必要的。对于信号产生的机制，多彩可视化主要分为两类：①利用具有不同单一颜色变化的染料体系与另外一种染料基底进行复合，得到混合变化的颜色，从而产生与目标物含量密切相关的多彩颜色变化；②利用具有特殊结构的贵金属纳米材料的局域表面等离子体共振效应，构建多彩可视化分析平台，如金纳米棒、金纳米花、金纳米立方体、金纳米双锥等体系。

基于距离的纸基微流控设备可通过肉眼读出，是高度集成、用户友好的微型化POCT传感器。经典的纸微流控装置依赖毛细作用或扩散作用的原理，在此原理中，基于沉淀反应或聚合反应，可视化条带变得更加可见或拉长。另一种基于距离读出方法是使用基于气体生成反应的体积膨胀导致的可视化墨水条。比较有代表性的是体积条形芯片，它是一种可测量的墨水条，在抗体结合的过氧化氢酶催化下，其长度随过氧化氢生成氧气的推进而增加。

基于手持设备的微型生物传感器被开发用于POCT。许多简单的手持设备被应用于测量常规物理参数，如血糖仪、手持荧光仪、压力计、温度计和pH计等。这些手持设备只能测量特定的物理参数，需要将其与新的生物识别和放大传感器组件结合，用于高灵敏度的检测。

**2. 信号转换底物**

3,3',5,5'-四甲基联苯胺、邻苯二胺、2,2-联氮-二(3-乙基-苯并噻唑-6-磺酸)二胺盐及二氨基联苯胺等物质是常见的氧化物酶和过氧化物酶显色底物，显色机理为：氧化物酶和过氧化物酶能分别催化分解氧气和双氧水产生氧自由基，而氧自由基与上述显色底物发生反应，进而将底物氧化，这些显色底物的氧化态能够显示出不同的颜色，最终利用目标物与氧化物酶和过氧化物酶的浓度关系得到不同颜色的变化，实现对目标物的分析。

**3. 基于信号转换的传感器**

罗明月（2020）利用简单、易制备的 CoOOH 二维纳米片材料，成功构建了具有明显信号放大效应的增强型温度传感平台，用于 As(V) 的简便、快速测定。CoOOH 纳米片作为一种有效的催化剂，可以催化 $H_2O_2$ 分解为 $O_2$ 和 $H_2O$，可导致密封反应容器的压力显著增加且伴随着放热导致温度升高。升高的压力进一步导致一定量的 $H_2O$ 从排水装置溢出到另一个容器中，最终导致预装硝酸的反应瓶温度显著降低。当 As(V) 存在时，它可以通过静电吸引和 As—O 共价键相互作用与 CoOOH 纳米片发生特异性吸附，减弱 CoOOH 纳米片对 $H_2O_2$ 分解的催化活性，导致 $O_2$ 生成系统的压力和温度急剧下降，$NH_4NO_3$ 溶解系统的温度下降速率减缓。在这个过程中，使用温度计可以轻松地读取两个明显相反的温度信号，通过同时监测升高和降低的温度变化实现 As(V) 的灵敏检测。

## 3.2.7 X 射线荧光分析法

**1. 基本原理**

X 射线荧光（XRF）分析法是利用初级 X 射线光子或其他微观离子激发待测物质中的原子，使之产生荧光（次级 X 射线），进行物质成分分析和化学态研究的方法。按激发、色散和探测方法的不同，X 射线荧光分析法可分为 X 射线光谱法（波长色散）和 X 射线能谱法（能量色散）。XRF 是一种整体分析技术，其分析对象多为宏观试样，分析前必须制备成均匀样品，分析结果代表样品中元素的平均含量。

根据激发方式的不同，X 射线荧光分析仪可分为源激发仪器和管激发仪器两种：用放射性同位素源发出的 X 射线作为原级 X 射线的 X 荧光分析仪称为源激发仪器；用 X 射线发生器（又称 X 射线管）产生原级 X 射线的 X 荧光分析仪称为管激发仪器。对能量色散型仪器而言，根据选用探测器的不同，X 射线荧光分析仪可分为半导体探测器和正比计数管两种主要类型。在波长色散型仪器中，根据可同时分析元素的多少可分为单道扫描 X 荧光光谱仪、小型多道 X 荧光光谱仪和大型 X 荧光光谱仪。

**2. 现场检测方法**

测量污染土壤中砷、锑等重金属含量是对污染土壤治理和修复的首要环节。传统测量土壤重金属的方法需要对样品进行研磨、消解等前处理，实验过程耗时耗力。因此，选择携带方便、便于操作的土壤砷、锑分析检测方法对场地修复具有重要的环境意义。便携式 X 射线荧光分析仪具有质量轻、体积小、便于野外携带、检测速度快、可同时测量多种元素等优点，近年来成为砷、锑现场分析的重要科学手段。

Bong 等（2012）使用同步辐射 X 射线荧光光谱仪和高能 X 射线荧光光谱仪对日本矿区土壤中的重金属和微量元素进行了分析，并根据检测结果建立了数据库，为土壤重金属源分析提供了依据。1998 年 4 月，西班牙的一个尾矿池大坝坍塌，淹没了 4 000 多公顷的土地，其中含有高浓度重金属的黄铁矿污泥。第一次修复工程结束 6 个月后，Kemper 等（2002）利用全反射荧光光谱法对矿区土壤中的多种重金属进行了测定，该方法测定锑的误差率为 0.84%～0.93%。

王世芳等（2018）利用 X 射线荧光光谱检测了土壤重金属砷的含量，通过二维相关同步光谱获得重金属元素的 X 射线荧光光谱能谱范围和变量数，得出砷元素的能谱范围为 10.38～10.74 keV 和 11.61～11.88 keV。根据获得的能谱范围，采用偏最小二乘回归方法建立了砷的 X 射线荧光光谱定量分析模型，预测相关系数大于 0.92。土壤的粒径、含水量、铁和锰元素都给土壤中重金属元素的 X 射线荧光光谱带来影响。陆安祥等（2010）使用便携式 X 射线荧光分析仪对土壤中的砷进行了测量，并选用北京、新疆、黑龙江、云南和江苏典型土壤，研究了重金属元素含量与 X 射线荧光光谱特征峰强的关系。该研究表明，土壤粒径影响了测试的精密度，随着土壤粒径从 40 目降低到 100 目，检测的相对标准偏差从 15.6%减少至 6.9%；土壤含水量主要影响样品检测的特征峰强，随着土壤含水量从 5%提高到 25%，与无水样品相比，相对峰强从 86%降低到 69%。在水稻土壤系统中，土壤中砷进入水稻植株受多种因素的影响。由于水稻根系泌氧作用，水稻根系表面形成了一层氧化物膜（铁膜）。铁膜对砷的超富集能力使水稻根系中砷的含量显著高于土壤中砷的含量，并且铁膜中砷含量与相应土壤中砷含量具有较强的相关性。刘攀攀（2015）基于便携式 X 射线荧光分析仪结合水稻根系铁膜对土壤中砷的污染进行了评估，结果表明对于土壤中砷含量小于便携式 X 射线荧光光谱的检测限（30 mg/kg）的场地，该方法能够对场地砷污染进行有效的评估。

作为 X 射线荧光技术原理的一个分支，高精度便携式 X 射线荧光光谱仪通过采用多个单色光激发样品，提高信噪比，实现了元素检测性能的提升。相比于传统实验室测定方法，该方法只需要风干、研磨等简单的样品前处理即可实现农田土壤重金属全量的准确、快速检测。彭洪柳等（2018）基于高精度 X 射线荧光法快速测定了污染农田土壤中的砷、铜等，并结合 AAS、AFS 及 ICP-AES 等仪器的测定结果，比较了该方法的可靠性。结果表明，高精度 X 射线荧光法测定砷的相对标准偏差为 2.02%。土壤颗粒粒径对测定结果存在影响，将土壤样品过 100 目筛后的测定结果较为理想；土壤水分对测定结果影响较大，测定时应保证土壤样品干燥；有机质对测定结果的影响可通过方程常数进行校准；土壤类型对测定无明显影响。

# 参 考 文 献

白延涛, 高楼军, 柴红梅, 等, 2014. 桑色素荧光猝灭法测定水中微量锑. 分析试验室, 33(4): 452-454.

陈爱乾, 孔卓, 颜佩, 等, 2018. 一种席夫碱化合物的合成及其对 Sb$^{3+}$ 的识别研究. 化学试剂, 40(9): 871-874, 878.

程秀芝, 2016. 荧光 DNA 量子点的制备及其对亚砷酸根的检测研究. 南昌: 南昌大学.

刘攀攀, 2015. 水稻田中砷污染的生态效应及其控制的初步研究. 重庆: 重庆大学.

卢志璐, 2011. 基于 Mie 散射理论的纳米材料光特性研究. 天津: 南开大学.

陆安祥, 王纪华, 潘立刚, 等, 2010. 便携式 X 射线荧光光谱测定土壤中 Cr, Cu, Zn, Pb 和 As 的研究. 光谱学与光谱分析, 30(10): 2848-2852.

罗明月, 2020. 基于信号转换策略的即时检测方法的构筑与应用. 兰州: 西北师范大学.

彭洪柳, 杨周生, 赵婕, 等, 2018. 高精度便携式 X 射线荧光光谱仪在污染农田土壤重金属速测中的应用研究. 农业环境科学学报, 37(7): 1386-1395.

王世芳, 罗娜, 韩平, 2018. 能量色散 X 射线荧光光谱检测土壤重金属砷, 锌, 铅和铬. 光谱学与光谱分析, 38(5): 1648-1654.

许杨, 李晓晶, 于建功, 2002. 生物样品中砷的石墨炉原子吸收分光光度法测定. 山东环境(5): 30-31.

杨金星, 徐勇, 刘永静, 等, 2018. 微波消解石墨炉原子吸收光谱法测定日本遗弃化学武器污染样品中总砷. 分析试验室, 37(5): 519-523.

张肖肖, 2016. 砷结合肽的生物淘选及其在砷传感中的应用. 沈阳: 东北大学.

钟晓丽, 2019. 基于羟基氧化钴/铁纳米酶的甲基转移酶和砷酸根检测研究. 南昌: 南昌大学.

BEREZOVSKI M, MUSHEEV M, DRABOVICH A, et al., 2006. Non-SELEX selection of aptamers. Journal of the American Chemical Society, 128(5): 1410-1411.

BERLINA A N, KOMOVA N S, ZHERDEV A V, et al., 2019. Colorimetric technique for antimony detection based on the use of gold nanoparticles conjugated with poly-A oligonucleotide. Applied Sciences, 9(22): 4782.

BONG W S K, NAKAI I, FURUYA S, et al., 2012. Development of heavy mineral and heavy element database of soil sediments in Japan using synchrotron radiation X-ray powder diffraction and high-energy (116 keV) X-ray fluorescence analysis: 1. Case study of Kofu and Chiba region. Forensic Science International, 220(1-3): 33-49.

CUI L, WU J, JU H X, 2016. Label-free signal-on aptasensor for sensitive electrochemical detection of arsenite. Biosensors & Bioelectronics, 79: 861-865.

DU J, CUI J, JING C, 2014. Rapid in situ identification of arsenic species using a portable $Fe_3O_4@Ag$ SERS sensor. Chemical Communications, 50(3): 347-349.

ENSAFI A A, AKBARIAN F, HEYDARI S E, et al., 2018. A novel aptasensor based on 3D-reduced graphene oxide modified gold nanoparticles for determination of arsenite. Biosensors & Bioelectronics, 122: 25-31.

ENSAFI A A, KAZEMIFARD N, REZAEI B, 2016. A simple and sensitive fluorimetric aptasensor for the ultrasensitive detection of arsenic(III) based on cysteamine stabilized CdTe/ZnS quantum dots aggregation. Biosensors & Bioelectronics, 77: 499-504.

GANDRA N, ABBAS A, TIAN L M, et al., 2012. Plasmonic planet-satellite analogues: Hierarchical self-assembly of gold nanostructures. Nano Letters, 12(5): 2645-2651.

GE S G, ZHANG C C, ZHU Y N, et al., 2010. BSA activated CdTe quantum dot nanosensor for antimony ion detection. Analyst, 135(1): 111-115.

GHOSH S K, PAL T, 2007. Interparticle coupling effect on the surface plasmon resonance of gold nanoparticles: From theory to applications. Chemical Reviews, 107(11): 4797-4862.

GREAVES S J, GRIFFITH W P, 1988. Surface-enhanced Raman-scattering(SERS) from silver colloids of vanadate, phosphate and arsenate. Journal of Raman Spectroscopy, 19(8): 503-507.

GREENFIELD S, JONES I L, BERRY C T, 1964. High-pressure plasmas as spectroscopic emission sources. Analyst, 89(1064): 713-720.

HAN M J, HAO J, XU Z, et al., 2011. Surface-enhanced Raman scattering for arsenate detection on multilayer silver nanofilms. Analytica Chimica Acta, 692(1-2): 96-102.

HOLAK W, 1969. Gas-sampling technique for arsenic determination by atomic absorption spectrophotometry. Analytical Chemistry, 41(12): 1712-1713.

HUANG Y S, LIN J X, WANG L L, et al., 2020. A specific fluorescent probe for antimony based on aggregation induced emission. Zeitschrift fur Anorganische und Allgemeine Chemie, 646(2): 47-52.

KALLURI J R, ARBNESHI T, KHAN S A, et al., 2009. Use of gold nanoparticles in a simple colorimetric and ultrasensitive dynamic light scattering assay: Selective detection of arsenic in groundwater. Angewandte Chemie-International Edition, 48(51): 9668-9671.

KEMPAHANUMAKKAGARI S, DEEP A, KIM K H, et al., 2017. Nanomaterial-based electrochemical sensors for arsenic: A review. Biosensors & Bioelectronics, 95: 106-116.

KEMPER T, SOMMER S, 2002. Estimate of heavy metal contamination in soils after a mining accident using reflectance spectroscopy. Environmental Science & Technology, 36(12): 2742-2747.

LI S S, ZHOU W L, LI Y X, et al., 2018. Noble-metal-free $Co_{0.6}Fe_{2.4}O_4$ nanocubes self-assembly monolayer for highly sensitive electrochemical detection of As(III) based on surface defects. Analytical Chemistry, 90(2): 1263-1272.

LIU R, SUN J F, CAO D, et al., 2015. Fabrication of highly-specific SERS substrates by co-precipitation of functional nanomaterials during the self-sedimentation of silver nanowires into a nanoporous film. Chemical Communications, 51(7): 1309-1312.

LVOV B V, 1961. The analytical use of atomic absorption spectra. Spectrochimica Acta, 17(7): 761-770.

MAHMOUD W E, 2017. Synthesis and characterization of 2A-3SHPA decorated ZnS@CdS core-shell heterostructure nanowires as a fluorescence probe for antimony ions detection. Sensors and Actuators B: Chemical, 238: 1001-1007.

MOSKOVITS M, 1985. Surface-enhanced spectroscopy. Reviews of Modern Physics, 57(3): 783-826.

MULVIHILL M, TAO A, BENJAUTHRIT K, et al., 2008. Surface-enhanced Raman spectroscopy for trace arsenic detection in contaminated water. Angewandte Chemie-International Edition, 47(34): 6456-6460.

OROVAL M, COLL C, BERNARDOS A, et al., 2017. Selective fluorogenic sensing of As(III) using aptamer-capped nanomaterials. ACS Applied Materials & Interfaces, 9(13): 11332-11336.

OTTO A, 2005. The 'chemical' (electronic) contribution to surface-enhanced Raman scattering. Journal of Raman Spectroscopy, 36(6-7): 497-509.

OZSOZ M, ERDEM A, KARA P, et al., 2003. Electrochemical biosensor for the detection of interaction between arsenic trioxide and DNA based on guanine signal. Electroanalysis, 15(7): 613-619.

PAN J, LI Q, ZHOU D, et al., 2018. Ultrasensitive aptamer biosensor for arsenic(III) detection based on label-free triple-helix molecular switch and fluorescence sensing platform. Talanta, 189: 370-376.

PANARIN A Y, KHODASEVICH I A, GLADKOVA O L, et al., 2014. Determination of antimony by surface-enhanced Raman spectroscopy. Applied Spectroscopy, 68(3): 297-306.

PRIYADARSHNI N, NATH P, HANUMAIAH N, et al., 2018. DMSA-functionalized gold nanorod on paper for colorimetric detection and estimation of arsenic(III and V) contamination in groundwater. ACS Sustainable Chemistry & Engineering, 6: 6264-6272.

SAN F M J D, HOPE C L, OWOLABI J B, et al., 1990. Identification of the metalloregulatory element of the plasmid-encoded arsenical resistance operon. Nucleic Acids Research(3): 619.

SANLLORENTE-MENDEZ S, DOMINGUEZ-RENEDO O, ARCOS-MARTINEZ M J, 2010. Immobilization of acetylcholinesterase on screen-printed electrodes: Application to the determination of arsenic(III). Sensors, 10(3): 2119-2128.

SANLLORENTE-MENDEZ S, DOMINGUEZ-RENEDO O, ARCOS-MARTINEZ M J, 2012. Development of acid phosphatase based amperometric biosensors for the inhibitive determination of As(V). Talanta, 93: 301-306.

SCHATZ G C, YOUNG M A, VAN DUYNE R P, 2006. Electromagnetic mechanism of SERS. Surface-Enhanced Raman Scattering: Physics and Applications, 103: 19-45.

SCHLUCKER S, 2014. Surface-enhanced Raman spectroscopy: Concepts and chemical applications. Angewandte Chemie-International Edition, 53(19): 4756-4795.

SONG L, MAO K, ZHOU X, et al., 2016. A novel biosensor based on Au@Ag core-shell nanoparticles for SERS detection of arsenic(III). Talanta, 146: 285-290.

TAGHDISI S M, DANESH N M, RAMEZANI M, et al., 2018. A simple and rapid fluorescent aptasensor for ultrasensitive detection of arsenic based on target-induced conformational change of complementary strand of aptamer and silica nanoparticles. Sensors and Actuators B: Chemical, 256: 472-478.

TAN Z Q, LIU Y G, SHI Q T, et al., 2014. Colorimetric Au nanoparticle probe for speciation test of arsenite and arsenate inspired by selective interaction between phosphonium ionic liquid and arsenite. ACS Applied Materials & Interfaces, 6(22): 19833-19839.

TOLESSA T, TAN Z Q, LIU J F, 2018. Hydride generation coupled with thioglycolic acid coated gold nanoparticles as simple and sensitive headspace colorimetric assay for visual detection of Sb(III). Analytica Chimica Acta, 1004: 67-73.

WANG J, TAO H, LU T, et al., 2021a. Adsorption enhanced the oxidase-mimicking catalytic activity of octahedral-shape $Mn_3O_4$ nanoparticles as a novel colorimetric chemosensor for ultrasensitive and selective detection of arsenic. Journal of Colloid and Interface Science, 584: 114-124.

WANG L, XU X, NIU X, et al., 2021b. Colorimetric detection and membrane removal of arsenate by a multifunctional L-arginine modified FeOOH. Separation and Purification Technology, 258(2): 118021.

WEI J, LI S S, GUO Z, et al., 2016. Adsorbent assisted in situ electrocatalysis: An ultra-sensitive detection of As(III) in water at $Fe_3O_4$ nanosphere densely decorated with Au nanoparticles. Analytical Chemistry, 88(2): 1154-1161.

WEN S H, ZHANG C R, LIANG R P, et al., 2017. Highly sensitive voltammetric determination of arsenite by exploiting arsenite-induced conformational change of ssDNA and the electrochemical indicator methylene blue. Microchimica Acta, 184(10): 4047-4054.

WENDT R H, FASSEL V A, 1965. Induction-coupled plasma spectrometric excitation source. Analytical Chemistry, 37(7): 920-922.

WU Y G, ZHAN S S, WANG F Z, et al., 2012. Cationic polymers and aptamers mediated aggregation of gold nanoparticles for the colorimetric detection of arsenic(III) in aqueous solution. Chemical Communications, 48: 4459-4461.

XU Z, HAO J, LI F, et al., 2010. Surface-enhanced Raman spectroscopy of arsenate and arsenite using Ag nanofilm prepared by modified mirror reaction. Journal of Colloid and Interface Science, 347(1): 90-95.

YU Y Q, DU J J, CHAN T S, et al., 2020. Core-shell AuFe@FeO$_x$-CFC as electrochemical sensor for trace antimony analysis. Sensors and Actuators B: Chemical, 319: 128322.

YUAN Y H, ZHU X H, WEN S H, et al., 2018. Electrochemical assay for As(III) by combination of highly thiol-rich trithiocyanuric acid and conductive reduced graphene oxide nanocomposites. Journal of Electroanalytical Chemistry, 814: 97-103.

ZHAN S, YU M, LV J, et al., 2014. Colorimetric detection of trace arsenic(III) in aqueous solution using arsenic aptamer and gold nanoparticles. Australian Journal of Chemistry, 67(5): 813-818.

ZHANG Z H, JI H F, SONG Y P, et al., 2017. Fe(III)-based metal-organic framework-derived core-shell nanostructure: Sensitive electrochemical platform for high trace determination of heavy metal ions. Biosensors & Bioelectronics, 94: 358-364.

ZHOU Y, HUANG X Y, LIU C, et al., 2016. Color-multiplexing-based fluorescent test paper: Dosage-sensitive visualization of arsenic(III) with discernable scale as low as 5 ppb. Analytical Chemistry, 88(12): 6105-6109.

# 第4章  砷与锑的形态转化

环境中砷与锑的形态转化是由微生物驱动的。微生物可以直接或者间接调控砷、锑的赋存形态及价态，进而影响其迁移转化。微生物介导下砷、锑的形态转化机制，是环境地球化学领域的热点问题。砷、锑是自然界普遍存在的环境毒素，微生物为降低其毒性，进化出相关的氧化、还原、甲基化等基因。此外，微生物分泌的胞外聚合物、超氧自由基等也可间接介导砷、锑的形态转化。

# 4.1  酶促还原机制

自然界中砷、锑的还原现象主要是由微生物驱动的。砷还原菌（arsenate-reducing bacteria，AsRB）将 $As^{V}$-O 还原为 $As^{III}$-O，由于 $As^{III}$-O 迁移性较强，AsRB 常被认为是导致砷释放的主要"元凶"之一。同理，锑还原菌（antimonate-reducing bacteria，SbRB）将 $Sb^{V}$-O 还原为 $Sb^{III}$-O，$Sb^{III}$-O 更易被固相吸附或沉淀，因而 SbRB 的存在常促进锑被固定至固相中。经过近二十年的探索，砷的生物还原机制已较为明晰，但锑的还原机制仍需要更多研究。

## 4.1.1  $As^{V}$-O 解毒还原机制

AsRB 通过解毒机制与呼吸还原机制还原 $As^{V}$-O。位于细胞质内的 $As^{V}$-O 还原酶 ArsC 通过解毒机制将 $As^{V}$-O 还原为 $As^{III}$-O，此过程也常称为细胞质还原。迄今为止，已有大量具有 arsC 基因的砷还原菌从世界各地分离出来并被报道和研究，包括假单胞菌（Pseudomonas）、芽孢杆菌属（Bacillus）、微小杆菌属（Exiguobacterium）、气单胞菌属（Aeromonas）、节杆菌属（Arthrobacter）、硫杆菌属（Thiobacillus）、金黄色葡萄球菌（Staphylococcus aureus）、大肠杆菌（Escherichia coli）、枯草芽孢杆菌（Bacillus subtilis）和嗜盐古菌（Halobacterium）等。砷解毒还原的相关基因成簇存在构成了 $As^{V}$-O 还原酶操纵子（ars operon），一般包括共转录的 3 个基因（arsRBC）或 5 个基因（arsRDABC）。arsR 基因编码翻译调控子或者抑制子蛋白，是转录调控因子，与启动子结合的阻遏蛋白用来调控 ars operon；arsC 基因编码细胞质内的 $As^{V}$-O 还原酶；arsA 基因编码一种由 $As^{III}$-O 诱导合成的 ATP 酶；arsB 基因编码膜转运通道蛋白 $As^{III}$-O 排出离子泵，ATP 酶能够与这种通道蛋白形成复合泵 ArsAB 来增强 $As^{III}$-O 的外排能力；arsD 基因的具体功能尚不明确，但它的翻译产物 ArsD 具有双功能，一是作为弱的阻遏蛋白调控 ars operon，二是作为 $As^{III}$-O 伴侣蛋白，将 $As^{III}$-O 传递给 ArsA 并增强它们的亲和力和 ArsA 的催化活性。常见的砷解毒还原过程可概括为 4 个步骤：①通过磷酸转运过程吸收砷酸盐形式的 $As^{V}$-O；②通过水-甘油跨膜通道蛋白吸收亚砷酸盐形式的 $As^{III}$-O；③通过砷还原酶作用

将 $As^V$-O 还原为 $As^{III}$-O；④还原包裹后的 $As^{III}$-O 在离子泵的作用下被排出胞外。

砷解毒还原菌对砷的迁移转化过程起到非常重要的作用，尤其是在好氧环境下。众多柱实验、静态培养实验等探索了砷解毒还原机制在砷的地球化学中的作用。这些研究共性的结论是：与非生物对照相比，砷解毒还原作用使得从固相中释放出来的都是 $As^{III}$-O。但 *arsC* 基因介导的砷还原机制是否会显著促进砷释放的结果不一致，有学者认为该还原作用是好氧砷释放的主要驱动力，有学者却认为其促进释放的能力十分微弱（Tian et al.，2015）。这种差异可能主要还是由固相本身对 $As^{III}$-O 和 $As^V$-O 的吸附能力不同导致的。例如，Macur 等（2001）对含砷矿渣中砷的转化进行了研究，结果发现在未灭菌的含 20%矿渣的沙柱中，滤出液中 $As^{III}$-O 是主要的砷形态；而在灭菌处理的柱子中，$As^V$-O 是主要的砷形态。对未灭菌沙柱中微生物进行了分离鉴定，结果表明分离的单菌株可以快速还原 $As^V$-O 为 $As^{III}$-O。因此该研究表明好氧的砷解毒还原可能是砷移动性增强的主要驱动力。进一步，Macur 等（2004）对不饱和土壤中的砷转化进行了研究，发现好氧的 *Artheobacter* 菌群参与了土壤中砷的转化，将 $As^V$-O 快速还原为 $As^{III}$-O。Corsini 等（2010）对黄铁矿污染土壤中砷的转化进行了研究，发现当 $E_h$>250 mV 时，在装有黄铁矿污染的土柱中添加葡萄糖后，大量 $As^{III}$-O 释放到液相中。对相应微生物菌群进行16S rRNA 及砷还原功能基因（*arsC*、*arsB*）分析发现，严格好氧菌 *Bacillus* 存在，并且具有好氧砷还原功能基因。

砷还原菌对吸附态砷释放的作用大小与其是否能直接还原吸附态砷的价态密切相关，但 *ars* 基因介导的砷解毒机制是否能直接作用于吸附态砷存在一定争议。*Clostridium* sp. CN8 可能具有 *ars* 基因，被发现可以快速还原溶解态的 $As^V$-O，却不能还原吸附在水铁矿上的 $As^V$-O，因此 CN8 对吸附态砷的释放促进作用很小。与之相反，另两株通过 *ars* 基因还原砷的菌株，*Pseudomonas* sp. M17-1 和 *Bacillus* sp. M17-15 却被发现可以使吸附在针铁矿上的 $As^V$-O 被还原为 $As^{III}$-O，该现象说明 *ars* 基因可能介导吸附态砷的还原（Guo et al.，2015）。此外，Ye 等（2017）通过将具有 *ars* 基因的 *Pantoea* sp. IMH 与处理砷废水的零价纳米铁废泥共培养发现，IMH 在前 10 h 的溶解态 $As^V$-O 还原速度较慢，还原速度为 0.45 mg/(L·h)，当其进入对数期时提高到 3.21 mg/(L·h)，进入稳定期时下降到 0.97 mg/(L·h)，最终液相中以 $As^{III}$-O 为主。与之相对，原始废泥中含 15%的 $As^{III}$-O，经过 36 h 共培养后，固相中的 $As^{III}$-O 提高到 19%。升高的 $As^{III}$-O 含量不足以证明直接的固相还原，因为溶解态的 $As^{III}$-O 可能会再次吸附到固相（Wang et al.，2014），固液界面的交换是个动态过程。与溶解态的 $As^V$-O 被完全还原为 $As^{III}$-O 相比，IMH 对固相上的 $As^V$-O 的还原是被抑制的。这一结果表明 IMH 更易还原溶解态砷而非吸附态砷。IMH 选择溶解态砷的本质是因为 IMH 依赖的 ArsC 砷还原酶位于细胞质上，$As^V$-O 需要先穿过细胞膜才可以被 ArsC 还原。

## 4.1.2  $As^V$-O 呼吸还原机制

自二十年前人们发现微生物可以利用 $As^V$-O 作为终端电子受体进行厌氧呼吸获得能量后，越来越多的厌氧砷呼吸还原菌被报道。已报道的呼吸性砷还原菌涉及多个属，包括产金菌属（*Chrysiogenes*）、芽孢杆菌属（*Bacillus*）、希瓦氏菌属（*Shewanella*）、脱硫微菌属（*Desulfomicrobium*）、脱硫肠状菌属（*Desulfotomaculum*）、硫磺单胞菌属（*Sulfurospirillum*），柠檬酸杆菌属（*Citrobacter*）、*Sulfurihydrogenibium*、热棒菌属（*Pyrobaculum*）、栖热菌属（*Thermus*）、铁还原杆菌属（*Deferribacter*）、脱硫螺菌属（*Desulfosporosius*）、梭菌属（*Clostridium*）、沃廉菌属（*Wolinella*）、肠杆菌属（*Enterobacter*）和嗜碱菌属（*Alkaliphilus*）等。

砷呼吸还原机制主要是由 *arrAB* 基因编码的异化砷呼吸还原酶完成的。ArrAB 是由一个大的催化亚基（ArrA）和一个小的催化亚基（ArrB）组成的二聚体，位于细胞周质或细胞膜上。在 *Shewanella* ANA-3 中，ArrAB 是一个约 131 kD 的异形二聚体，由约 87 kD 的大亚基（ArrA）和约 29 kD 的小亚基（ArrB）组成，且这两个亚基必须同时表达才能呼吸还原砷。ArrAB 的蛋白结构已被 X 射线晶体衍射谱解析得到，其与底物 As$^V$-O、产物 As$^{III}$-O 的连接键长为 1.8 Å。此外，ArrAB 具有非凡的砷还原速率（米氏常数 $K_m$=$(44.6\pm1.6)\times10^{-6}c(As)$，催化常数 $k_{cat}$=9 810 s$^{-1}$±220 s$^{-1}$），由此推测限制 As$^V$-O 还原速率的并非酶促反应，而是 As$^V$-O 的脱附速率（Glasser et al.，2018）。

Malasarn 等（2004）研究发现在 13 种不同的呼吸性砷还原菌中，12 种含有 *arrA* 基因，因此推论 *arrA* 基因可以作为呼吸性砷还原菌的标志基因。目前对厌氧砷还原菌的研究主要集中在单菌株的分离及其在环境介质中的丰度分析。在一些厌氧砷还原菌中，其基因组序列中除含有 *arrA*、*arrB* 外，还含有上述在好氧还原菌中常见的 *ars* operon。如在 *Shewanella* sp. ANA-3 中，*arr* operon 的上游就含有 *ars* operon（DABC）。但该 *ars* operon 的解毒系统可以增强菌株的 As$^{III}$-O 抗性，但并不是 As$^V$-O 呼吸还原所必需的。一方面，*arsB* 与 *arsC* 失活的 ANA-3 突变菌株是不能呼吸还原 As$^V$-O 的。另一方面，ANA-3 菌株敲除基因 *arrA* 或者 *arrB* 的突变体不能在含砷培养基上生长，也不能厌氧还原 As$^V$-O。总之，相对于好氧砷还原菌，目前发现的呼吸性 As$^V$-O 还原菌要少得多，有限的菌种资源及其厌氧的生长特性在很大程度上限制了以基因水平为基础的机理研究。

相比于砷解毒还原菌，更多的学者研究了厌氧条件下砷呼吸还原菌参与的砷的迁移转化，发现砷异化还原作用可以促进砷的释放。Jiang 等（2013）报道，未发生砷还原的处理中砷释放量较少（约 $1\times10^{-4}c(As)$），而在发生砷还原的处理中砷释放量较多（约 $1.5\times10^{-4}c(As)$）。另外，由于厌氧砷还原菌所含有的 Arr 还原酶一般位于细胞膜上或周质空间，有学者认为厌氧砷还原菌可以直接原位还原吸附态的砷。例如，Ohtsuka 等（2013）研究认为厌氧砷还原菌 *Geobacter* sp. OR-1 可以原位还原吸附在土壤中的砷，但并未排除砷先发生脱附还原再被吸附的过程。追溯吸附态砷原位还原的概念来源，大多学者都引用 Zobrist 等（2000）关于砷还原菌参与下吸附态砷的转化的报道。但是 Zobrist 得出的主要结论是吸附在氧化铝这种比较稳定不会发生还原溶解的矿物上的吸附态砷，在砷还原菌作用下，20%的砷发生还原并释放到液相中。报道并未得出吸附态砷发生了原位还原，因为有可能是砷还原菌与吸附态砷发生了竞争吸附，使少部分吸附态砷脱附到液相中并被还原。

Tian 等（2015）比较了砷解毒还原机制与砷呼吸还原机制对吸附态砷的迁移转化作用。结果发现含 *arrA* 和 *arsC* 基因的砷还原菌均可在 20 h 内将溶解态 As$^V$-O 还原为 As$^{III}$-O，且 As$^V$-O 的还原与细胞数的增加基本同步进行。当细菌生长到对数期时，As$^V$-O 的还原也达 100%。通过计算培养期内 As(V)的还原率可以发现，在实验条件下含 *arsC* 基因的砷还原菌的 As$^{V}$-O 还原率（0.11 mg/(g·h)）要高于含 *arrA* 基因的砷还原菌（0.03 mg/(g·h)），这可能归结于在好氧情况下砷解毒还原菌生长比较迅速，细胞量及代谢物包括的砷还原酶较多。因而含 *arsC* 基因菌株似乎具有更高的金属抗性及更快的 As$^{V}$-O 还原率。此外，Arr 呼吸还原体系蛋白位于细胞质外膜上，对溶解态砷的亲和力（$K_m$=44.6×10$^{-6}$ $c$(As)，$k_{cat}/K_m$=2.2×10$^8$/($c$(As)·s)）比 Ars 体系（$K_m$=68×10$^{-6}$ $c$(As)，$k_{cat}/K_m$=5.2×10$^4$/($c$(As)·s)）更强（Glasser et al.，2018），这意味着相较于 Ars 体系，Arr 体系可以感应更低浓度的砷并将其还原。

## 4.1.3 Sb$^{V}$-O 呼吸还原机制

与砷相比，锑的还原机制研究相对滞后。Kulp 等（2014）发现微生物锑还原是一个异化呼吸过程，因为 Sb$^{V}$-O 的还原伴随着乳酸或乙酸这种电子供体的消耗。同年，两株锑还原单菌，*Bacillales*. MLFW-2 和 *Sinorhizobium*. JUK-1 被分离得到（Abin et al.，2014）。如表 4.1 所示，目前只有三株纯菌株和若干个锑酸盐还原菌群被报道，纯菌株资源的稀缺使其分子还原机制的研究的难度大大增加。近期，Abin 等（2019）通过转录组学的手段，以 *Desulfuribacillus stibiiarsenatis* MLFW-2$^T$ 为研究对象，发现 MLFW-2$^T$ 在以 Sb$^{V}$-O 为底物生长时，BHU72_07145 基因的转录量显著上升，并将其编码的蛋白定义为锑的呼吸还原酶 anrA，属于二甲基亚砜（dimethyl sulfoxide，DMSO）家族。总体而言，关于锑的还原机制，需要更多直接的分子生物学证据。虽然还原的 Sb$^{III}$-O 毒性比 Sb$^{V}$-O 更大，但是 Sb$^{III}$-O 溶解度较小或可与 HS$^-$ 生成硫化锑沉淀（Besold et al.，2019），因此锑还原过程会造成锑的固定（Ren et al.，2019）。

表 4.1　已报道的锑酸盐还原菌

| 菌株 | Sb$^{III}$ 形态 | 机制 | 参考文献 |
|---|---|---|---|
| Firmicutes MLFW-2 | Sb$_2$O$_3$↓ | 呼吸还原 | Abin 等（2014） |
| *Sinorhizobium* JUK-1 | Sb(OH)$_3$↓ | 呼吸还原 | Van Khanh 等（2014） |
| *Shewanella* sp. CNZ-1 | Sb$_2$S$_3$、Sb$_2$O$_3$↓ | — | Zhang 等（2019） |
| 微生物群落 | Sb$_2$S$_3$↓ | 呼吸还原 | Kulp 等（2014） |
| 微生物群落 | Sb$_2$O$_3$↓ | — | Lai 等（2016） |
| 锑还原菌 | Sb$_2$O$_3$↓ | — | Nguyen 等（2019） |
| 生物膜 | Sb$_2$O$_3$↓ | — | Lai 等（2018） |
| 锑还原菌群 | Sb(III)-O (aq) | 呼吸还原 | Wang 等（2018） |
| 锑抗性菌群 | Sb$_2$O$_3$、Sb$_2$S$_3$↓ | 呼吸还原 | Zhu 等（2018） |
| SRB | Sb$_2$S$_3$↓ | 硫化物还原 | Wang 等（2013） |

随后，Wang 等（2018）在锑矿区富集得到锑还原菌群，可在 72 h 内将 240 mg/L Sb$^{V}$-O 完全还原为 Sb$^{III}$-O（图 4.1），揭示了锑还原菌群的分布广泛性。此外，Wang 等（2018）和 Kulp 等（2014）报道了 SbRB 兼有硫酸盐还原功能，如添加硫酸盐，Sb$^{III}$-O 与 HS$^-$ 会生成 Sb$_2^{III}$S$_3$ 沉淀。

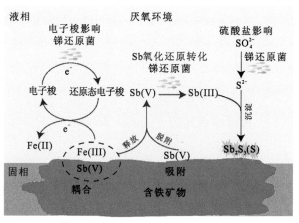

图 4.1 锑还原菌群介导下锑的形态转化与释放机制

直至近几年，研究人员才在 $Sb^V\text{-}O$ 的还原机制上取得一定突破。2019 年，学者利用基因组学和转录组学发现二甲基亚砜还原酶家族中的 *sbrA*（Shi et al.，2019）和 *anrA* 基因（Abin et al.，2019）在 $Sb^V\text{-}O$ 作为电子受体时，表达量显著增加，推测其可能参与 $Sb^V\text{-}O$ 的呼吸还原过程。Wang 等（2020b）首次确认了砷呼吸还原酶 ArrAB 同时为 $Sb^V\text{-}O$ 还原酶。如图 4.2 所示，将 *arrA* 和 *arrB* 分别敲除后，ANA-3 几乎失去 $Sb^V\text{-}O$ 还原能力，

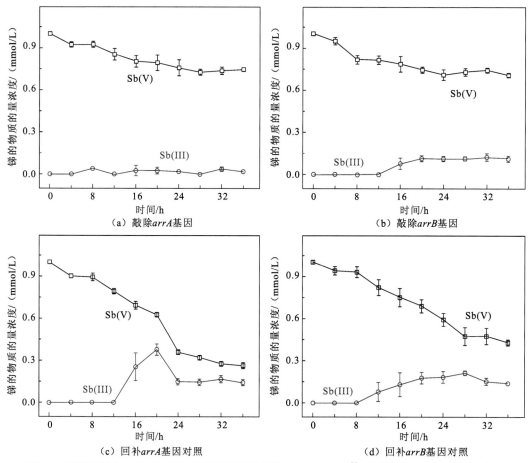

（a）敲除*arrA*基因

（b）敲除*arrB*基因

（c）回补*arrA*基因对照

（d）回补*arrB*基因对照

图 4.2 敲除或回补 *arrA* 和 *arrB* 基因的希瓦式菌 ANA-3 与 $Sb^V\text{-}O$ 共培过程中锑的形态变化

而当回补敲除的基因后，ANA-3 恢复 $Sb^V$-O 还原能力，结果证明 ArrAB 介导了锑呼吸还原过程。

　　有趣的是，ArrAB 还原锑的过程是依赖细菌浓度的。如图 4.3 所示，$OD_{600}$ 为 0.2 时，几乎没有 $Sb^{III}$-O 的生成，随着 $OD_{600}$ 升至 1.0，超过 90% 的 $Sb^V$-O 被还原。这个现象意味着 ANA-3 可能是通过群体感应机制调控锑还原过程。

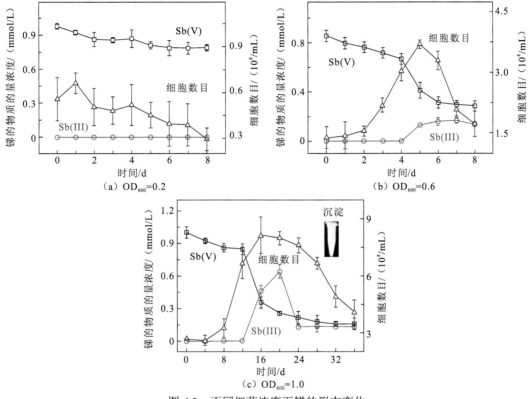

图 4.3　不同细菌浓度下锑的形态变化

$OD_{600}$ 表示 600 nm 处的吸光值

　　进一步，分子生物学实验证明群体感应机制由 *luxS* 基因调控。如图 4.4 所示，敲除了 *luxS* 基因的 ANA-3 在 20 h 后才检测到 $Sb^{III}$-O，而回补 *luxS* 基因后，8 h 后即检测到 $Sb^{III}$-O，并发现 $Sb^V$-O 浓度的迅速降低。

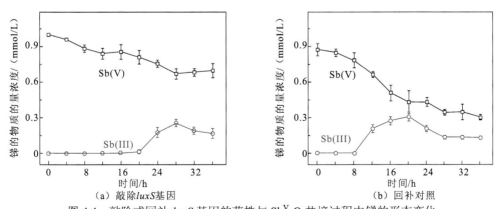

图 4.4　敲除或回补 *luxS* 基因的菌株与 $Sb^V$-O 共培过程中锑的形态变化

# 4.2 酶促氧化机制

砷与锑属同族元素，它们的化学性质类似，因此氧化还原机制有相似之处。由于 $As^{III}/Sb^{III}$-O 的毒性强于 $As^V/Sb^V$-O，普遍认为微生物主导的砷、锑氧化过程是一种生物解毒过程。

## 4.2.1 $As^{III}$-O 氧化机制

$As^{III}$-O 氧化菌（arsenite-oxidizing bacteria，AsOB）于 1918 年首次由 Green 发现，随着研究的不断深入，更多的 AsOB 从土壤、金矿、煤矿、热泉等环境中分离出来。根据营养类型，AsOB 可以分为两大类：化能无机自养型（chemolithoautotroph）和化能有机异养型（chemoorganoheterotrophic）。化能无机自养型是以 $As^{III}$-O 及 $O_2$ 或 $NO_3^-$ 分别作为电子供体和电子受体，利用 $CO_2$ 作为碳源利用提供能量进行生长。化能有机异养型是将进入体内的 $As^{III}$-O 氧化成毒性较低的 $As^V$-O，从而提高其对砷的耐受能力。由于 $As^V$-O 更易被吸附，AsOB 的砷氧化功能常被用于砷的生物修复。

AsOB 的氧化活性是由 As 氧化酶 AioAB 诱导产生的，该酶属于二甲基亚砜(DMSO)还原酶家族。AioAB 由两个大小不同的亚基组成：一个是以[3Fe-4S]和钼蝶呤为核心的钼蛋白 α 亚基（由 aioA 编码）；另一个由[2Fe-2S]为中心的铁硫蛋白 β 亚基（由 aioB 编码）。成熟的氧化酶是由两个亚基组成的异形二聚体（α1β1）、异形四聚体（α2β2）和异形六聚体（α3β3）。经细胞膜上的甘油-水通道，$As^{III}$-O 进入菌体的周质空间，随即在细胞周质被氧化为 $As^V$-O，释放出电子。$As^{III}$-O 释放的两个电子首先传给 AioA 的钼蝶呤辅因子，接着经分子键传递给[3Fe-4S]，再到 AioB 的[2Fe-2S]，后经细胞色素 C 蛋白 AioC，最后到呼吸链的 $O_2$。

除了亚砷酸盐氧化酶 AioAB，微生物参与的 $As^{III}$-O 氧化还可以由与其亲缘关系较远的 ARX 蛋白催化进行。由 arxAB 基因编码的 ARX 最初是在一个碱性盐底分离的菌株 Alkalilimnicolaehrlichii MLHE-1 中定义的。随后在从盐碱环境中分离的光合细菌的基因组中也发现了 arx 基因，包括 Ectothiorhodospira sp. PHS-1 和 Ectothiorhodospira sp. BSL-9（Hoeft McCann et al.，2017）。有意思的是，这项研究发现这些菌株能够将亚砷酸盐氧化与厌氧光合作用耦合起来，而在反应过程中起关键作用的就是 arxA 基因。然而迄今为止，仅发现少数亚砷酸盐氧化菌具有 arx 基因，并且主要集中在从高盐度、高 pH 的湖泊中分离的 γ-变形菌。Ospino 等（2019）在温泉微生物席中分离到一株新型亚砷酸盐氧化菌株 Betaproteobacterium M52。基因组分析及比对结果显示，菌株 M52 是分离出的第一个具有 arx 基因的 β-变形杆菌，也是第一个低盐环境下拥有长插入 arxA 基因的微生物。

砷氧化菌常与砷还原菌共存于砷污染土壤和水体（Wang et al.，2012）中，甚至是低砷污染的环境（Xiao et al.，2016）。然而，砷氧化菌和砷还原菌共存会如何介导砷的迁移转化过程还不太清楚。因为 As(III)比 As(V)的迁移性更强，砷还原菌会促进 As 从固相释放到水体，而砷氧化菌会抑制 As 的释放（Huang，2014）。很多研究聚焦于单独的 *ars* 基因介导的砷还原菌或 *aio* 基因介导的砷氧化菌对砷的迁移转化的影响（Ye et al.，2017；Zhang et al.，2016；Tian et al.，2015）。但是，当两者共存时，主导砷的形态是砷还原菌还是砷氧化菌还有待研究。Ye 等（2022）研究发现 *aio* 基因的砷氧化菌主导着溶解态砷的形态，而固相砷的形态由 *ars* 基因介导的砷还原菌主导。砷氧化菌会促进砷还原菌在固相表面生长，从而使砷还原菌还原吸附态的 $As^{V}$-O 至 $As^{III}$-O。这个结论与之前认为的 *ars* 基因介导的砷还原菌对固相砷形态影响较小不太一致（Ye et al.，2017；Tian et al.，2015），差异的原因是之前的研究集中于单独的砷氧化菌或砷还原菌，没有考虑两者共存时的相互作用。这项工作表明微生物间的相互作用会对砷的形态及固液界面的分配起到重要作用。

## 4.2.2 $Sb^{III}$-O 氧化机制

同理，将 $Sb^{III}$-O 氧化为 $Sb^{V}$-O 的微生物被称为锑氧化菌（antimonite oxidizing bacteria，SbOB）。SbOB 在环境中广泛存在，迄今已在多个属水平筛选到锑氧化菌，包括农杆菌属（*Agrobacterium*）、固氮弧菌属（*Azoarcus*）、固氮螺菌属（*Azospira*）、短波单胞菌属（*Brevundimonas*）、丛毛单胞菌属（*Comamonas*）、剑菌属（*Ensifer*）、假单胞菌属（*Pseudomonas*）、寡养单胞菌属（*Stenotrophomonas*）和贪噬菌属（*Variovorax*）等。最近已知的锑氧化蛋白有两种：AioAB 和 AnoA，两者均可在体内或体外氧化 $Sb^{III}$-O 至 $Sb^{V}$-O，但只有 *anoA* 基因可被 $Sb^{III}$-O 诱导表达，*aioAB* 基因只能被 $As^{III}$-O 诱导表达（Li et al.，2016；Wang et al.，2015）。此外，AioAB 介导的 $Sb^{III}$-O 氧化过程常与硝酸盐（$NO_3^-$）还原耦合进行，产生的能量将无机碳还原为有机碳，实现化能自养（Terry et al.，2015）。近期，Zhang 等（2021c）运用稳定同位素核酸探针（DNA stable isotope probing，DNA-SIP）技术发现稻田土中存在丰度较高的 $NO_3^-$ 还原依赖的化能自养型 SbOB，揭示了此类菌群在生物固碳中的重要贡献。

# 4.3 非酶促氧化还原机制

## 4.3.1 胞外聚合物

除了直接的酶促反应，微生物还可通过间接的代谢产物，如胞外聚合物（extracellular polymeric substance，EPS）、活性氧物种（reactive oxygen species，ROS）等。例如，Chrysostomou 等（2015）在缺乏 *arsC* 的大肠杆菌突变细胞中发现，谷胱甘肽 *S*-转移酶 B（GstB）直接将 $As^{V}$-O 还原为 $As^{III}$-O，这些酶都使用小分子蛋白，如谷氧还蛋白（Grx）、还原型谷胱甘肽（glutathione，GSH）或硫氧还蛋白（Trx）偶联作为电子供体。Zhou 等（2020）发现 *E. coli* 或 *B. subtilis* 等常见菌的胞外聚合物在 7 h 内即可还原 32.7% $As^{V}$-O 为 $As^{III}$-O。红外光谱等分析手段进一步确定了胞外聚合物中的小分子物质（<3 kDa），如还原性糖类，可能是导致 $As^{V}$-O 还原的主要物质。无独有偶，Zhang 等（2021b）也发

现胞外聚合物具有还原 $Sb^V$-O 为 $Sb^{III}$-O 的能力,三维荧光光谱结果发现胞外聚合物中的色氨酸类物质可能结合 $Sb^V$-O,红外光谱分析发现半缩醛和胺基基团可能参与了 $Sb^V$-O 的还原。微生物在没有已知 $Sb^V$-O 还原基因的情况下,能够通过胞外聚合物将 $Sb^V$-O 还原为 $Sb^{III}$-O。微生物利用胞外聚合物对 Sb 的络合和还原形成了一道天然的毒素防御屏障。由于胞外聚合物具有一定的丰度、流动性且无处不在,其在自然环境中对 $Sb^V$-O 形态转化的意义不容忽视。

## 4.3.2 胞内/外活性氧

将 SbOB 中的 *aioA* 基因敲除后,$Sb^{III}$-O 的氧化程度并未大幅度降低,由此意识到还存在另外的锑氧化途径,后来发现微生物胞内产生的活性氧物种类物质参与了 $Sb^{III}$-O 的氧化过程。*katA* 基因编码的蛋白 KatA 可清除胞内活性氧;后续研究发现敲除了 *katA* 基因的 SbOB 获得更快的 $Sb^{III}$-O 氧化能力,证明了胞内活性氧物种参与 $Sb^{III}$-O 的氧化过程(Li et al.,2016)。

Wang 等(2022)发现了胞外超氧自由基氧化 $Sb^{III}$-O 的新机制。如图 4.5 所示,菌株 *Pseudomonas* sp. SbB1 与 $10^{-5}$ $c(Sb^{III}$-O)共培的 $OD_{600}$ 与对照组($0$ $c(Sb^{III}$-O)共培时)并无差别,证明 SbB1 具有一定的 $Sb^{III}$-O 抗性($10^{-5}$ $c(Sb^{III}$-O))。此外,$10^{-5}$ $c(Sb^{III}$-O)浓度在 120 h 后降低至 $2.5×10^{-6}$ $c(Sb^{III}$-O),$Sb^V$-O 浓度升至 $6×10^{-6}$ $c(Sb^{III}$-O)。SbB1 的氧

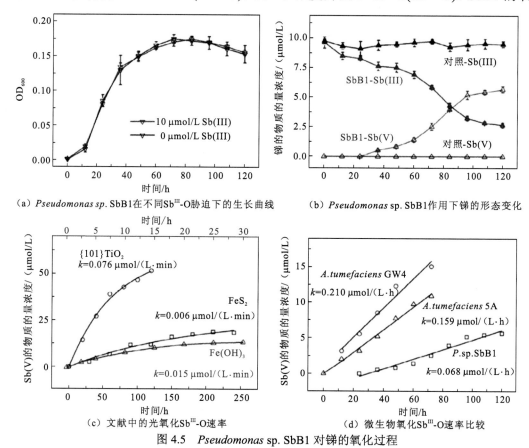

(a)*Pseudomonas* sp. SbB1在不同$Sb^{III}$-O胁迫下的生长曲线

(b)*Pseudomonas* sp. SbB1作用下锑的形态变化

(c)文献中的光氧化$Sb^{III}$-O速率

(d)微生物氧化$Sb^{III}$-O速率比较

图 4.5 *Pseudomonas* sp. SbB1 对锑的氧化过程

化速率 $k$ 为 $0.068×10^{-6}$ $c(Sb^{III}\text{-}O)/h$，低于已报道的 *Agrobacterium tumefaciens* GW4（$k=0.210×10^{-6}$ $c(Sb^{III}\text{-}O)/h$）和 *Agrobacterium tumefaciens* 5A（$k=0.159×10^{-6}$ $c(Sb^{III}\text{-}O)/h$），高于普通铁矿物的光氧化过程。

由于 SbB1 不具有已知的 $Sb^{III}\text{-}O$ 氧化相关基因，推测自由基可能介导了 $Sb^{III}\text{-}O$ 的氧化。如图 4.6 所示，当加入超氧自由基捕获剂（超氧化物歧化酶，superoxide dismutase，SOD）到培养体系中，发现 $Sb^{V}\text{-}O$ 的质量分数由 56%降低至 2.8%，而加入羟基自由基捕获剂 DMSO 后，$Sb^{V}\text{-}O$ 的百分比并无显著降低，说明超氧自由基可能是导致 $Sb^{III}\text{-}O$ 氧化的主要物质。有趣的是，当把细胞过滤之后，滤液仍具有较高的 $Sb^{III}\text{-}O$ 氧化能力，且仍是由超氧自由基导致的。由此可见，SbB1 产生的是胞外超氧自由基，继而氧化了 $Sb^{III}\text{-}O$。后续的化学发光法与电子自旋共振（electron spin resonance，ESR）分析结果再次确认了胞外超氧自由基的存在。

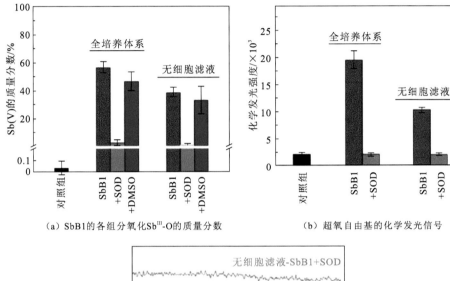

（a）SbB1的各组分氧化Sb$^{III}$-O的质量分数

（b）超氧自由基的化学发光信号

（c）DMPO捕获后的ESR信号

图 4.6　SbB1 产生的胞外超氧自由基介导的 $Sb^{III}\text{-}O$ 的氧化

SbB1 的胞外自由基是由 *dldH* 基因介导的。如图 4.7 所示，敲掉 *dldH* 基因的 SbB1 氧化 $Sb^{III}\text{-}O$ 的能力从 56.6%降低为 2.2%，而回补 *dldH* 基因后，SbB1 恢复了 $Sb^{III}\text{-}O$ 的氧化能力至 48.9%。

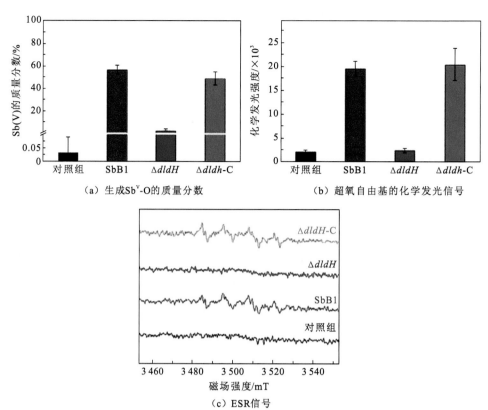

（a）生成Sb$^V$-O的质量分数

（b）超氧自由基的化学发光信号

（c）ESR信号

图 4.7　*dldH* 基因介导胞外超氧自由基的产生

# 4.4　甲基化机制

## 4.4.1　砷甲基化机制

由于甲基砷/锑的毒性弱于无机砷/锑，砷/锑的甲基化过程被认为是微生物的解毒机制。无机砷向有机砷的转化是通过 S-腺苷甲硫氨酸甲基转移酶（ArsM）实现的，它能够将 As$^{III}$-O 甲基化为单甲基亚砷酸盐（MAs(III)）、二甲基亚砷酸盐（DMAs(III)）或气态的三甲基亚砷酸盐（TMAs(III)）。在有氧条件下，三价甲基砷化合物继而被氧化为五价甲基砷。Chen 等（2020）研究发现 *arsM* 基因在地球大氧化事件之前就已广泛存在，在氧气缺乏的情况下，微生物甲基砷作用的产物主要是三价甲基砷。事实上，三价甲基砷化合物比相应的五价甲基砷甚至无机 As(III)毒性更大，因而微生物天然代谢产生的高毒性的三价甲基砷酸盐被认为是一种原始抗生素（Chen et al.，2019）。

为了抵抗三价甲基砷的毒性，微生物可将其氧化为毒性较低的五价甲基砷。Chen 等（2019）研究发现，在 MAs(III)氧化酶 ArsH 的催化下，MAs(III)可被氧化成低毒性的 MAs(V)。近期更多不同类型的 MAs(III)氧化酶被鉴定报道。Zhang 等（2021a）从砷污染土壤中分离得到一株具有 MAs(III)抗性的细菌 *Ensifer adhaerens* ST2。经过全基因组分析及分子生物学手段验证发现，*arsV* 基因编码了一种全新的 MAs(III)氧化酶，且 *arsV* 类似基因在细菌门分类水平上广泛分布。此外，从活性污泥中分离得到的 *Sphingobacterium wenxiniae* LQY-18[T] 能够代谢产生一种全新的 MAs(III)氧化酶 ArsU。Chen 等（2021）研究发现，ArsU 功能的发挥依赖于其两个保守半胱氨酸之间形成的二硫键与硫氧还蛋白（TrxA）和硫氧还蛋白还原酶（TrxB）偶联形成的催化循环反应。

同时，微生物进化出甲基砷外排途径。Chen 等（2015）在 *Campylobacter jejuni* 中发现了第一个将三价有机砷特异性外排的 ArsP 渗透酶，它能够依赖还原型烟酰胺腺嘌呤二核苷酸（NADH）的氧化功能，特异性外排 MAs(III)和 Rox(III)。随后，Shi 等（2018）在 *Agrobacterium tumefaciens* GW4 中鉴定得到一种不同的砷外排蛋白 ArsK，除了对 Rox(III)和 MAs(III)有排出效果，还可作用于 As$^{III}$-O 和 Sb$^{III}$-O，但是 ArsK 的表达对 As$^V$-O 和 DMAs(III)的抗性是非必需的。最近，一种新的砷的外排蛋白 ArsG 在细菌 *Shewanella putrefaciens* 200 中被发现，研究显示 ArsG 能够外排 HAPA(III)和 *p*AsA(III)等含砷有机化合物（Chen et al.，2019），在洛克沙胂和硝基苯砷的抗性机制中发挥作用。

## 4.4.2 甲基砷的去甲基机制

近期，研究人员开始关注微生物去甲基化作用，即高毒性的三价有机砷转化为低毒性的无机砷。例如，ArsI 是一种非血红素铁依赖的双加氧酶，由它编码的去甲基系统通过断裂 C—As 键将甲基化 MAs(III)转化为 As(III)（Yoshinaga et al.，2014），或者通过 ArsM 编码的砷甲基化系统，将 MAs(III) 转化为挥发性的终产物 TMAs(III)，进而排出体外（Ajees et al.，2015）。Chen 等（2016）发现 *Shewanella putrefaciens* 200 能够将 Rox(III)和 Nit(III)逐步转化为 HAPA(III)和 *p*AsA(III)，最终通过断裂 C—As 键，转化为无机砷。Chen 等（2019）通过对菌株 *S. putrefaciens* 200 基因组分析，发现了一个新的与砷相关的操纵子 *arsREFG*。其中，ArsE 和 ArsF 协同将 Rox(III)和 Nit(III)还原为 HAPA(III)和 *p*AsA(III)，随后经外排渗透酶 ArsG 作用排出体外。Huang 等（2019）在 *Enterobacter* strain CZ-1 代谢 Rox(III)过程中发现了一种新的 Rox(III)降解机制。在好氧条件下，菌株 CZ-1 能够将 Rox(III)降解转化为以 N-乙酰基-4-羟基-m-胂酸（N-AHPAA）和 3-氨基-4-羟基苯基胂酸（3-AHPAA）为主的稳定型含砷化合物和新型含硫砷物种（AsC$_9$H$_{13}$N$_2$O$_6$S）。

## 4.4.3 锑甲基化机制

与砷相比，人们对锑的甲基化过程与机制还知之甚少。迄今为止，已在丝状真菌 *S. brevicaulis*、产甲烷古菌和原核细菌中发现多种甲基锑物种，包括一甲基锑（MMSb）、二甲基锑（DMSb）和三甲基锑（TMSb），但锑的生物甲基化机制仍不明确。有学者发现在砷存在的情况下，锑的生物甲基化作用被大大增强。例如，短链球菌、黄杆菌属和腐殖质隐球菌在砷存在下对锑的生物甲基化作用增强。科研人员猜测锑的生物甲基化可能与砷的甲基化过程机制类似，但此推论还需更多的实验证据。

# 4.5 硫代砷/锑酸盐的生成

## 4.5.1 硫代砷酸盐的生成

砷、锑均为亲硫元素，微生物的硫代谢过程对砷、锑的形态影响巨大。厌氧条件下，硫酸盐还原菌（SRB）将硫酸盐作为电子受体，将其还原为负二价硫（$HS^-$）。$HS^-$可与$As^{III}$-O反应生成硫化砷（雌黄$As_2S_3$或雄黄$AsS$）沉淀，因而SRB一直被认为会抑制砷的释放，并被用于净化含砷废水。此外，SRB分泌的胞外聚合物具有螯合与包藏金属阳离子的生物絮凝作用，部分金属离子还能穿过细胞壁在胞内蓄积而被沉积去除。在对废水中砷的去除过程中，SRB将废水中的$As^V$-O转化为$As^{III}$-O。它代谢产生的$H_2S$与废水中的砷作用，在弱酸性、中性和碱性条件下，使砷生成硫化砷沉淀而从废水中去除。由于其细胞壁的多糖层能吸附砷沉淀物，细胞壁的多种基团如□OH、—COOH、□$NH_2$、□SH、$PO_4^{3-}$等能与砷螯合，螯合物可被SRB胶团絮凝沉淀，砷被去除。

与该认知矛盾的是，学者在高砷地下水中发现硫酸盐还原菌的丰度与溶解态砷浓度成正相关（Li et al.，2014）；与非生物组相比，硫酸盐还原菌会极大地促进含砷铁矿中砷的溶出。SRB促进砷释放主要通过三个途径。一是硫酸盐还原菌通过酶促或$HS^-$介导将$As^V$-O还原为迁移性更强的$As^{III}$-O。由于$HS^-$只有在pH<4的条件下才会展现较强的还原$As^V$-O的能力（$k=3.2\times10^2/(c(As^V$-O$)\cdot h)$），自然水体中$HS^-$还原$As^V$-O的贡献较小。二是硫酸盐还原菌会诱导针铁矿或水铁矿转变为FeS或$FeS_2$等矿物，导致其吸附砷能力降低，从而造成砷的释放。三是硫酸盐还原菌介导溶解态硫代砷酸盐（As-S）的生成，促进砷的释放。近年来，学者发现As-S的生成可能是硫酸盐还原菌促进砷释放的主要原因，包括引起吸附态砷释放、含砷矿物砷溶出、地下水砷浓度升高等。

As-S包括$As^{III}$-S和$As^V$-S两种价态，不同As-S形态见表4.2。硫酸盐还原菌产生的$HS^-$可取代$As^{III}$-O上的—OH，从而生成一硫代、二硫代或三硫代的$As^{III}$-S，巯基的取代个数受砷、硫含量、pH和溶解的铁浓度等因素影响。$As^{III}$-S很不稳定，极易进一步氧化为$As^V$-S。根据其p$K_a$，无论是$As^{III}$-S还是$As^V$-S，在大多数自然水体（pH>4）中都是以离子形式存在。除了三硫代砷酸盐（trithioarsenate）和四硫代砷酸盐（tetrathioarsenic）的p$K_{a2}$=1.5，其余的硫代砷酸盐的p$K_{a2}$为6.5~7.2，与$As^V$-O（p$K_{a2}$=6.99）相近，说明不同砷形态所带的电荷数对其吸附能力影响可能较小。而体积较大的—SH将—OH取代，可能会阻碍表面络合结构的形成，从而降低As-S在铁矿物表面吸附量（Couture et al.，2013），这也是生成As-S会极大促进砷释放的原因。$As^{III}$-S极不稳定，目前环境中测到的As-S以$As^V$-S为主。自Planer-Friedrich等（2007）在热泉水体中发现高达550 μg/L的$As^V$-S后，相继在垃圾渗滤液（Zhang et al.，2014）、地下水（Planer-Friedrich et al.，2018）和水稻田（Wang et al.，2020a）中均发现$As^V$-S的存在。

表 4.2　硫代砷酸盐的不同形态和其酸度系数 p$K_a$

| 硫代砷酸盐 | As$^{III}$-S | | As$^{V}$-S | |
|---|---|---|---|---|
| | 分子式 | p$K_a$ | 分子式 | p$K_a$ |
| 一硫代砷酸盐 | H$_3$As$^{III}$SO$_2$ | 3.8 | H$_3$As$^{V}$SO$_3$ | 3.3 |
| | H$_2$As$^{III}$SO$_2^-$ | ≥13.5 | H$_2$As$^{V}$SO$_3^-$ | 7.2 |
| | HAs$^{III}$SO$^{2-}$ | ≥14 | HAs$^{V}$SO$_3^{2-}$ | 11.0 |
| 二硫代砷酸盐 | H$_3$As$^{III}$S$_2$O | 3.8 | H$_3$As$^{V}$S$_2$O$_2$ | −2.4 |
| | H$_2$As$^{III}$S$_2$O$^-$ | 6.5 | H$_2$As$^{V}$S$_2$O$_2^-$ | 7.1 |
| | HAs$^{III}$S$_2$O$^{2-}$ | ≥14 | HAs$^{V}$S$_2$O$_2^{2-}$ | 10.8 |
| 三硫代砷酸盐 | H$_3$As$^{III}$S$_3$ | 3.77 | H$_3$As$^{V}$S$_3$O | −1.7 |
| | H$_2$As$^{III}$S$_3^-$ | 6.53 | H$_2$As$^{V}$S$_3$O$^-$ | 1.5 |
| | HAs$^{III}$S$_3^{2-}$ | 9.29 | HAs$^{V}$S$_3$O$^{2-}$ | 10.8 |
| 四硫代砷酸盐 | — | — | H$_3$As$^{V}$S$_4$ | −2.3 |
| | — | — | H$_2$As$^{V}$S$_4^-$ | 1.5 |
| | — | — | HAs$^{V}$S$_4^{2-}$ | 5.2 |

## 4.5.2　硫代锑酸盐的生成

与硫代砷酸盐相比,关于硫代锑酸盐的研究还较少。虽然 Sb-S 于 2011 年在热泉水体中被检测到,但直至最近,Ye 等(2019)才发现 SRB 可以通过介导硫代锑酸盐的生成从而促进锑的释放。如图 4.8 所示,*Desulfovibrio vulgaris* DP4 是一株典型的硫酸盐还原菌,将其与吸附了 Sb$^{V}$-O 的针铁矿共培养(DP4+Goe-Sb)时,释放的 Sb 物质的量浓度达到 $11.6 \times 10^{-6}$ $c$(Sb),而非生物对照组(Goe-Sb)中锑的释放量为 $3.8 \times 10^{-6}$ $c$(Sb)。DP4+Goe-Sb 中释放出的锑主要以 Sb-S 的形式存在。在灭活的 DP4 体系(inactivated DP4+Goe-Sb)中,锑的释放量与 Goe-Sb 体系接近,为 $3.9 \times 10^{-6}$ $c$(Sb)左右。这些结果证明 DP4 通过将释放出的 Sb$^{V}$(OH)$_6^-$ 转化为 Sb-S 来促进锑的释放,且 Sb-S 由生物产生的

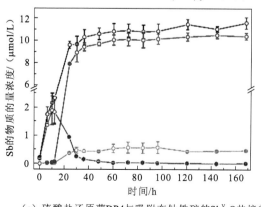

(a)硫酸盐还原菌DP4与吸附在针铁矿的Sb$^{V}$-O共培养

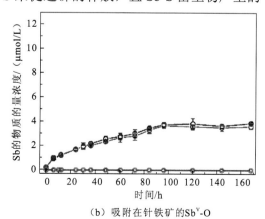

(b)吸附在针铁矿的Sb$^{V}$-O

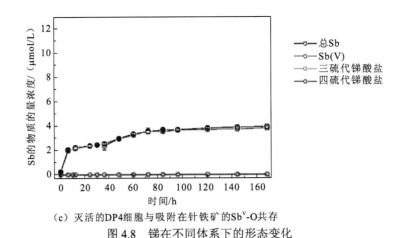

（c）灭活的DP4细胞与吸附在针铁矿的$Sb^V$-O共存

图 4.8 锑在不同体系下的形态变化

$HS^-$ 与 $Sb^V$-O 反应所得，而非细胞本身物质所致。

在 DP4 作用下，溶解态锑主要以 $H_{3-x}Sb^VS_4^{x-}$ 为主，其次是 $H_{3-x}Sb^VOS_3^{x-}$（图 4.8），Sb-S 的生成促进了 $Sb^V(OH)_6^-$ 从针铁矿表面释放。释放出的 Sb-S 几乎不再吸附到针铁矿表面，在铁相沉淀阶段锑的浓度比较恒定（图 4.8）。$Sb^V$-S 在铁矿上吸附能力不强的原因与其配位结构有关。初始的 $Sb^V(OH)_6^-$ 的 Sb 原子由 6 个羟基配位，而形成的 $H_{3-x}Sb^VS_4^{x-}$ 的 Sb 原子由 4 个巯基配位，$H_{3-x}Sb^VOS_3^{x-}$ 中的 Sb 原子由 3 个巯基和 1 个羟基配位。这种八面体向四面体的结构转化，四面体的锑与针铁矿的八面体结构不符，因此其不能像 $Sb^V(OH)_6^-$ 一样并入针铁矿的结构中。此外，四硫代锑酸盐可能是三价阴离子（$Sb^VS_4^{3-}$），如果四硫代砷酸盐的 $pK_{a3}$ 为 5.2，而 $Sb^V(OH)_6^-$ 为一价阴离子，那么 $Sb^V$-S 才会不易吸附到铁矿物上。此外，巯基比被替换的羟基体积更大，因此 $Sb^V$-S 会更难与针铁矿表面络合。

除了硫酸盐还原菌，最新研究发现异化金属还原菌（dissimilatory metal reducing bacteria，DMRB）也可促进硫代锑酸盐的形成（Ye et al.，2022）。之前一般认为 DMRB 通过两种方式介导锑的迁移转化过程：①还原溶解三价铁矿物促进吸附态锑释放，或诱导二次铁矿物生成再次吸附溶解态锑；②某些 DMRB，如 *Shewanella* sp. ANA-3、*Geobacter* sp. SVR 等，被报道可还原 $Sb^V$-O 为 $Sb^{III}$-O，从而促使锑被固定至固相。最近研究发现在碱性条件下（pH=8.5），DMRB 倾向于将零价硫（$S^0$）作为电子受体，而非三价铁矿物。但是，DMRB 的零价硫呼吸还原机制会如何影响锑的迁移转化过程还有待进一步研究。Ye 等（2022）将典型的 DMRB 菌株 *Shewanella* sp. MR-1 与吸附态 $Sb^{III}$-O 共培养，结果如图 4.9 所示。生物还原后的 $HS^-$ 与吸附态 $Sb^{III}$-O 反应，生成硫代亚锑酸盐（$Sb^{III}$-S），$Sb^{III}$-S 进而被 $S^0$ 氧化为硫代锑酸盐（$Sb^V$-S），最终四硫代锑酸盐是主要的溶解态锑形态；硫代锑酸盐的形成显著促进了锑的释放，实验组中溶解态锑含量是非生物对照组的 4 倍有余。Ye 等（2022）提出了 DMRB 通过零价硫呼吸还原促进硫代锑酸盐生成，进而促进锑释放的新途径，拓展了异化金属还原菌在锑-硫耦合循环中的重要角色。

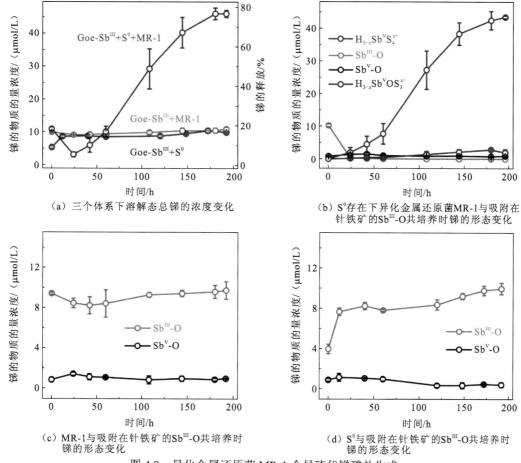

（a）三个体系下溶解态总锑的浓度变化

（b）$S^0$存在下异化金属还原菌MR-1与吸附在针铁矿的$Sb^{III}$-O共培养时锑的形态变化

（c）MR-1与吸附在针铁矿的$Sb^{III}$-O共培养时锑的形态变化

（d）$S^0$与吸附在针铁矿的$Sb^{III}$-O共培养时锑的形态变化

图 4.9  异化金属还原菌 MR-1 介导硫代锑酸盐生成

### 4.5.3 硫代砷酸盐优于硫代锑酸盐的生成

事实上，砷与锑通常共存于自然环境中，因此两者可能对还原态硫有竞争效应。根据软硬酸碱理论，Sb 原子比 As 原子更软，因此应该比 As 更易与 S 结合。在亚厌氧层，多种氧化还原反应同时发生，两者的竞争作用可能会更加复杂。通过砷、锑共污染沉积物（低、中、高锑污染沉积物）的培养实验，Ye 等（2019）发现硫代砷酸盐会抑制硫代锑酸盐的形成。

为了研究沉积物中不同的锑含量对砷和锑竞争硫源的影响，选取含有低（570 mg/kg±30 mg/kg Sb 和 50 mg/kg±10 mg/kg As）、中（2 560 mg/kg±40 mg/kg Sb 和 90 mg/kg±10 mg/kg As）、高（10 090 mg/kg±150 mg/kg Sb 和 190 mg/kg±10 mg/kg As）锑污染的三种沉积物进行静态实验。这三种沉积物的砷含量接近，而锑含量呈约 5 倍的差异。三种沉积物的锑含量在已报道的土壤锑含量的范围（0～17 500 mg/kg）内。

如图 4.10 所示，在厌氧阶段，硫代砷酸盐在总溶解态砷中的比例在低锑组和中锑组中高达 80%，在高锑组中达到 60%。硫代砷酸盐占砷总释放量的 10%～46%。一旦进入好氧阶段，$H_{3-x}As^VOS_3^{x-}$、$H_{3-x}As^VO_2S_2^{x-}$ 和 $H_{3-x}As^VO_3S^{x-}$ 会完全氧化为 $As^{III}$-O 或 $As^V$-O。与

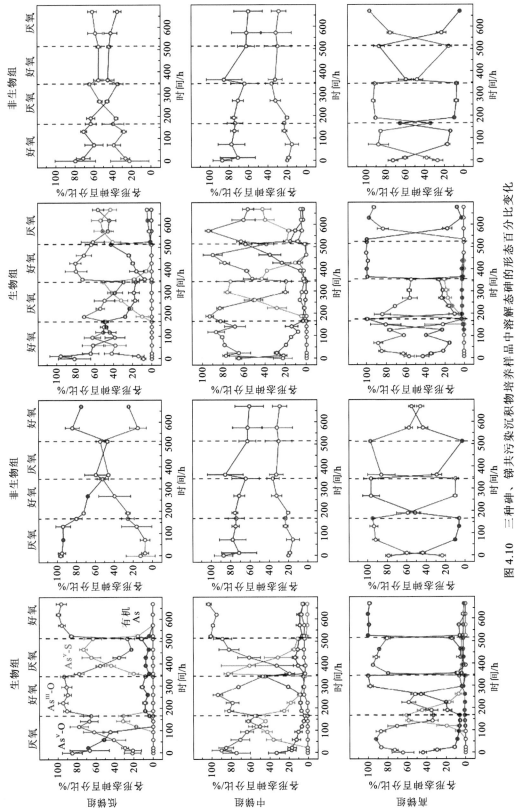

图 4.10  三种砷、锑共污染沉积物培养样品中溶解态砷的形态砷的形态百分比变化

分别为低锑污染程度、中锑污染程度和高锑污染程度，下同；蓝色表示As$^V$-O，红色表示As$^{III}$-O，绿色表示As$^V$-S，粉色表示有机As

之相对，溶解态砷的浓度在厌氧时升高而在好氧时降低，例如在低锑组-厌氧体系中，经过第一个厌氧阶段（7 天）后溶解态砷浓度升高到$(0.12\pm0.02)\times10^{-6}$ $c$(As)，接下来的好氧阶段（7～14 天）溶解态砷浓度降低到$(0.05\pm0.01)\times10^{-6}$ $c$(As)。然后，进入下一个厌氧阶段（14～21 天），砷的释放量达到$(0.22\pm0.01)\times10^{-6}$ $c$(As)，当进入最后的好氧阶段（21～28 天）砷的浓度再次下降到$(0.05\pm0.00)\times10^{-6}$ $c$(As)。同样的变化规律也发生在了中锑组和高锑组中。砷和锑浓度曲线下的积分面积可用于判断砷和锑的释放量。60%～72%的溶解态砷出现在厌氧阶段，表明砷主要在厌氧阶段释放。

锑的形态如图 4.11 所示，在低锑组和中锑组中有 34%～81%的溶解态锑以硫代锑酸盐形式存在。与硫代砷酸盐在每个厌氧阶段都被检测到（图 4.10）不同的是，硫代锑酸盐只在经历过好氧阶段后的厌氧阶段被检测到。相对应地，$HS^-$的浓度在好氧阶段后的厌氧阶段达到$60\times10^{-6}$ $c(HS^-)$，而如果厌氧为首个阶段时，其浓度$<6\times10^{-6}$ $c(HS^-)$，有限的 $HS^-$优先与砷反应，因此硫代锑酸盐没有生成。在高锑组中，因为相对高的砷浓度（$(6\sim10)\times10^{-6}$ $c(HS^-)$），硫代锑酸盐的生成被完全抑制。结果表明，当 $HS^-$浓度有限时，硫代砷酸盐会优先于硫代锑酸盐而生成。

由于硫代锑酸盐的生成被抑制，Sb 在厌氧时被固定而在好氧时被释放。在低锑组中，溶解态锑的浓度经过第一个厌氧阶段降为$(0.30\pm0.15)\times10^{-6}$ $c$(Sb)，接着的好氧阶段 Sb 浓度上升至$(2.49\pm0.18)\times10^{-6}$ $c$(Sb)，下一个厌氧阶段 Sb 的浓度降低为$(2.04\pm0.25)\times10^{-6}$ $c$(Sb)，最后的好氧阶段锑的浓度又再次上升到$(5.90\pm1.08)\times10^{-6}$ $c$(Sb)。同样的变化规律也体现在中锑组和高锑组样品中。根据计算，大部分（60%～86%）的 Sb 在好氧时被释放，而 60%～72%的砷在厌氧时被释放。好氧—厌氧的循环常发生在水稻田中，影响砷和锑的生物利用性（Wang et al.，2019）。例如，在非淹没条件下种植水稻可有效降低溶解态砷的含量，但可能会提高锑在水稻中的积累。因此，水稻田的给水管理需要考虑同一氧化还原条件下砷和锑完全相反的迁移释放规律。

砷优先于锑与 $HS^-$反应可能是由于微生物分泌的胞外聚合物（EPS）和天然有机物（natural organic matter，NOM）。EPS 和 NOM 可通过功能基团羟基、巯基或羧基与 $Sb^{III}$-O 结合（Besold et al.，2019），从而阻止其与 $HS^-$反应。这个可以解释为什么在热泉中硫代砷酸盐的比例高于硫代锑酸盐。

砷与锑的形态转化主要是由微生物介导的。硫代砷酸盐浓度与菌属的丰度相关性分析进一步表明硫代砷酸盐的浓度与硫酸盐还原菌（SRB）和砷还原菌（AsRB）的丰度正相关（图 4.12）。SRB 与 AsRB 分别介导了 $HS^-$和 $As^{III}$-O 的生成，$HS^-$和 $As^{III}$-O 反应后生成了硫代砷酸盐。因此，SRB 与 AsRB 的协同作用促进了硫代砷酸盐的生成。

硫代砷酸盐脱巯基转化为 $As^{III}$-O 伴随着 $HS^-$的氧化。对应地，硫氧化菌（sulfur oxidizing bacteria，SOB）的丰度与硫代砷酸盐的浓度呈负相关。$As^{III}$-O 可被砷氧化菌（AsOB）进一步氧化为 $As^V$-O，因此 AsOB 的丰度与 $As^V$-O 呈正相关。与砷类似，硫代锑酸盐的生成与 *Geobacter* 等细菌呈正相关，此结果与 *Geobacter* 菌群的 $Sb^V$-O 还原和 $S^0$还原功能相符。此外，SOB 与硫代锑酸盐的负相关关系也侧面说明 SOB 可能参与了硫代锑酸盐的氧化。

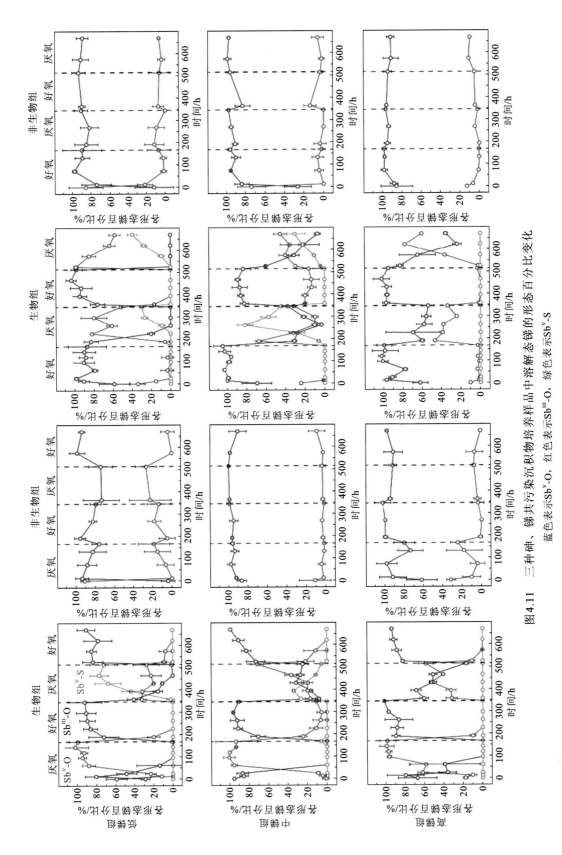

图 4.11 三种砷、锑共污染沉积物培养样品中溶解态锑的形态百分比变化
蓝色表示 $Sb^V$-O，红色表示 $Sb^{III}$-O，绿色表示 $Sb^V$-S

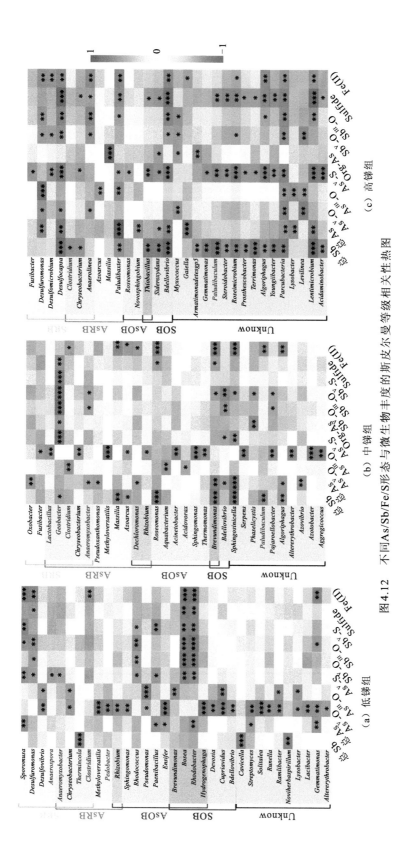

图4.12 不同As/Sb/Fe/S形态与微生物丰度的斯皮尔曼等级相关性热图

(a) 低锑组　　　(b) 中锑组　　　(c) 高锑组

砷的释放主要是因为厌氧条件下 SRB 产生的 $HS^-$ 促使了 $As^V$-S 生成。在大多数砷污染沉积物中，砷含量在 mg/kg 水平，微生物还原生成的 Fe(II)浓度在 $10^{-6}$ $c$(Fe(II))级别，对砷释放的促进能力较低。在有限的 $HS^-$ 条件下，$As^V$-S 的生成优先于 $Sb^V$-S 的生成，因此 $HS^-$ 并未促进锑的释放。另外，锑的迁移释放主要受锑的氧化还原过程影响。研究砷和锑对硫的竞争过程可以帮助理解砷、锑、硫耦合的生物地球化学循环过程。

# 参 考 文 献

ABIN C A, HOLLIBAUGH J T, 2014. Dissimilatory antimonate reduction and production of antimony trioxide microcrystals by a novel microorganism. Environmental Science & Technology, 48: 681-688.

ABIN C A, HOLLIBAUGH J T, 2019. Transcriptional response of the obligate anaerobe *Desulfuribacillus stibiiarsenatis* MLFW-2(T) to growth on antimonate and other terminal electron acceptors. Environmental Microbiology, 21: 618-630.

AJEES A A, ROSEN B P, 2015. As(III) S-adenosylmethionine methyltransferases and other arsenic binding proteins. Geomicrobiology Journal, 32: 570-576.

BESOLD J, KUMAR N, SCHEINOST A C, et al., 2019. Antimonite complexation with thiol and carboxyl/phenol groups of peat organic matter. Environmental Science & Technology, 53: 5005-5015.

CHEN J, MADEGOWDA M, BHATTACHARJEE H, et al., 2015. ArsP: A methylarsenite efflux permease. Molecular Microbiology, 98: 625-635.

CHEN J, ROSEN B P, 2016. Organoarsenical biotransformations by *Shewanella putrefaciens*. Environmental Science & Technology, 50: 7956-7963.

CHEN J, YOSHINAGA M, ROSEN B P, 2019. The antibiotic action of methylarsenite is an emergent property of microbial communities. Molecular Microbiology, 111: 487-494.

CHEN J, ZHANG J, ROSEN B P, 2021. Organoarsenical tolerance in *Sphingobacterium wenxiniae*, a bacterium isolated from activated sludge. Environmental Microbiology, 24(2): 762-771.

CHEN S C, SUN G X, YAN Y, et al., 2020. The Great Oxidation Event expanded the genetic repertoire of arsenic metabolism and cycling. Proceedings of the National Academy of Sciences, 117(19): 10414-10421.

CHRYSOSTOMOU C, QUANDT E M, MARSHALL N M, et al., 2015. An alternate pathway of arsenate resistance in *E. coli* mediated by the glutathione S-transferase GstB. ACS Chemical Biology, 10: 875-882.

CORSINI A, CAVALCA L, CRIPPA L, et al., 2010. Impact of glucose on microbial community of a soil containing pyrite cinders: Role of bacteria in arsenic mobilization under submerged condition. Soil Biology and Biochemistry, 42(5): 699-707.

COUTURE R M, ROSE J, KUMAR N, et al., 2013. Sorption of arsenite, arsenate, and thioarsenates to iron oxides and iron sulfides: A kinetic and spectroscopic investigation. Environmental Science & Technology, 47: 5652-5659.

GLASSER N R, OYALA P H, OSBORNE T H, et al., 2018. Structural and mechanistic analysis of the arsenate respiratory reductase provides insight into environmental arsenic transformations. Proceedings of the National Academy of Sciences of the United States of America, 115(37): E8614-E8623.

GUO H M, LIU Z Y, DING S S, et al., 2015. Arsenate reduction and mobilization in the presence of indigenous aerobic bacteria obtained from high arsenic aquifers of the Hetao basin, Inner Mongolia. Environmental Pollution, 203: 50-59.

HOEFT MCCANN S, BOREN A, HERNANDEZ-MALDONADO J, et al., 2017. Arsenite as an electron donor for anoxygenic photosynthesis: Description of three strains of *Ectothiorhodospira* from Mono Lake, California and Big Soda Lake, Nevada. Life, 7(1): 1.

HUANG J H, 2014. Impact of microorganisms on arsenic biogeochemistry: A review. Water Air and Soil Pollution, 225: 1848.

HUANG K, PENG H, GAO F, et al., 2019. Biotransformation of arsenic-containing roxarsone by an aerobic soil bacterium *Enterobacter* sp. CZ-1. Environmental Pollution, 247: 482-487.

JIANG S, LEE J H, KIM D, et al., 2013. Differential arsenic mobilization from As-bearing ferrihydrite by iron-respiring *Shewanella* strains with different arsenic-reducing activities. Environmental Science & Technology, 47: 8616-8623.

KULP T R, MILLER L G, BRAIOTTA F, et al., 2014. Microbiological reduction of Sb(V) in anoxic freshwater sediments. Environmental Science & Technology, 48: 218-226.

LAI C Y, WEN L L, ZHANG Y, et al., 2016. Autotrophic antimonate bio-reduction using hydrogen as the electron donor. Water Research, 88: 467-474.

LAI C Y, DONG Q Y, RITTMANN B E, et al., 2018. Bioreduction of antimonate by anaerobic methane oxidation in a membrane biofilm batch reactor. Environmental Science & Technology, 52: 8693-8700.

LI J, WANG Q, OREMLAND R S, et al., 2016. Microbial antimony biogeochemistry: Enzymes, regulation, and related metabolic pathways. Applied and Environmental Microbiology, 82: 5482-5495.

LI P, LI B, WEBSTER G, et al., 2014. Abundance and diversity of sulfate-reducing bacteria in high arsenic shallow aquifers. Geomicrobiology Journal, 31: 802-812.

MACUR R E, WHEELER J T, MCDERMOTT T R, et al., 2001. Microbial populations associated with the reduction and enhanced mobilization of arsenic in mine tailings. Environmental Science & Technology, 35(18): 3676-3682.

MACUR R E, JACKSON C R, BOTERO L M, et al., 2004. Bacterial populations associated with the oxidation and reduction of arsenic in an unsaturated soil. Environmental Science & Technology, 38(1): 104-111.

MALASARN D, SALTIKOV W, CAMPBELL K M, et al., 2004. *arrA* is a reliable marker for As(V) respiration. Science, 306(5695): 455-455.

NGUYEN V K, PARK Y, LEE T, 2019. Microbial antimonate reduction with a solid-state electrode as the sole electron donor: A novel approach for antimony bioremediation. Journal of Hazardous Materials, 377: 179-185.

OHTSUKA T, YAMAGUCHI N, MAKINO T, et al., 2013. Arsenic dissolution from Japanese paddy soil by a dissimilatory arsenate-reducing bacterium *Geobacter* sp. OR-1. Environmental Science & Technology, 47: 6263-6271.

OSPINO M C, KOJIMA H, FUKUI M, 2019. Arsenite oxidation by a newly isolated Betaproteobacterium possessing *arx* genes and diversity of the *arx* gene cluster in bacterial genomes. Frontiers in Microbiology, 10: 1210.

PLANER-FRIEDRICH B, LONDON J, MCCLESKEY R B, et al., 2007. Thioarsenates in geothermal waters of yellowstone national park: Determination, preservation, and geochemical importance. Environmental Science & Technology, 41: 5245-5251.

PLANER-FRIEDRICH B, SCHALLER J, WISMETH F, et al., 2018. Monothioarsenate occurrence in Bangladesh groundwater and its removal by ferrous and zero-valent iron technologies. Environmental Science & Technology, 52: 5931-5939.

REN M, DING S, FU Z, et al., 2019. Seasonal antimony pollution caused by high mobility of antimony in sediments: In situ evidence and mechanical interpretation. Journal of Hazardous Materials, 367: 427-436.

SHI K, LI C, RENSING C, et al., 2018. Efflux transporter ArsK is responsible for bacterial resistance to arsenite, antimonite, trivalent roxarsone, and methylarsenite. Applied and Environmental Microbiology, 84(24): e01842-18.

SHI L D, WANG M, HAN Y L, et al., 2019. Multi-omics reveal various potential antimonate reductases from phylogenetically diverse microorganisms. Applied Microbiology and Biotechnology, 103: 9119-9129.

TERRY L R, KULP T R, WIATROWSKI H, et al., 2015. Microbiological oxidation of antimony(III) with oxygen or nitrate by bacteria isolated from contaminated mine sediments. Applied and Environmental Microbiology, 81: 8478-8488.

TIAN H, SHI Q, JING C, 2015. Arsenic biotransformation in solid waste residue: Comparison of contributions from bacteria with arsenate and iron reducing pathways. Environmental Science & Technology, 49: 2140-2146.

VAN KHANH N, LEE J U, 2014. Isolation and characterization of antimony-reducing bacteria from sediments collected in the vicinity of an antimony factory. Geomicrobiology Journal, 31: 855-861.

WANG H, CHEN F, MU S, et al., 2013. Removal of antimony(Sb(V)) from Sb mine drainage: Biological sulfate reduction and sulfide oxidation-precipitation. Bioresource Technology, 146: 799-802.

WANG J J, KERL C F, HU P J, et al., 2020a. Thiolated arsenic species observed in rice paddy pore waters. Nature Geoscience, 13: 282-287.

WANG L, YE L, YU Y, et al., 2018. Antimony redox biotransformation in the subsurface: Effect of indigenous Sb(V) respiring microbiota. Environmental Science & Technology, 52: 1200-1207.

WANG L, YE L, JING C, 2020b. Genetic identification of antimonate respiratory reductase in *Shewanella* sp. ANA-3. Environmental Science & Technology, 54: 14107-14113.

WANG L, YE L, YIN Z, et al., 2022. Antimonite oxidation by microbial extracellular superoxide in *Pseudomonas* sp. SbB1. Geochimica et Cosmochimica Acta, 316: 122-134.

WANG M, TANG Z, CHEN X P, et al., 2019. Water management impacts the soil microbial communities and total arsenic and methylated arsenicals in rice grains. Environmental Pollution, 247: 736-744.

WANG Q, WARELOW T P, KANG Y S, et al., 2015. Arsenite oxidase also functions as an antimonite oxidase. Applied and Environmental Microbiology, 81: 1959-1965.

WANG X, RATHINASABAPATHI B, DE OLIVEIRA L M, et al., 2012. Bacteria-mediated arsenic oxidation and reduction in the growth media of arsenic hyperaccumulator *Pteris vittata*. Environmental Science & Technology, 46: 11259-11266.

WANG Y, MORIN G, ONA-NGUEMA G, et al., 2014. Arsenic(III) and arsenic(V) speciation during transformation of lepidocrocite to magnetite. Environmental Science & Technology, 48: 14282-14290.

XIAO K Q, LI L G, MA L P, et al., 2016. Metagenomic analysis revealed highly diverse microbial arsenic metabolism genes in paddy soils with low-arsenic contents. Environmental Pollution, 211: 1-8.

YE L, LIU W, SHI Q, et al., 2017. Arsenic mobilization in spent nZVI waste residue: Effect of *Pantoea* sp. IMH. Environmental Pollution, 230: 1081-1089.

YE L, CHEN H, JING C, 2019. Sulfate-reducing bacteria mobilize adsorbed antimonate by thioantimonate formation. Environmental Science & Technology Letters, 6: 418-422.

YE L, ZHONG W, ZHANG M, et al., 2022. New mobilization pathway of antimonite: Thiolation and oxidation by dissimilatory metal-reducing bacteria via elemental sulfur respiration. Environmental Science & Technology, 56: 652-659.

YOSHINAGA M, ROSEN B P, 2014. A C center dot As lyase for degradation of environmental organoarsenical herbicides and animal husbandry growth promoters. Proceedings of the National Academy of Sciences of the United States of America, 111: 7701-7706.

ZHANG H, HU X, 2019. Bioadsorption and microbe-mediated reduction of Sb(V) by a marine bacterium in the presence of sulfite/thiosulfate and the mechanism study. Chemical Engineering Journal, 359: 755-764.

ZHANG J, KIM H, TOWNSEND T, 2014. Methodology for assessing thioarsenic formation potential in sulfidic landfill environments. Chemosphere, 107: 311-318.

ZHANG J, CHEN J, WU Y F, et al., 2021a. Oxidation of organoarsenicals and antimonite by a novel flavin monooxygenase widely present in soil bacteria. Environmental Microbiology, 24(2): 752-761.

ZHANG L, YE L, YIN Z, et al., 2021b. Mechanistic study of antimonate reduction by *Escherichia coli* W3110. Environmental Pollution, 291: 118258.

ZHANG M, LI Z, HÄGGBLOM M M, et al., 2021c. Bacteria responsible for nitrate-dependent antimonite oxidation in antimony-contaminated paddy soil revealed by the combination of DNA-SIP and metagenomics. Soil Biology and Biochemistry, 156: 108194.

ZHANG Z, YIN N, DU H, et al., 2016. The fate of arsenic adsorbed on iron oxides in the presence of arsenite-oxidizing bacteria. Chemosphere, 151: 108-115.

ZHOU X, KANG F, QU X, et al., 2020. Role of extracellular polymeric substances in microbial reduction of arsenate to arsenite by *Escherichia coli* and *Bacillus subtilis*. Environmental Science & Technology, 54: 6185-6193.

ZHU Y, WU M, GAO N, et al., 2018. Removal of antimonate from wastewater by dissimilatory bacterial reduction: Role of the coexisting sulfate. Journal of Hazardous Materials, 341: 36-45.

ZOBRIST J, DOWDLE P R, DAVIS J A, et al., 2000. Mobilization of arsenite by dissimilatory reduction of adsorbed arsenate. Environmental Science & Technology, 34(22): 4747-4753.

# 第 5 章　砷与锑的环境界面过程及分子机制

砷与锑在环境介质界面的反应与迁移转化是控制其环境归趋的重要过程。在介质环境体系中，砷与锑在矿物界面会发生吸附/解吸、配位/沉淀和氧化/还原等一系列环境地球化学过程。在分子水平上研究砷与锑的微界面反应过程与作用机制是理解砷与锑的环境地球化学循环并开发相关治理技术的关键。现代谱学表征技术和理论计算化学的发展为研究界面反应提供了先进手段。本章对环境界面过程的研究方法进行概述，并系统总结砷与锑在矿物界面上的吸附、沉淀、转化、迁移等环境化学过程。

## 5.1　环境界面过程的研究方法

### 5.1.1　红外光谱法

傅里叶变换红外光谱（Fourier transform infrared spectroscopy，FTIR）仪是研究微界面络合结构的有效工具，具有分辨能力高、扫描时间快、杂散辐射低、辐射通量大等优点，广泛应用于化合物结构鉴定、动态分析及固液界面的吸附行为研究。

光照射物体会引起物体内分子运动状态发生变化，并产生特征能态跃迁。因为红外光的辐射能量较小，样品在它的辐照下，只能激发分子内的振动和转动，分子和与其振动频率相同的红外辐射发生作用，吸收红外辐射能量，发生能级跃迁，产生红外光谱。不同的化合物具有不同的分子特征振动和转动频率，红外光谱分析法就是通过这种特征红外光谱来鉴定化合物和官能团。根据波段范围的不同，红外光谱一般可划分为近红外光谱（12 500~4 000 cm$^{-1}$）、中红外光谱（4 000~400 cm$^{-1}$）和远红外光谱（400~10 cm$^{-1}$）。物质的红外活性振动中，基频振动的吸收最强，因此中红外区最适宜进行定性和定量分析。实际应用中，中红外光谱仪的发展最为成熟，应用最为广泛。

FTIR 仪主要包括红外显微镜、傅里叶变换拉曼光谱、气质联用、衰减全反射、漫散射、镜面反射和掠角反射、红外偏振器、样品穿梭器等附件。其中，衰减全反射傅里叶变换红外光谱（attenuated total internal reflectance Fourier transform infrared spectroscopy，ATR-FTIR）技术可以采集到水介质条件下样品的红外吸收谱图，通过对比吸附前后的谱图特征即可以获得界面构型的形态信息，为揭示原位条件下吸附反应的本质提供了直接证据，已被广泛应用于固-液微界面吸附作用机制研究中。

图 5.1 为实时在线流动池衰减全反射傅里叶变换红外光谱（In-situ flow cell ATR-FTIR）技术的光路示意图。当红外光从光密介质（ZnSe/Ge 晶体）传播到光疏介质（吸附材料界面，水溶液）中时，如果入射角大于临界角度，折射角会大于 90°，产生全反射的现象；同时，如果界面上存在具有红外活性的分子振动，那么部分能量就会被此分子振

动吸收，而反射光的能量将发生损失。根据这一原理，将样品放到 ZnSe/Ge 晶体上，当红外光在晶体中进行多次全反射时，部分能量会以渐消波的形式被样品吸收，于是反射光中带有与样品红外吸收特性有关的信息，最后通过红外光谱仪分析记录下来。这一过程中红外光的吸收遵循朗伯比尔定律，如式（5.1）所示：

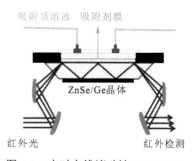

图 5.1　实时在线流动池 ATR-FTIR 技术的光路示意图

$$A_i = \varepsilon \times c \times l \qquad (5.1)$$

式中：$A_i$ 为吸收光强度；$\varepsilon$ 为样品的物质的量吸收系数，L/(mol·cm)；$c$ 为样品物质的量浓度，mol/L；$l$ 为有效光程，cm。ATR-FTIR 技术极大缩短了样品中红外光的传播路径，减少了溶液相（尤其是水）和样品本身的强吸收，由于多次反射，界面吸附质分子的红外振动的检测敏感度得到极大的提高。

实验过程中，样品与晶体间必须保持良好的光学接触，以满足衰减全反射的条件及样品检测的重现性。样品制备主要有湿糊法、原位制膜法和涂布镀膜法。湿糊法是将离心分离后浓缩的样品悬浊液或浆糊直接涂布于晶体上，上清液为背景光谱。原位制膜法是通过原位化学反应或物理沉积在晶体表面制备样品层，主要包括化学浴沉积法、连续离子层吸附反应法及射频溅射沉积法。涂布镀膜法是通过制备胶体或悬浮液，使用铺展涂布法、浸渍涂布法或旋转涂布法，将样品沉积在晶体表面成膜。在固-液界面吸附机理研究中，以湿糊法和涂布法较为常见。其中，浆糊状样品需配合水平型 ATR 附件。如果铺展涂布法制备的样品层涂布均匀、厚度适中（渐消波可穿透）且不易被流动相洗脱，则可应用在线流动池技术实时监测界面反应过程。

红外谱图可以直接反映分子对称性和分子振动模式等信息，通过对比污染物在矿物表面吸附前后的红外光谱，并结合其他谱学手段，可以确定污染物在矿物表面的络合结构。被吸附分子在吸附材料界面的不同质子化状态会导致络合结构的对称性发生变化，从而会在红外光谱中产生振动峰的偏移。此外还可将红外光谱与二维相关光谱（two dimensional-correlation spectroscopy，2D-COS）结合，从而对不同峰之间的关系及吸附顺序进行分析。二维相关红外光谱（2D-COS IR）建立在红外信号对时间分辨检测的基础上，描述两种相互独立的光学变量间的相关函数，可用于研究污染物分子在介质界面的吸附过程及机理。

## 5.1.2　同步辐射光谱法

随着同步辐射（synchrotron radiation）技术的飞速发展，基于同步辐射的 X 射线吸收光谱（XAFS）为从分子水平上探究砷、锑的微界面过程提供了可能和契机。物质与 X 射线作用形式多样，包括弹性散射、非弹性散射、光电吸收等过程。因此，当 X 射线穿过厚度为 $x$ 的样品时，样品会对 X 射线产生吸收现象，从而使 X 射线光强度发生衰减，X 射线的衰减取决于样品的吸收系数，如式（5.2）所示：

$$\mu(x) = -\ln\frac{I}{I_0} \qquad (5.2)$$

式中：$I$ 为透射光强度；$I_0$ 为入射光强度；$\mu$ 为吸收系数。X 射线吸收谱即为吸收系数 $\mu$ 随 X 射线能量的变化曲线。

当内层电子吸收 X 射线的能量正好为芯层电子激发到连续态所需的能量（电离能）时，吸收系数 $\mu$ 会发生陡增的现象，该能量位置称为元素的吸收边。根据芯层电子所处的原子轨道壳层不同，吸收边被命名为 K 边、L 边和 M 边等。例如，1s 轨道上的电子跃迁称为 K 边。2s 和 2p 轨道能级不同，吸收边位置有差异。另外，2p 轨道由于芯电子激发，简并的 p 轨道分裂为 $2p_{1/2}$ 和 $2p_{3/2}$ 两个轨道。2s、$2p_{1/2}$ 和 $2p_{3/2}$ 三个轨道对应的吸收边位置依次称为 $L_1$、$L_2$ 和 $L_3$ 边。

在 X 射线吸收光谱中，吸收边前 30 eV 到边后 50 eV 的谱线区域称为 X 射线吸收近边结构（XANES）光谱，吸收边后 50～1 000 eV 的谱线区域称为扩展 X 射线吸收精细结构（extended X-ray absorption fine structure，EXAFS）光谱。图 5.2 所示为 As(III)吸附在赤铁矿上砷的 K 边 XAFS 谱图。

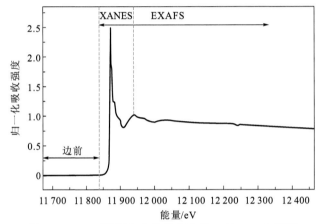

图 5.2　As(III)吸附在赤铁矿上砷的 K 边 XAFS 谱图

EXAFS 区域的光谱随着 X 射线能量的增大表现出上下振荡的特征。这一特征与 EXAFS 的产生机制有关。中心原子吸收 X 射线后，芯层电子被激发，向外辐射光电子波（球面波形式）。该球面波在向外传播的过程中，受到近邻壳层原子散射形成背散射波。背散射波的相位是出射波波长的函数。这样出射波和背散射波之间会存在一个与出射波波长有关的相位差。背散射波与出射波之间发生干涉，于是就出现在某些波长处两波相位相同、干涉相长，吸收系数达到极大；在另一些波长位置干涉相消，吸收系数达到极小。也就是说，配位原子产生的背散射波对激发态的末态波函数（出射波波函数）进行了调制，造成吸收系数 $\mu$ 随 X 射线能量的变化而发生振荡。

EXAFS 来源于吸收原子周围近邻壳层原子的短程作用，不依赖长程的晶体结构。这一性质表明 EXAFS 可用于非晶态物质结构的研究。周边配位原子对出射 X 射线的调制与配位原子到中心原子的距离、配位原子的个数（配位数）和周围原子的种类有关。因此 EXAFS 谱图分析能够得到吸收原子近邻配位原子的种类、距离、配位数及无序度因子等信息。对于多元素体系，能够通过获取多种元素周边的配位情况来推测比较可靠的局域结构。

XANES 光谱区域包含边前峰、白线峰和白线峰后的部分区域，这些光谱特征蕴含着丰富的空间结构和电子结构信息。当芯层电子被激发后，首先进入未占据的空轨道，然后逐渐触及真空能级，最终进入连续态形成光电子。XANES 光谱中未占据轨道的信息主要反映在边前峰区域，这部分光谱能够用于解析被研究物质的电子结构。特别是 L 边的光谱，由于吸收边能量较低，光谱展宽较小，保留的光谱精细结构相对 K 边更多，反映的电子结构信息更为丰富。另外，$L_2$ 边和 $L_3$ 边对应于 2p 轨道的跃迁，而 p 轨道向空的 d 轨道上的跃迁是偶极允许跃迁，因此 L 边能够反映的电子结构信息包括 d 轨道分裂能、高低自旋状态和反馈 d-$\pi^*$键等。

XANES 光谱的主要特征是连续的强振荡。相对于 EXAFS，XANES 部分对应的光电子的动能较小。高动能的光电子受近邻配位原子的影响较小，只考虑单次散射效应[图 5.3(a)]。当出射光电子动能很小时，会被近邻配位原子多次散射，即产生多重散射效应[图 5.3(b)]。当光电子能量降至 XANES 区域时，多重散射效应使 XANES 对吸收原子周围的空间构型，如配位原子的径向分布、位置、键角等相当敏感。化学配位环境的改变使吸收原子周围的空间电荷分布发生变化，进一步导致芯电子的束缚态发生变化，使 XANES 光谱上出现吸收边的位移。因此，XANES 光谱能够用于解析吸收原子周边的空间配位结构，与光谱跃迁的信息相结合，可表征部分占有电子或完全没有电子占有的空态结构。

 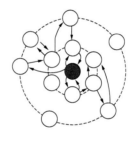

（a）单次散射　　　　　　　　（b）多重散射

图 5.3　X 射线光电子在原子团簇中单次散射和多重散射示意图

$R$ 为原子间距离

XANES 的研究主要集中在吸收边位移和吸收边形状两方面。吸收边位移主要与价态相关，在相同价态时，吸收边位移也与配位原子种类有关；吸收边形状与配位原子种类、价态及对称性均相关。吸收边位移与中心原子的电荷或价态密切相关，一般来说，价态升高，吸收边向高能量方向移动。对于离子化合物，每增加一个氧化态，吸收边向高能量处偏移 2~3 eV；对于共价化合物，吸收边位置的变化不太明显，如果要根据 XANES 确定价态，需要同时用多种标准物质来做对比。XANES 具备"指纹特征"，同一元素不同形态的光谱可以线性叠加。因此，XANES 可用于区分混合体系。常规情况下可以通过已知组分的线性组合拟合（linear combination fitting，LCF）方式进行定性分析。复杂情况下需要借助主成分分析和多元曲线分辨-交替最小二乘法等先进数据分析手段进行分析。

X 射线吸收光谱对光源有很高的要求，通常是利用同步辐射光源。同步辐射光源的建设依赖国家大科学装置的发展，我国主要有北京同步辐射装置、国家同步辐射实验室

（位于合肥）和上海同步辐射光源等。同步辐射是速度接近光速的带电粒子在做曲线运动时沿轨道切线方向发出的电磁辐射。同步辐射与常规光源相比有许多突出的优点。最突出的优点是高亮度，与传统 X 射线光源相比，同步辐射光源强度提高 3～10 个数量级，光源准直性高。此外，同步辐射光源频谱宽，具有从远红外、可见光、紫外到 X 射线范围内的连续光谱，可从其中得到任何所需波长的光。随着同步辐射技术的发展，空间分辨、时间分辨水平的研究成为可能，为众多学科的发展带来了前所未有的机遇。在环境领域，XAFS 用于研究固-液界面上的吸附反应、解析界面的配位结构已显示出独特的优势。

### 5.1.3  表面络合模型

表面络合模型（surface complexation model，SCM）是描述水化学界面吸附过程的理论（Huang et al.，1973）。该理论从配位化学的理论发展而来，认为金属离子通过表面络合反应，与金属氧化物-水溶液界面上的羟基（—OH）位点结合，可以按照质量和电荷守恒定律确定其吸附方程。随着表面络合模型理论的发展，许多学者提出了多种不同的表面络合模型，如图 5.4（Goldberg et al.，2007）所示，主要包括固定电容模型（constant capacitance model，CCM）、扩散双电层模型（diffuse double layer model，DDLM）、三层模型（triple layer model，TLM）及电荷分布-多位点表面络合（charge distribution-multisite surface complexation，CD-MUSIC）模型等。

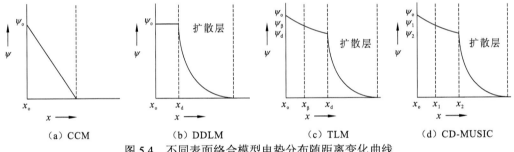

图 5.4  不同表面络合模型电势分布随距离变化曲线

$\psi$ 为表面电势；$x$ 为距离固相表面的距离

CD-MUSIC 模型是目前描述表面络合反应的主流模型。CD-MUSIC 模型综合考虑了固体表面的空间电荷分布及吸附质中心原子（如 As）对不同电位层的电荷贡献，能够通过对宏观吸附数据的模拟得到配合物的微观结构。在 CD-MUSIC 模型中，表面络合物不再是点电荷，而是具有空间电荷分布的界面区域，因此 pH、背景离子强度、吸附材料等电点、表面电层质子的变化都被考虑在内，从而更接近实际情况。

在金属氧化物表面，大部分固体中的金属（Me）与氧（O）结合，金属上的 O 可通过两个步骤结合两个质子，分别形成 OH 和 $OH_2$ 配体，如式（5.3）所示：

$$MeO^{2-} + 2H^+ \Longrightarrow MeOH^- + H^+ \Longrightarrow MeOH_2 \tag{5.3}$$

根据鲍林（Pauling）价键理论，表面金属分配给 O 的电荷为 $v=z/CN$，其中 $z$ 为金属的价态，CN 为金属的配位数。一般配体与其他（质子化的）表面 O 在同一位置，表面 O 称为 0 层，如图 5.5 所示。吸附质中心原子靠近溶液相部分配体，位于静电面斯特恩（Stern）层范围内，称为 1 层。吸附质中心原子按照电荷分布原则将自身电荷分配给 0

层和 1 层，双电层中的电解质离子称为 2 层或 d 层。

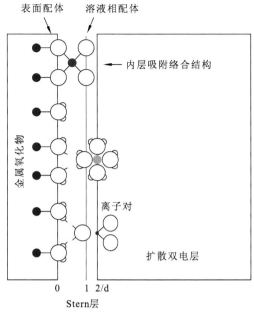

图 5.5　金属氧化物表面外层和内层吸附络合结构图

在 CD-MUSIC 模型中存在三个静电层，每层都有相应的静电电容，内层与外层的电容分别为 $C_1$ 和 $C_2$，与总电容（$C$）的关系式为

$$\frac{1}{C} = \frac{1}{C_1} + \frac{1}{C_2} \tag{5.4}$$

被吸附污染物质的中心原子会将自身所带电荷分配给 0 层和 1 层，电荷分配系数（charge distribution factor）记为 $f$，$f$ 值与表面的具体化学性质及吸附污染物的属性密切相关。以 As(III)吸附到二氧化钛为例，As 上 2 个 O 原子与表面 Ti 连接，剩余 1 个 O 原子倾向于溶液中，整体结构呈双齿双核的络合形式，如图 5.6 所示。按照中心原子电荷对称分配的原则计算，As 的电荷对周围 3 个 O 原子平均分配，即 $f$ 值为 0.5 时，电荷分布如图 5.6 所示。在具体实验模拟过程中 As 的电荷分配

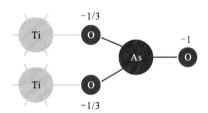

图 5.6　As(III)在二氧化钛上的吸附模型及分配系数为 0.5 时电荷分布示意图

会受影响，$f$ 值在一定范围内可调，其他常见含氧阴离子的电荷分配情况类似。

以 As(III)吸附到二氧化钛表面为例，对 CD-MUSIC 模型中的吸附方程式进行解释。一般而言，As(III)在二氧化钛表面形成双齿双核络合结构，反应方程可表示为

$$2TiOH^{-1/3} + H_3AsO_3 \Longrightarrow Ti_2O_2AsO^{-5/3} + 2H_2O + H^+ \tag{5.5}$$

pH 较低时，络合物会被质子化，表面络合反应的方程可表示为

$$2TiOH^{-1/3} + H_3AsO_3 \Longrightarrow Ti_2O_2AsOH^{-2/3} + 2H_2O \tag{5.6}$$

以式（5.5）中的吸附为例，0 层的电荷变化（$\Delta Z_0$）为

$$\Delta Z_0 = \Delta n_H Z_H + f Z_{As} = [(-2) \times 1] + 0.5 \times 3 = -0.5 \tag{5.7}$$

相应的玻尔兹曼（Boltzmann）常数是 $\exp(-0.5F\Psi_0/RT)$。

1 层的电荷变化（$\Delta Z_1$）为

$$\Delta Z_1 = (1-f)Z_{As} + \sum m_j z_j = [(1-0.5)\times 3] + [1\times(-2)] = -0.5 \tag{5.8}$$

相应的 Boltzmann 常数是 $\exp(-0.5F\Psi_1/RT)$。

式（5.7）和式（5.8）中：$\Delta n_H$ 为表面基团上质子数的变化；$Z_H$ 为质子所带电荷；$f$ 为电荷分配系数；$Z_{As}$ 为中心原子所带电荷；$m_j$ 为在 1 层上的配体数；$z_j$ 为 1 层上配体所带的电荷；$F$ 为法拉第常数，C/mol；$\Psi_0$ 为 0 层电荷电势，V；$\Psi_1$ 为 1 层的电荷电势，V；$R$ 为气体常数，J/（mol·K）；$T$ 为热力学温度，K。

表面络合模型自提出后被广泛应用，目前已经建立了多种计算机程序对表面络合模型进行研究和分析，如 MICROQL、MINTEQA、FITEQL、PHREEQC 等。MINTEQA 程序是由美国阿森斯实验室开发的一系列地球化学热力学平衡模型程序，该程序包含 7 个表面吸附模型，能够运用质量平衡方程模拟溶解物质与固体表面的相互作用。

## 5.1.4　水文地球化学模型

PHREEQC 程序是以热力学平衡反应常数的计算方法为基础，用来计算水文地球化学多种反应的计算机程序。如反应组分的形态、组分在液-固相之间的分配比例、柱实验中的一维传输迁移过程。PHREEQC 程序结合了表面络合模型及一维迁移模型，广泛地应用于污染物在环境界面上的吸附行为模拟。

PHREEQC 程序是由 Parkhurst 等（2013）基于 FORTRAN 开发的模拟程序，随着程序的不断完善和一维反应迁移模块的添加，目前 PHREEQC 程序能够做到如下的计算。

（1）组分以不同形态（master species）的形式在输入文件中给出，如砷可以 $AsO_3^{3-}$ 和 $AsO_4^{3-}$ 等输入。

（2）氧化还原电位可输入测得的 $E_h$ 值，或可用氧化还原对如 As(III)/As(V) 来定义得到。

（3）可模拟封闭体系中多组分的气相反应。

（4）依据固液气体系的平衡来计算反应，而不单只根据液相的平衡。

（5）输入表面反应方程，如离子交换和表面络合作用可通过非静电模型、双电层模型或 CD-MUSIC 模型来表示。

（6）通过一维迁移模型来模拟化学组分的对流及迁移，一维迁移的弥散或扩散作用均有所体现。

（7）通过逆向模拟推断特定水样的组分，可考虑模拟过程中同位素的平衡。

（8）在 PHREEQC 软件中，有两种模块来模拟恒定流速的一维迁移：一种是 ADVECTION 模块，通过混合单元计算进行简单的模拟；另一种是 TRANSPORT 模块，可以考虑扩散、弥散和孔隙率。一维迁移模型可以针对性地模拟滤柱实验中目标物质的吸附行为曲线及地下含水层中沿流动方向的作用过程。

PHREEQC 程序中的热力学数据库是基于动力学平衡的反应，然而实际水体较为复杂，所含有的其他干扰离子较多，络合反应一般进行得比较缓慢，且易受氧化还原条件及微生物环境等的影响。另外，由于滤柱实验限定了空床接触时间，被吸附物质与吸附剂表面的接触时间是不够的，滤柱中污染物的不平衡状态一般也会持续较长时间，这些问题在具体模拟过程中应加以考虑。

## 5.1.5 量子化学计算方法

量子化学计算是应用量子力学的基本原理解决化学问题的基础方法，主要研究的是微观结构的电子性质、原子间的相互作用及化学反应过程等问题。基于第一性原理的量子化学计算方法与经验算法有本质上的不同，理论基础是根据原子核和电子相互作用的原理及其基本运动规律，运用量子力学原理，从具体要求出发，经过一些近似处理后直接求解薛定谔（Schrödinger）方程的算法（Levine，2009）。第一性原理的计算方法包括以哈特里-福克（Hartree-Fork）自洽场计算为基础的从头计算（ab initio calculation）和密度泛函理论（DFT）计算。

密度泛函理论是基于量子力学和玻恩-奥本海默绝热近似的从头计算方法中的一类解法，其理论全部建立在由 Kohn（科恩）和 Hohenberg（霍恩伯格）所证明的两个基本数学定理，以及由 Kohn 和 Sham（沈吕九）在 20 世纪 60 年代中期推演的科恩-沈吕九（Kohn-Sham）方程的基础上。霍恩伯格-科恩（Hohenberg-Kohn）第一定理指出体系的基态能量仅仅是电子密度的泛函；第二定理证明了基态电荷密度唯一决定了基态的所有性质，包括能量和波函数。该理论体系表明从薛定谔方程得到的基态能量是电荷密度的唯一函数，由此建立了从波函数到电荷密度的联系。虽然霍恩伯格-科恩第一定理证明存在一个可用于求解薛定谔方程的电荷密度泛函，但并没有给出这个泛函的具体形式。霍恩伯格-科恩第二定理赋予这个泛函一个重要的特征：使体系能量最小化的电荷密度即为对应于薛定谔方程完全解的真实电荷密度。如果已知这个"真实的"泛函形式，就可以通过调整电荷密度使泛函所确定的能量最小化，并找到对应的电荷密度。事实上，该变分原理常用于泛函的近似表示。实际情况下总的能量泛函可以用式（5.9）表述：

$$E[\rho] = T[\rho] + E_{ee}[\rho] + E_{ext}[\rho] \tag{5.9}$$

式中：$E[\rho]$ 为总能量泛函；$T[\rho]$ 为总动能泛函；$E_{ee}[\rho]$ 为电子间相互作用泛函；$E_{ext}[\rho]$ 为电子与原子核间的吸引作用。由于 $E_{ee}[\rho]$ 中包含多电子相互作用，不便代入薛定谔方程中进行求解。因此 Kohn 和 Sham 借鉴 Hartree 的方法，在总的能量泛函中提取出单电子动能泛函 $T_s[\rho]$ 与单电子 Hartree 泛函 $E_H[\rho]$，将总能量重新写成式（5.10）的形式。$E_H[\rho]$ 的表达式为式（5.11）。

$$E[\rho] = T_s[\rho] + E_H[\rho] + E_{ext}[\rho] + E_{XC}[\rho] \tag{5.10}$$

$$E_H[\rho] = \frac{1}{2} \int d^3 r \int d^3 r' \rho(r) w(r,r') \rho(r') \tag{5.11}$$

式中：$r$ 为粒子在球坐标中的位置；$\rho(r)$ 为电子密度分布。

重新构造的交换关联能泛函 $E_{XC}[\rho]$ 部分可以表述为动能校正项和电子间相互作用的校正项（交换作用和关联作用），参考式（5.12）。

$$E_{XC}[\rho] = T[\rho] - T_s[\rho] + E_{ee}[\rho] - E_H[\rho] \tag{5.12}$$

Kohn 和 Sham 随后将式（5.12）基于霍恩伯格-科恩第二定理使用变分法得到科恩-沈吕九方程，如式（5.13）所示：

$$\left[ -\frac{\hbar^2}{2m}\nabla^2 + V_H(r) + V_{ext}(r) + V_{XC}(r) \right]\varphi_i(r) = \varepsilon_i \varphi_i(r) \tag{5.13}$$

式中：$\hbar$ 为约化普朗克常数；$m$ 为粒子质量；$\nabla^2$ 为拉普拉斯算子；$\varphi_i(r)$ 为第 $i$ 个单粒子波函数；$\varepsilon_i$ 为本征值；$V_H(r)$ 为 Hartree 势，具体形式见式（5.14）；$V_{ext}(r)$ 为库仑吸引势；$V_{XC}(r)$ 为交换关联势，具体形式见式（5.15）。

$$V_H(r) = \frac{1}{2}\int d^3r' w(r,r')\rho(r') \tag{5.14}$$

$$V_{XC}(r) = \frac{\delta E_{XC}[\rho(r)]}{\delta\rho(r)} \tag{5.15}$$

为了求解科恩-沈吕九方程，需要确定 Hartree 势能；而为了得到 Hartree 势能，需要知道电荷密度；为了得到电荷密度，需要求解科恩-沈吕九方程。因此，科恩-沈吕九方程的求解是一个自洽迭代求解过程，其过程（David et al.，2009）简述如下。

（1）定义一个初始猜测的电荷密度 $n(r)$；

（2）求解由初始电荷密度所确定的科恩-沈吕九方程，得到单粒子波函数 $\varphi_i(r)$；

（3）计算由（2）中单粒子波函数所确定的电荷密度，$n_{KS}(r) = 2\sum_i \varphi_i^*(r)\varphi_i(r)$；

（4）比较计算得到的电荷密度 $n_{KS}(r)$ 和在求解科恩-沈吕九方程时所使用的电荷密度 $n(r)$。如果两个电荷密度相同，则为基态电荷密度，并可将其用于基态能量的计算。如果两个电荷密度不同，则用某种方式对电荷密度进行修正，并用于第（2）步重新开始计算，直到电荷密度的差值达到收敛要求。

密度泛函理论计算中，常用的交换关联泛函包括局域密度近似（local density approximation，LDA）、广义梯度近似（generalized gradient approximation，GGA）和杂化泛函（hybrid functional）等。局域密度近似认为电子密度分布是均匀的，对金属体系计算精度较高，但是在分子体系中，交换能与相关能计算不准确。广义梯度近似将电子密度梯度包含到能量泛函计算表达式中，校正由电子密度分布不均匀引起的误差，其具体形式有很多，比较常见的有 PW86（Perdew-Wang 86）、PW91（Perdew-Wang 91）、PBE（Perdew-Burke-Ernzerhof）等。杂化泛函是分子体系计算中应用最广的泛函，其处理思路是将哈特里-福克交换能与常见泛函按照一定的比例进行混合，使计算精度得以进一步提高。目前，密度泛函理论已广泛应用于环境微界面过程的相关研究中。DFT 模型的构建可以结合根据 EXAFS 得到的配位结构，常见的理论计算软件有 CASTEP、DMol³、VASP、Gaussian 等。

# 5.2　砷与锑的界面吸附与沉淀机制

砷与锑在天然矿物、土壤沉积物和金属氧化物等微界面的吸附与转化是决定其环境地球化学循环的重要过程，认识砷与锑的界面反应过程与作用机制对开发高效的污染去除技术具有重要意义。目前普遍认同的砷与锑的界面吸附机理是表面络合反应，以金属氧化物为主的吸附材料，其表面羟基参与砷、锑在材料表面的配体交换和络合反应。结合红外光谱和同步辐射谱学手段，众多研究表明，砷与锑均能与吸附剂中心原子之间通过氧桥形成稳定的内层络合结构，从而在材料表面被吸附去除。此外，吸附材料表面的其他基团如羧基或氨基等，也会对砷、锑的吸附产生重要的影响。目前，各种不同的金属氧化物或其改性材料已被广泛应用于砷、锑的污染治理，包括铁氧化物、稀土金属氧化物、二氧化钛等。

## 5.2.1　砷在铁矿物表面的吸附机制

Waychunas 等（1996，1995，1993）利用 EXAFS 研究了 As(V)在针铁矿、纤铁矿、水铁矿上的吸附机理，表明 As(V)主要通过化学吸附作用与铁氧化物结合；在晶型较好的铁氧化物上以双齿双核形式络合，而在水铁矿上存在双齿双核和单齿结构两种形态的络合物。Fendorf 等（1997）研究表明，不同浓度的 As(V)在针铁矿上的吸附有三种结构类型，即单齿单核、双齿双核和双齿单核；随着浓度的升高，吸附构型逐渐由单齿单核变为双齿双核，进一步变为双齿单核（Manning et al.，1998）。通常，对砷吸附构型的判断除了拟合结果中的配位数，还可根据 As 与吸附剂上金属原子的距离进行判断。比如 As-Fe 在 3.2～3.4 Å 时通常会被认为是双齿双核，然而 Sundman 等（2014）研究发现当 As-Fe 之间距离约为 3.29 Å 时，As-Fe 配位数为 0.7～1.1，即 As(V)以单齿形态吸附在针铁矿上，由此得出单独 As—Fe 键长并不能判断 As 周围的配位数的结论。Manning 等（1998）利用 XAFS 研究 As(III)在针铁矿上的吸附，表明砷的吸附为化学吸附，形成 As—Fe 键长为 3.38 Å 的双齿双核内层络合结构，而且结构稳定，在实验条件下没有发生砷的氧化反应（Kanel et al.，2007）。

Yan 等（2020b）利用原位流动槽 ATR-FTIR 技术结合 DFT 计算，研究了砷在赤铁矿上的吸附行为，发现砷的表面络合结构依赖矿物晶面。如图 5.7 所示，在 {001} 晶面暴露的纳米片（hematite nanoplate，记作 HNP）上，As(III)吸附形成单齿双质子化络合物（$\equiv$FeOAs(OH)$_2$），As(V)吸附以单齿单质子化 As(V)络合物（$\equiv$FeOAsO$_2$(OH)）为主。在 {001} 晶面和 {110} 晶面暴露的纳米棒（hematite nanorod，记作 HNR）上，As(III)吸附存在非质子化双齿双核（$^2$C）络合结构（$\equiv$(FeO)$_2$AsO）和单质子化 $^2$C 络合结构（$\equiv$(FeO)$_2$AsOH）。As(V)吸附在 {110} 晶面时，存在单质子化 $^2$C 构型（$\equiv$(FeO)$_2$AsO$_2$H）和未质子化 $^2$C 构型（$\equiv$(FeO)$_2$AsO$_2$）。在 {214} 晶面暴露的纳米六方锥（hematite bipyramid，记作 HBI）上，存在质子化（$\equiv$(FeO)$_2$AsOH）和非质子化（$\equiv$(FeO)$_2$AsO）的 As(III)络合结构，以及 As(V)的 $^2$C 构型（$\equiv$(FeO)$_2$AsO$_2$H）。

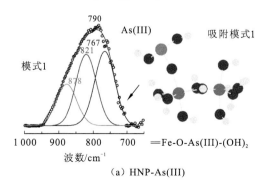
（a）HNP-As(III)

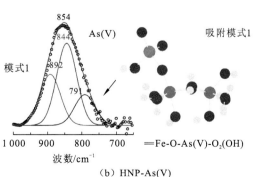
（b）HNP-As(V)

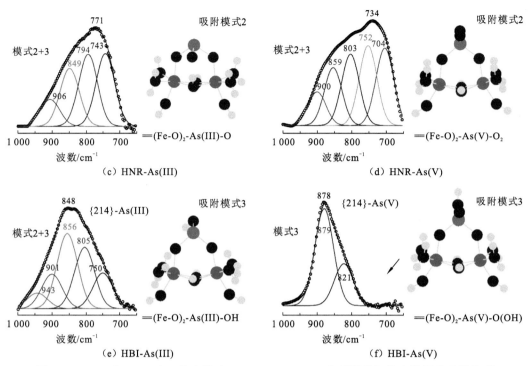

图 5.7 As(III) 和 As(V) 在三种赤铁矿 HNP、HNR、HBI 上吸附的红外光谱图及吸附构型

## 5.2.2 锑的铁矿物表面的吸附与沉淀机制

EXAFS 研究表明，Sb 在铁氧化物表面可形成不同配位构型的内层络合物，在针铁矿、水铁矿、土壤矿物上存在共边双齿（$^2E$）和共角双齿（$^2C$）络合结构，Sb—Fe 距离分别约为 3.1 Å 和 3.5 Å（Verbeeck et al.，2021；Mitsunobu et al.，2010；Scheinost et al.，2006）。Qiu 等（2018）利用截断 X 射线衍射研究 Sb(V) 在赤铁矿单晶($1\bar{1}02$)表面的吸附构型，结果表明存在共边/共角的三齿配位结构，Sb—Fe 距离约为 3.1 Å 和 3.8 Å。

Yan 等（2022）研究发现，锑在赤铁矿上的吸附构型同时依赖晶面和锑浓度，在高浓度锑条件下形成表面沉淀（图 5.8）。EXAFS 结果显示，在 {001} 晶面暴露的纳米片（HNP）上，Sb(III) 浓度小于 6.3 分子数/nm$^2$ 时，Sb—Fe 键的拟合距离为 3.49 Å 和 3.68 Å [图 5.9（a）]，与 DFT 计算得到的 Sb—Fe 距离 3.49～3.78 Å 吻合较好，表明形成 Sb(III) 的单齿单核（$^1C$）络合结构。Sb(V) 在 HNP 上的吸附结构以 $^1C$ 构型为主，Sb—Fe 距离为 3.53～3.80 Å [图 5.9（a）]。在 {001} 晶面和 {110} 晶面暴露的纳米棒（HNR）上，Sb(III) 吸附的 EXAFS 谱拟合得到 Sb—Fe 距离为 3.04 Å、3.49 Å 和 3.70 Å [图 5.9（b）]，表明形成 3 种 $^2C$ 络合构型。在 HNR 上，随着 Sb(V) 浓度从 1.5 分子数/nm$^2$ 升高至 2.3 分子数/nm$^2$，Sb(V) 吸附结构从 $^2E$ 构型（Sb—Fe 距离 3.13～3.15 Å）转变为 $^2C$ 构型 [Sb—Fe 距离 3.59～3.78 Å，图 5.9（b）]。在 {214} 晶面暴露的纳米六方锥（HBI）上，Sb(III) 浓度为 3.4 分子数/nm$^2$ 时，Sb—Fe 键的拟合距离为 3.07 Å 和 3.54 Å，表明形成边共享双齿 $^2E$ 和角共享 $^2C$ 络合结构；当 Sb(III) 浓度升高至 4.9 分子数/nm$^2$ 时，出现 Sb—Fe 距离为 3.58 Å 和 3.80 Å 处的 Fe 配位壳层 [图 5.9（c）]，表明络合结构主要以 $^2C$ 构型存在。当 Sb(V)

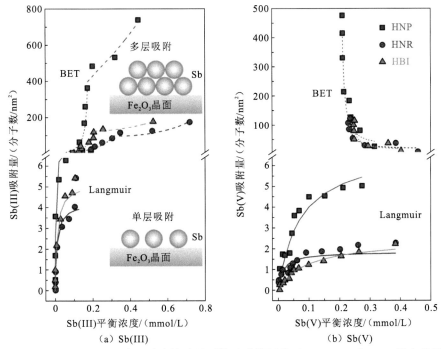

（a）Sb(III)　　　　　　（b）Sb(V)

图 5.8　Sb(III)和 Sb(V)在三种赤铁矿晶面的吸附等温线及 Langmuir 和 BET 拟合结果

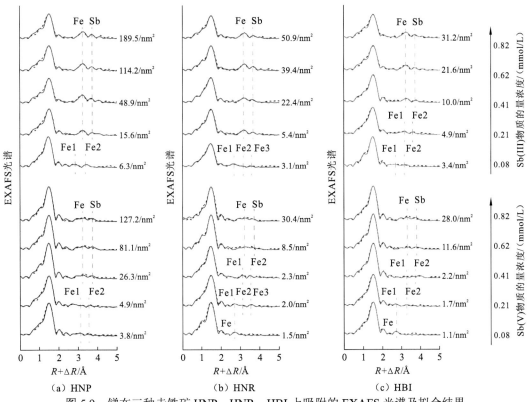

（a）HNP　　　　　　（b）HNR　　　　　　（c）HBI

图 5.9　锑在三种赤铁矿 HNP、HNR、HBI 上吸附的 EXAFS 光谱及拟合结果

浓度从 1.1 分子数/nm$^2$ 升高至 2.2 分子数/nm$^2$ 时，吸附构型从 $^2$E 变化到 $^2$C[图 5.9（c）]。随着 Sb 浓度进一步升高，形成表面沉淀，EXAFS 拟合的 Sb—Fe 和 Sb—Sb 距离分别为 3.53～3.57 Å 和 4.00～4.07 Å（图 5.9）。类似地，Ilgen 等（2012）发现当 Sb 在高岭石和绿脱石表面超过单层覆盖时，在 EXAFS 中观察到 Sb—Sb 路径，多核表面络合物的形成表明出现了初期的表面沉淀。

XRD 表征结果显示，Sb(III) 和 Sb(V) 在赤铁矿晶面上分别形成 Sb$_2$O$_3$ 和 NaSb(OH)$_6$ 沉淀。水钠锑矿（PDF #38-0411）为 Sb(V) 的沉淀相，以颗粒形式聚集在赤铁矿表面，无特定晶格取向。根据 Sb(III) 浓度和赤铁矿晶面不同，Sb$_2$O$_3$ 沉淀相可形成锑华（PDF#11-0689）和方锑矿（PDF #43-1071），这是由 Sb$_2$O$_3$ 相与生长在其上的 Fe$_2$O$_3$ 相之间的外延关系造成的。锑在赤铁矿晶面的沉淀有望实现矿区高浓度锑的固定稳定化。

## 5.2.3  砷在镧、铝氧化物表面的吸附机制

Ladeira 等（2001）利用 EXAFS 结合 DFT 计算对砷在氧化铝上的吸附构型进行了研究，结果表明 As—Al 间距为 3.19 Å，形成了双齿双核的吸附构型。Yang 等（2013）和 Masue 等（2007）研究表明，As(V) 在铝氧化物上 As(V)—Al 距离为 3.13～3.23 Å，形成了双齿双核的吸附构型；As(III)—Al 距离为 3.18～3.49 Å（Duarte et al.，2012），吸附构型包括双齿双核和单齿单核。

Shi 等（2015）利用 EXAFS 对 As(V) 和 As(III) 在活性氧化铝（activated alumina，AA）、载镧氧化铝（lanthanum-impregnated activated alumina，LAA）和镧氧化物（LaOOH）表面上的吸附构型进行了研究。结果显示，对于 AA 上的吸附态砷，As(V) 和 As(III) 外第二层振动峰分别由距离 3.17 Å 的 1.5 个 Al 原子和 3.23 Å 的 1.4 个 Al 原子散射导致，表明形成了砷的双齿双核构型。对于 LaOOH 上的吸附态砷，As(V) 和 As(III) 外第二层振动峰分别由距离 3.34 Å 的 1 个 La 原子和距离 3.39 Å 的 0.9 个 La 原子散射导致，表明砷在 LaOOH 上以单齿单核吸附构型存在。对于 LAA 上的吸附态砷，其第二层振动峰的位置与 LaOOH 上吸附态砷的位置接近，说明 LAA 上吸附态砷更可能与 La 络合，As—La 距离为 3.34～3.42 Å，配位数为 0.7～1.0，吸附构型为单齿单核。

在常见水质的 pH 范围内，As(V) 的水溶液质子化状态不同，其在吸附态结构中，质子化状态也有所差异。吸附态砷的质子化状态对砷的吸附和迁移转化有着重要的作用。通过 EXAFS 可以判定吸附态砷的络合结构，但是并不能判定吸附态砷的质子化状态，而红外光谱对吸附态络合结构的质子化状态非常敏感。Shi 等（2015）利用 ATR-FTIR 技术在 pH=5～9 的条件下分别对 As(V) 在 LAA、LaOOH 和 AA 上的吸附过程进行了红外谱图采集（图 5.10）。结果显示，随着吸附的进行，位于 700～1 000 cm$^{-1}$ 处的 As—O 振动峰逐渐增强。而对于 As(V) 在 LAA 和 AA 上红外谱图，在不同 pH 下，As—O 振动峰发生了明显偏移。其中，对于 As(V) 吸附到 LAA 上，其 As—O 振动峰的峰顶位置从 pH=5 的 839 cm$^{-1}$ 偏移到 pH=8 的 831 cm$^{-1}$，再偏移到 pH=9 的 829 cm$^{-1}$，其偏移方向为从高波数到低波数。另外，对于 As(V) 在 AA 上的吸附红外谱图，其 As—O 振动峰的峰顶位置从 pH=5 的 842 cm$^{-1}$ 偏移到 pH=6 的 860 cm$^{-1}$，再偏移到 pH=8 的 792 cm$^{-1}$，其偏移方向为从低波数到高波数再到低波数。

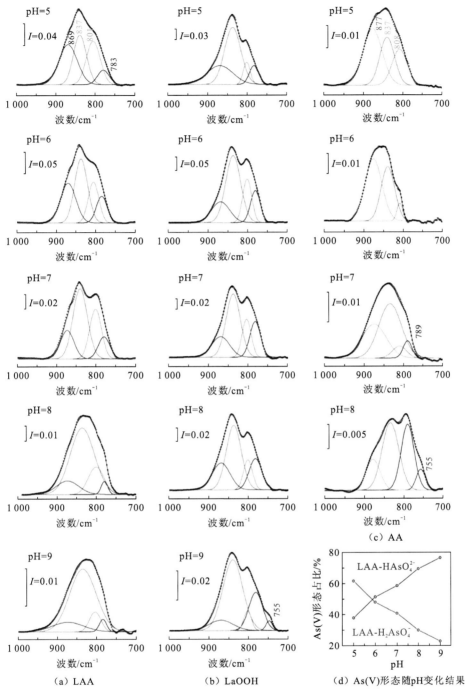

图 5.10　不同 pH 下 As(V) 在 LAA、LaOOH 和 AA 上吸附的 As—O 振动峰的分峰拟合

$I$ 为峰强度

As—O 振动红外峰在不同 pH 条件下的偏移是由其络合构型的齿合度及质子数变化导致的。Arai 等（2001）系统研究了不同 pH 条件下 As(V) 在氧化铝上的吸附构型，发现 pH 并不影响 As(V) 在氧化铝上的齿合度。Shi 等（2015）对 pH=5 和 9 时 LaOOH 上的吸附态 As(V) 进行 EXAFS 分析，发现 As(V) 为单齿单核络合结构，pH 并未改变 As(V) 在 LaOOH 上的齿合度。因此，不同 pH 条件下，吸附态 As(V) 在 LAA 和 AA 上 As—O 振

动峰的偏移是由质子化状态的不同引起的。

Shi 等（2015）对吸附态 As(V)的 As—O 振动峰做了分峰拟合处理，并结合 DFT 计算对红外峰进行分析，研究了吸附态砷的质子化状态。结果显示，LAA 上吸附态 As(V)的 As—O 振动峰有 4 个模式，其峰位分别在 783 cm$^{-1}$、801 cm$^{-1}$、837 cm$^{-1}$ 和 869 cm$^{-1}$，其中 783 cm$^{-1}$ 和 837 cm$^{-1}$ 分别来源于单质子化吸附态 As(V)的 As(V)—O 的对称和非对称振动，双质子化吸附态 As(V)的 As(V)—O 的对称振动和非对称振动分别位于 801 cm$^{-1}$ 和 869 cm$^{-1}$。不同质子化吸附态 As(V)的 As(V)—O 振动频率差异来源于不同的 As(V)—O 键长，当 LAA 上吸附态砷质子化数从双数变为单数时，其 As(V)—O 键长从 1.66 Å 变为 1.68～1.69 Å。而 As(V)—O 键长的增加，导致 As(V)—O 键结合强度变弱，从而使其振动频率下降。分析不同质子化吸附态 As(V)在 LAA 表面的百分比，发现随着 pH 升高，吸附态 As(V)表现出与溶液态 As(V)质子化状态一样的变化趋势：其双质子化状态所占百分比减少，而单质子化状态所占百分比增加（图 5.10）。根据百分比的变化，LAA 表面吸附态 As(V)单双质子化 p$K_{a2}$ 为 5.8，低于其在溶液态的 p$K_{a2}$（约 6.97），说明金属氧化物趋向于吸附低质子化数的含氧阴离子，或者在吸附过程中发生了去质子化。

由于具有相同的表面络合构型，LaOOH 上吸附态 As(V)与 LAA 上吸附态 As(V)的质子化状态类似（图 5.10）。当 pH=9 时，与 LAA 相比，LaOOH 上吸附态 As(V)在 748 cm$^{-1}$ 处多了一个振动模式，来源于单质子化吸附态 As(V)的 As—OLa 的振动。该振动并未在 LAA 上观察到的原因是与 LaOOH 相比，LAA 对 As(V)的吸附量少，而且金属络合的 As—O 振动红外活性要弱于质子络合或未络合的 As—O 振动。另外，吸附态 As(V)的 p$K_{a2}$ 在 LaOOH 上的值小于其在 LAA 上的值，这是由于 LaOOH 上的正电荷含量更高，与质子排斥力更强。

在 AA 上，吸附态 As(V)的 As—O 振动在 pH=5 时有 877 cm$^{-1}$、837 cm$^{-1}$ 和 808 cm$^{-1}$ 三个振动模式。随着 pH 从 5 升高到 8，位于 808 cm$^{-1}$ 处的振动消失，而两个新的振动模式在 789 cm$^{-1}$ 和 755 cm$^{-1}$ 处出现。这些振动模式随着 pH 的变化，产生了不一样的变化趋势，说明其来源于不同质子化的吸附态 As(V)。对 As—O 振动峰进行归属分析，其中，837 cm$^{-1}$ 处的振动峰属于 As—O 的非对称振动，高于 789 cm$^{-1}$ 处 As—O 的对称振动。而 755 cm$^{-1}$ 处的振动峰归属于无质子化吸附态 As(V)中 As—OAl 的振动。同样，Myneni 等（1998a，1998b）对无质子化铝氧化物上吸附态 As(V)的红外谱图进行了实验和 DFT 研究，获得 As—OAl 振动峰位置在 740～750 cm$^{-1}$。对于质子化吸附态 As(V)，质子对 As—O 键的作用强于金属原子 Al，导致 As—OH 的键长要长于 As—OAl，As—OAl 振动峰位置（808 cm$^{-1}$）高于 As—OH（<770 cm$^{-1}$）。在 AA 上的双质子化吸附态 As(V)中 As—OAl 的波数（808 cm$^{-1}$）高于无质子化吸附态 As(V)中的 As—OAl（755 cm$^{-1}$），这是由于双质子化后，吸附态 As(V)上的 As—OH 键长从 1.66 Å 增加到 1.75～1.77 Å，As—OAl 键长缩短，振动变强。

通过对不同 pH 条件下，AA 上吸附态 As(V)中 As—O 振动的归纳分析，可以发现随着 pH 升高，有如下几条规律。

（1）位于 837 cm$^{-1}$、789 cm$^{-1}$ 和 755 cm$^{-1}$ 处的振动峰所占百分比升高。这是由于它们归属于无质子化吸附态 As(V)，而随着 pH 升高，AA 表面上无质子化吸附态 As(V)含量逐渐增加。

（2）位于 808 cm⁻¹ 处的振动峰所占百分比降低。这是由于随着 pH 升高，AA 表面上双质子化 As(V)含量逐渐降低直至消失。

（3）位于 877 cm⁻¹ 处的振动峰所占百分比在 pH 为 5~6 时升高，6~8 时下降，这是由 AA 表面上单质子化 As(V)含量变化导致的。

在 AA 上吸附态 As(V)单质子化时其 As—O 振动（877 cm⁻¹）强于无质子（837 cm⁻¹）或双质子化（808 cm⁻¹）。这是由于当吸附态 As(V)质子化数从 2 变为 1 时，其中 As—O 振动从与质子络合变为未络合，As—O 键长变短，振动增强。而单质子化与无质子化相比，其质子化会作用于另一个 As—O 键，使其振动增强（Arai et al.，2001；Myneni et al.，1998a）。根据各红外振动峰所占百分比，AA 上吸附态 As(V)从双质子化到单质子化的 $pK_a<5$，而其单质子化到无质子化的 $pK_a$ 值约为 6.5。AA 上吸附态 As(V)的 $pK_a$ 值不仅比其溶液态低，而且相较于 LAA 和 LaOOH 上低，表明双齿双核构型更容易发生去质子化吸附过程，也说明了齿合度和质子化之间的关系。

基于 EXAFS、IR 和 DFT 得到的微观吸附构型，Shi 等（2015）利用 MINTEQ 软件构建了 As 在 AA 和 LAA 上的电荷分布多位点表面络合模型，对 As 在 AA 和 LAA 上的吸附等温线进行模拟，结果见图 5.11。LAA 上单质子化吸附态 As(V)的络合常数（lg $K$）为 26.4（表 5.1~5.2），高于双质子化吸附态 As(V)（lg $K$=24.3），说明 LAA 更倾向于吸附单质子化的吸附态 As(V)，与红外光谱中单质子化占比高的结果一致。

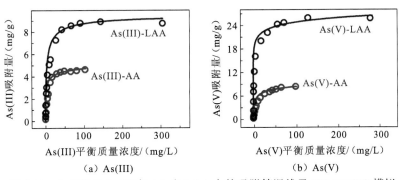

（a）As(III)  （b）As(V）

图 5.11 As(III)和 As(V)在 AA 和 LAA 上的吸附等温线及 CD-MUSIC 模拟

**表 5.1 LAA 上 As(V)和 As(III)吸附等温线 CD-MUSIC 模拟的表面络合反应方程式系数及参数**

| 表面络合物 | $f$ | $P_0^*$ | $P_1^*$ | $P_2^*$ | LaOH | La₂O | La₃O | H | Na | Cl | As(III) | As(V) | lg $K$ |
|---|---|---|---|---|---|---|---|---|---|---|---|---|---|
| LaOH$^{-4/7}$ | | | | | 1 | | | | | | | | |
| LaOH₂$^{+3/7}$ | | 1 | | | 1 | | | 1 | | | | | 8.9 |
| LaOHNa$^{+3/7}$ | | | 1 | | 1 | | | | 1 | | | | −1 |
| LaOH₂Cl$^{-4/7}$ | | 1 | | −1 | 1 | | | 1 | | 1 | | | 7.9 |
| La₂OH$^{-1/7}$ | | | | | | 1 | | | | | | | |
| La₂OH$^{+6/7}$ | | 1 | | | | 1 | | 1 | | | | | 8.9 |
| La₃ONa$^{+6/7}$ | | | 1 | | | 1 | | | 1 | | | | −1 |
| La₃OHCl$^{-1/7}$ | | 1 | | −1 | | 1 | | 1 | | 1 | | | 7.9 |
| La₃O$^{-5/7}$ | | | | | | | 1 | | | | | | |

| 表面络合物 | $f$ | $P_0^*$ | $P_1^*$ | $P_2^*$ | LaOH | La$_2$O | La$_3$O | H | Na | Cl | As(III) | As(V) | lg$K$ |
|---|---|---|---|---|---|---|---|---|---|---|---|---|---|
| La$_3$OH$^{+2/7}$ | | 1 | | | | | 1 | 1 | | | | | 8.9 |
| La$_3$ONa$^{+2/7}$ | | | 1 | | | | 1 | | 1 | | | | −1 |
| La$_3$OHCl$^{-5/7}$ | | 1 | | −1 | | | 1 | 1 | | 1 | | | 7.9 |
| LaOAsO$_3$H$_2^{-4/7}$ | 0.35 | 0.75 | −0.75 | | 1 | | | 3 | | | | 1 | 24.3 (As(V)) |
| LaOAsO$_3$H$^{-11/7}$ | 0.25 | 0.25 | −1.25 | | 1 | | | 2 | | | | 1 | 26.4 (As(V)) |
| LaOAsO$_2$H$_2^{-4/7}$ | 0.33 | 0 | 0 | | 1 | | | | | | 1 | | 4.8 (As(III)) |
| 比表面积/（m$^2$/g） | | | | | | | | 192 | | | | | |
| 内层电容 $C_1$/（F/m$^2$） | | | | | | | | 0.9 | | | | | |
| 外层电容 $C_2$/（F/m$^2$） | | | | | | | | 5 | | | | | |
| 吸附剂质量浓度/（g/L） | | | | | | | | 1 | | | | | |

注：$P_0^* = \exp(-F\Psi_0/RT)$，$P_1^* = \exp(-F\Psi_1/RT)$，$P_2^* = \exp(-F\Psi_2/RT)$，$F$ 为法拉第常数（C/mol），$R$ 为气体常数（J/(mol·K)），$T$ 为热力学温度（K），$\Psi_0$、$\Psi_1$、$\Psi_2$ 是 0、1、2 静电层的电荷电势（V）；表中数值代表络合反应方程式中各组分的系数，后同

**表 5.2　AA 上 As(V) 和 As(III) 吸附等温线 CD-MUSIC 模拟的表面络合反应方程式系数及参数**

| 表面络合物 | $f$ | $P_0^*$ | $P_1^*$ | $P_2^*$ | AlOH | Al$_2$O | Al$_3$O | H | Na | Cl | As(III) | As(V) | lg$K$ |
|---|---|---|---|---|---|---|---|---|---|---|---|---|---|
| AlOH$^{-1/2}$ | | | | | 1 | | | | | | | | |
| AlOH$_2^{+1/2}$ | | 1 | | | 1 | | | 1 | | | | | 8.1 |
| AlOHNa$^{+1/2}$ | | | 1 | | 1 | | | | 1 | | | | −1 |
| AlOH$_2$Cl$^{-1/2}$ | | 1 | | −1 | 1 | | | 1 | | 1 | | | 7.1 |
| Al$_3$O$^{-1/2}$ | | | | | | | 1 | | | | | | |
| Al$_3$OH$^{+1/2}$ | | 1 | | | | | 1 | 1 | | | | | 8.1 |
| Al$_3$ONa$^{+1/2}$ | | | 1 | | | | 1 | | 1 | | | | −1 |
| Al$_3$OHCl$^{-1/2}$ | | 1 | | −1 | | | 1 | 1 | | 1 | | | 7.1 |
| Al$_2$O$_2$AsO$_2$H$_2^0$ | 0.6 | 1 | 0 | | 2 | | | 4 | | | | 1 | 22.1 (As(V)) |
| Al$_2$O$_2$AsO$_2$H$^{-1}$ | 0.5 | 0.5 | −0.5 | | 2 | | | 3 | | | | 1 | 22.9 (As(V)) |
| Al$_2$O$_2$AsO$_2^{-2}$ | 0.4 | 0 | −1 | | 2 | | | 2 | | | | 1 | 24.1 (As(V)) |
| Al$_2$O$_2$AsOH$^{-1}$ | 0.66 | 0 | 0 | | 2 | | | | | | 1 | | 5.6 (As(III)) |
| 比表面积/（m$^2$/g） | | | | | | | | 235 | | | | | |
| 内层电容 $C_1$/（F/m$^2$） | | | | | | | | 0.9 | | | | | |
| 外层电容 $C_2$/（F/m$^2$） | | | | | | | | 5 | | | | | |
| 吸附剂质量浓度/（g/L） | | | | | | | | 1 | | | | | |

### 5.2.4 砷与锑在 TiO$_2$ 表面的吸附机制

Pena 等（2006）利用 FTIR 和 EXAFS 等手段研究了 As(III) 和 As(V) 在 TiO$_2$ 上的吸附机理，当 As(III) 和 As(V) 在 TiO$_2$ 表面吸附后，TiO$_2$ 表面等电点（pH$_{PZC}$）由初始的 5.8 降低为 5.2，说明形成了带负电的内层配合物；EXAFS 结果表明 As(III) 和 As(V) 在 TiO$_2$ 表面以双齿双核的吸附构型存在，其中 Ti—As(III) 和 Ti—As(V) 的距离分别为 3.35 Å 和 3.30 Å，配位数为 2；FTIR 结果表明 As(III) 和 As(V) 在 pH=5~10 条件下吸附时主要以 (TiO)$_2$AsO$^-$ 和 (TiO)$_2$AsO$_2^-$ 的形式存在。He 等（2009）发现在不同 pH 条件下 As(V) 在 TiO$_2$ 上的吸附构型会发生变化，有单齿单核吸附构型的存在。Yan 等（2014）利用掠入射 X 射线吸收精细结构光谱结合 DFT 计算研究了 As(V) 在金红石单晶(110)表面的吸附构型，发现 Ti—As(V) 距离为 2.83 Å、3.36 Å 和 4.05 Å，存在共边/共角的三齿络合结构。Jing 等（2005）利用 EXAFS 研究了一甲基砷（MMA）和二甲基砷（DMA）在 TiO$_2$ 上的吸附构型，结果表明 MMA 在 TiO$_2$ 上以双齿双核吸附构型存在，其 As—Ti 距离为 3.32 Å；DMA 在 TiO$_2$ 上存在单齿吸附构型，其 As—Ti 距离为 3.37 Å。

Yan 等（2016）利用 DFT 计算比较了砷在锐钛矿型 TiO$_2$ 晶面的吸附差异，得到两个结论：其一，在 TiO$_2${001}晶面和{101}晶面，砷的双齿吸附构型比单齿吸附构型更为稳定，吸附能更低；其二，不论是单齿吸附构型还是双齿吸附构型，TiO$_2${001}晶面对砷的吸附能力都强于{101}晶面。对于 As(III) 和 As(V) 的双齿吸附构型，其在{001}晶面的吸附能比在{101}晶面分别低 3.36 eV 和 2.89 eV，说明砷在{001}晶面的吸附构型更为稳定。通过分波态密度（partial density of state，PDOS）研究砷与 TiO$_2$ 表面的成键机理，结果表明，TiO$_2$ 表面未配位饱和的 Ti 原子的 3d 轨道与亚砷酸根或砷酸根上 O 原子的 2p 轨道有电子云的重叠，形成新的 Ti—O 键（图 5.12）。

Yan 等（2017）利用 EXAFS 技术和 DFT 计算研究了砷与锑在高活性 TiO$_2${001}晶面的吸附机制。EXAFS 拟合结果表明，As(III/V) 吸附在 TiO$_2${001}晶面上时，As—Ti 距离为 3.35 Å，表明存在双齿双核（$^2$C）吸附构型。DFT 结构优化的 As(III) 和 As(V) 在 TiO$_2${001}晶面的吸附构型如图 5.13 所示。结果显示，在 TiO$_2${001}晶面上，砷存在解离吸附，即亚砷酸（H$_3$AsO$_3$）和砷酸根（H$_2$AsO$_4^-$）的 H 原子与 TiO$_2$ 表面的 O 原子结合，使砷分子解离并伴随表面重构。这种解离吸附作用使 As(III) 和 As(V) 在 TiO$_2${001}晶面上具有较低的吸附能（$E_{ads}$），分别为-4.78 eV 和-4.72 eV。As(III/V) 在 TiO$_2$ 表面吸附时 As—Ti 距离为 3.30~3.34 Å，与 EXAFS 拟合结果一致。与砷类似，Sb(III/V) 吸附在 TiO$_2${001}晶面

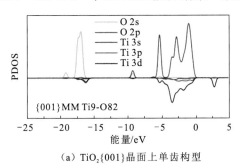

（a）TiO$_2${001}晶面上单齿构型　　　　　（b）TiO$_2${101}晶面上单齿构型

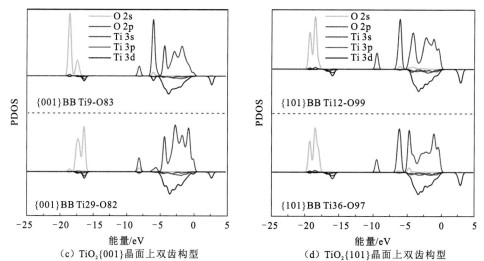

（c）TiO$_2${001}晶面上双齿构型　　　　　　　（d）TiO$_2${101}晶面上双齿构型

图 5.12　As(III)在 TiO$_2${001}和{101}晶面上单齿和双齿吸附构型的 PDOS 图

MM：monodentate mononuclear，表示单齿吸附；BB：bidentate binuclear，表示双齿吸附

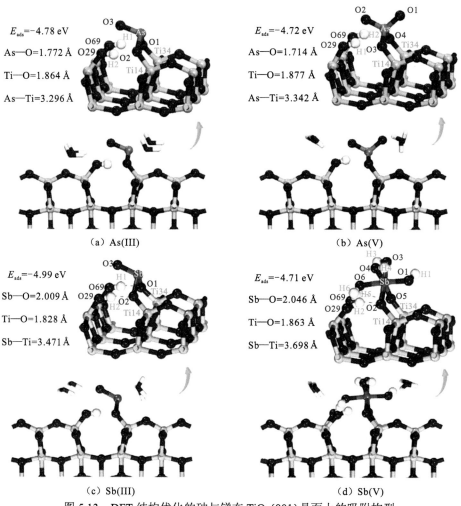

（a）As(III)　　　　　　　　　　　　　　（b）As(V)

（c）Sb(III)　　　　　　　　　　　　　　（d）Sb(V)

图 5.13　DFT 结构优化的砷与锑在 TiO$_2${001}晶面上的吸附构型

上时,存在 Sb 分子的解离,Sb(III)和 Sb(V)的吸附能分别为-4.99 eV 和-4.71 eV(图 5.13)。EXAFS 拟合结果显示,Sb—Ti 距离为 3.50～3.72 Å,与 DFT 计算的 Sb—Ti 距离 3.47～3.70 Å 一致,表明形成 Sb(III/V)的双齿双核(²C)吸附构型。

利用前线轨道理论对砷与锑在 TiO₂ 表面吸附的成键机制进行分析,当吸附分子与表面发生反应时,存在三种相互作用(Hoffmann,1988):①分子的最高占据轨道(highest occupied molecular orbital,HOMO)与表面的导带(conduction band,CB)相互成键;②分子的最低未占据轨道(LUMO)与表面的价带(valence band,VB)相互成键;③分子的最高占据轨道(HOMO)与表面的价带(VB)相互成键。相互作用①和②是两轨道两电子的稳定化相互作用,每个这样的相互作用中会发生从一个体系到另一个体系的电荷转移,形成稳定成键作用。相互作用③是两轨道四电子的去稳定化作用,但当相互作用的反键成分升至费米能级之上时,可在费米能级处腾空其反键成分的电子,不再对体系起去稳定化作用,而体系间的成键组合仍是被填充的。

态密度(density of state,DOS)分析结果如图 5.14 所示。结果表明,As(III/V)与 Sb(III/V)在 TiO₂{001}晶面吸附后,在费米能级以上存在电子态的分布,说明吸附后有电子占据反

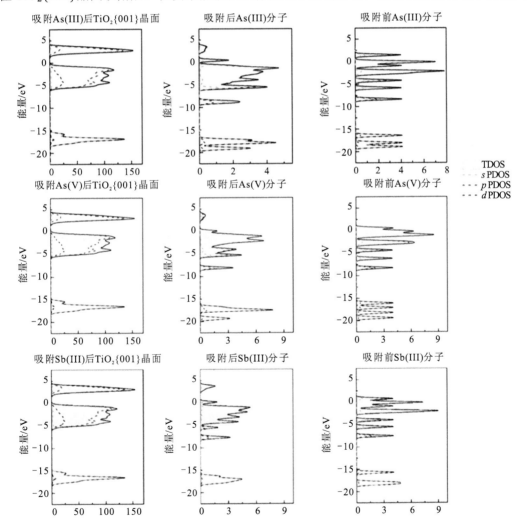

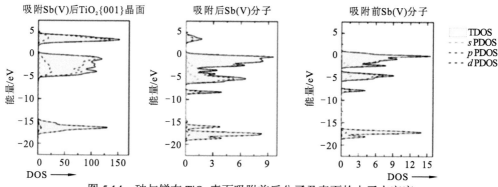

图 5.14　砷与锑在 TiO₂ 表面吸附前后分子及表面的电子态密度

键轨道，这是相互作用③中所提及的成键作用。吸附过程中形成的化学键可进一步通过 PDOS 进行分析。与未配位的 O 原子相比，与表面成键的 As/Sb 分子的 O 原子的 2p 轨道向低能级处偏移，与表面 Ti 原子的 3d 轨道有电子云重叠，形成新的 Ti—O 键，这是相互作用①中所示的成键作用。当 As/Sb 分子吸附在 TiO₂ 表面时，As/Sb 分子的 H 原子解离并与表面 O 原子成键，PDOS 分析结果显示，与未解离的 H 原子相比，解离的 H 原子的 s 轨道向低能级处偏移，与表面 O 原子的 2p 轨道重叠成键，使体系能量显著降低，形成稳定的吸附构型，这是相互作用②所起的稳定化作用。以上成键相互作用使砷与锑在 TiO₂ 表面形成稳定的吸附构型，如图 5.15（Yan et al.，2017）所示，为砷与锑的吸附去除提供了理论基础。

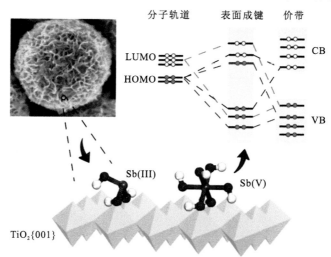

图 5.15　锑在 TiO₂{001} 晶面的吸附构型与成键相互作用

矿物界面水分子影响砷在固-液界面的吸附。Lu 等（2022）利用漫反射傅里叶变换红外光谱（diffuse reflectance infrared Fourier transform spectroscopy，DRIFT）结合 DFT 计算，研究了 As(III)在锐钛矿型 TiO₂ 水化{001}、{100}、{101}和{201}晶面上的吸附。As(III)吸附后 TiO₂ 晶面的 pH$_{PZC}$ 均向左偏移，表明形成了带负电荷的内层络合构型。As(III)在 4 种晶面上的最大吸附量符合{201}＞{100}＞{101}＞{001}的顺序，源于 As(III)在不同晶面上的吸附亲和力差异。同时，As(III)在 TiO₂ 表面的吸附与界面水分子的吸附构型相关。DRIFT 结果显示，{201}晶面上存在水分子端羟基（—OH$_{ter}$）与桥羟基（—OH$_{bri}$）

的伸缩振动，与{100}晶面结果一致，表明{201}晶面与{100}晶面存在解离的水分子构型。在{001}晶面上仅存在端羟基的伸缩振动。与{201}晶面和{100}晶面相比，{001}晶面处的端羟基特征峰发生了红移，这是由于水分子的吸附使 $TiO_2$ 表层的 Ti—O 键断裂，与相邻的水分子形成了强氢键作用，从而降低了端羟基中—OH 的相互作用。此外，水分子在{101}晶面上未发生解离吸附。DFT 结果表明，As(III)在 $Ti_{5C}$ 上的吸附能高于 $Ti_{4C}$，说明 As(III)更容易与 $Ti_{5C}$ 结合。此外，砷的吸附能 $E_{ads\text{-}As}$ 在不同位点上的顺序与 $E_{ads\text{-}H_2O}$ 的结果相反，即水分子的强吸附作用抑制了后续的 As(III)吸附。As(III)的吸附能与晶面活性和水分子的断键两个因素相关。水分子与 $TiO_2$ 表面结合得越牢固，后续 As(III)通过取代水分子与 $TiO_2$ 表面成键就越困难，因此高活性{001}晶面上 As(III)的吸附量最低。As(III)在 4 种晶面的吸附量与水化晶面上 As(III)吸附能呈线性关系（图 5.16），揭示了晶面的水化构型对 As(III)吸附的重要作用。

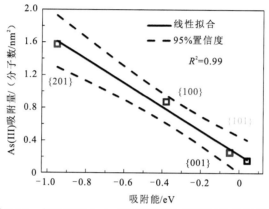

图 5.16 水化晶面上 As(III)吸附能与吸附量的线性关系

# 5.3 砷与锑的界面形态转化机制

砷与锑在环境多介质界面的价态转化与迁移过程控制其赋存形态、毒性和生物可给性。目前有很多催化体系可用于 As(III)和 Sb(III)的催化氧化，包括 $TiO_2$/UV、芬顿或类芬顿反应等。这些催化体系提供高活性的氧化物种，如羟基自由基、超氧自由基、硫酸自由基和空穴等。

## 5.3.1 砷在 $TiO_2$ 表面的光催化氧化

$TiO_2$ 作为一种清洁的吸附和催化材料，被广泛应用于光催化或光电催化氧化 As(III)。Dutta 等（2005）研究表明，$TiO_2$ 体系产生的羟基自由基（•OH）是 As(III)氧化的主要活性氧物种，但 Ryu 等（2006）研究表明，体系中超氧自由基（$O_2^{\cdot-}$）起主要光催化作用。Yan 等（2016）研究了 As(III)在三种材料[包括实验室合成（homemade，HM）、商业购买的 JR05 和 VK-TG01]中 $TiO_2$ 表面的光催化氧化过程，如图 5.17 所示。As(III)在 $TiO_2$ 上的光催化氧化过程符合一级动力学方程，氧化速率顺序为 VK-TG01＞JR05＞HM。通过电子自旋共振（ESR）波谱法对体系中的活性氧物种（ROS）进行鉴定。如图 5.18 所

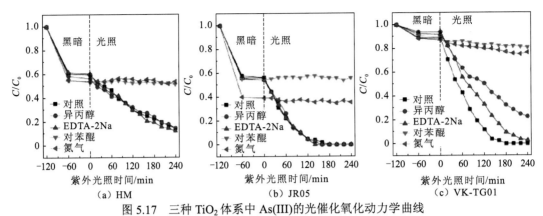

图 5.17 三种 TiO₂ 体系中 As(III)的光催化氧化动力学曲线

加入 200 mmol/L 异丙醇、40 mmol/L 对苯醌及 40 mmol/L EDTA-2Na 猝灭剂；初始 As(III)质量浓度为 14 mg/L，
TiO₂ 质量浓度为 0.3 g/L，pH=7；将紫外光照开始的时间设为 0 min

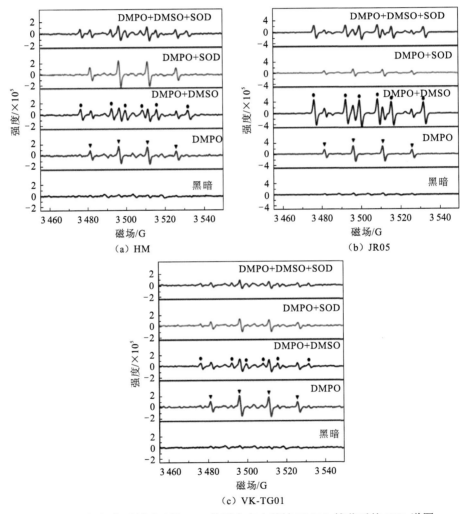

图 5.18 加入猝灭剂后三种 TiO₂ 体系中自由基被 DMPO 捕获后的 ESR 谱图

加入 10%二甲基亚砜（DMSO，·OH 猝灭剂）和 0.05 g/L 超氧化物歧化酶（SOD，$O_2^{\cdot-}$ 猝灭剂）、
紫外照射 30 s；三角形和圆形表示 DMPO–OH 和甲基自由基的信号；1 G=10⁻⁴ T

示，在三种 $TiO_2$ 光催化体系中，均检测到 DMPO-•OH 和 DMPO-$O_2^{\cdot-}$ 加合物的信号，证明体系中存在 •OH 和 $O_2^{\cdot-}$ 自由基。根据 ESR 信号的强度，三种 $TiO_2$ 产生 •OH 的能力为 VK-TG01＞JR05＞HM，与利用对苯二甲酸作为荧光探针检测的不同 $TiO_2$ 体系中•OH 的信号强度一致。通过对比加入二甲基亚砜（•OH 猝灭剂）和超氧化物歧化酶（$O_2^{\cdot-}$ 猝灭剂）后 ESR 信号的变化，不同 $TiO_2$ 产生 $O_2^{\cdot-}$ 的能力为 JR05＞VK-TG01＞HM。

在光催化反应体系中，活性氧自由基的产生决定光催化反应过程。猝灭实验表明，在 VK-TG01-$TiO_2$ 光催化体系中，加入异丙醇（•OH 猝灭剂）和 EDTA-2Na（$h^+$ 猝灭剂）后，As(III)的氧化效率分别被抑制了 74%和 34%，说明•OH 和 $h^+$ 均参与了光催化氧化过程。与之相反，在 HM-$TiO_2$ 和 JR05-$TiO_2$ 光催化体系中加入异丙醇和 EDTA-2Na 后，As(III)的氧化效率并没有改变，说明在这两种 $TiO_2$ 体系中，•OH 和 $h^+$ 均不参与 As(III)的氧化过程。在三种 $TiO_2$ 体系中，加入对苯醌（$O_2^{\cdot-}$ 猝灭剂）可显著降低 As(III)的氧化效率，表明 $O_2^{\cdot-}$ 对 As(III)的氧化作用尤为重要。超氧自由基（$O_2^{\cdot-}$）是由 $TiO_2$ 表面吸附的 $O_2$ 分子获得光生电子产生的，可通过氮气氛围下 As(III)的氧化效率证实。通入氮气后，$TiO_2$ 对 As(III)的氧化作用被完全抑制，与加入 $O_2^{\cdot-}$ 猝灭剂时的结果相符（图 5.17），说明在以上 $TiO_2$/UV 体系中，$O_2^{\cdot-}$ 是 As(III)氧化的主要活性氧物种。

•OH 和 $O_2^{\cdot-}$ 主要是 $TiO_2$ 表面吸附的 $H_2O$ 和 $O_2$ 获得光生空穴（$h^+$）和电子（$e^-$）产生的。$TiO_2$ 晶面会影响 $O_2$ 的吸附及 $O_2^{\cdot-}$ 的产生。利用 DFT 计算研究 $O_2$ 在 $TiO_2$ 不同晶面的吸附，与{101}晶面相比，$O_2$ 在{001}晶面的吸附能更低（-2.48 eV），Ti—O 键距离更短（2.012 Å），而在{101}晶面上 $O_2$ 的吸附能和 Ti—O 键距离分别为-1.79 eV 和 2.033 Å（图 5.19）。$TiO_2${001}晶面对 $O_2$ 的显著吸附作用有利于 $TiO_2$ 的光生电子转移至表面吸附的 $O_2$ 上（电荷转移值为 $0.39\ e^-$），形成超氧自由基，该过程有利于 $TiO_2$ 光生电子和空穴的分离，进一步提高光催化作用。拉曼光谱表明，三种 $TiO_2$ 的{001}晶面比例为 JR05（17%）＞VK-TG01（7%）＞HM（4%）。因此，具有较多 $TiO_2${001}晶面的 JR05 与 HM 相比，表现出较为显著的光催化性能。

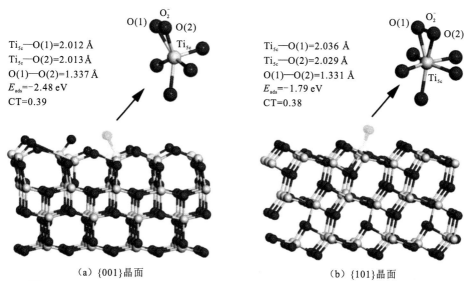

Ti$_{5c}$—O(1)=2.012 Å
Ti$_{5c}$—O(2)=2.013 Å
O(1)—O(2)=1.337 Å
$E_{ads}$=-2.48 eV
CT=0.39

Ti$_{5c}$—O(1)=2.036 Å
Ti$_{5c}$—O(2)=2.029 Å
O(1)—O(2)=1.331 Å
$E_{ads}$=-1.79 eV
CT=0.38

（a）{001}晶面　　　　　　　　（b）{101}晶面

图 5.19　$O_2$ 分子在 $TiO_2${001}晶面和{101}晶面的吸附构型、吸附能和电荷转移

## 5.3.2 锑在 TiO₂ 晶面的光催化氧化

Song 等（2017）比较了 TiO₂ 晶面自由基的产生及对锑的光催化氧化效果。如图 5.20 所示，光照之前溶液中 Sb(III) 的减少主要是由于 TiO₂ 晶面对 Sb(III) 的吸附。紫外光照之后 Sb(III) 在 4 种 TiO₂ 晶面上的光催化氧化动力学符合一级动力学模型，氧化速率顺序为 {201}晶面＞{101}晶面＞{001}晶面＞{100}晶面。黑暗条件或无 TiO₂ 的对照组中，Sb(III) 的氧化可忽略不计。因此，TiO₂/UV 体系中产生的活性氧物种是 Sb(III) 氧化的关键，而活性氧物种的产生依赖 TiO₂ 晶面。

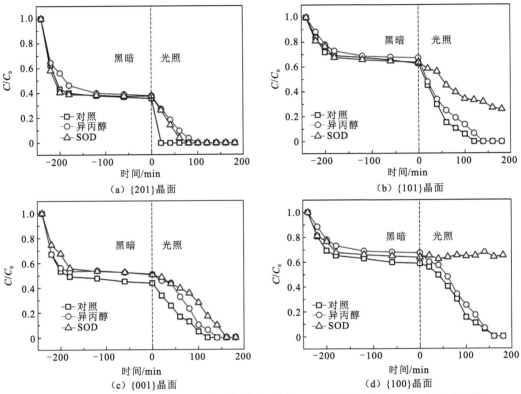

图 5.20　紫外光照及添加自由基猝灭剂前后不同 TiO₂ 晶面吸附催化 Sb(III) 的浓度变化

Sb(III) 初始质量浓度为 10 mg/L，TiO₂ 质量浓度为 0.2 g/L，pH=7

羟基自由基（·OH）和超氧自由基（$O_2^{\cdot-}$）等活性氧物种是 Sb(III) 在 TiO₂/UV 体系中发生氧化的主要氧化剂。为探究 4 种不同晶面的自由基产生机制及主导的自由基种类，使用不同猝灭剂进行自由基猝灭实验，包括异丙醇（·OH 猝灭剂）及超氧化物歧化酶（SOD，$O_2^{\cdot-}$ 猝灭剂）。加入异丙醇及 SOD 后，Sb(III) 在 TiO₂{201}晶面上的氧化速率分别被抑制了 69%和 59%，在{001}晶面上则被抑制了 18%和 46%。与之相反的是，在异丙醇猝灭{100}和{101}TiO₂ 体系中的 ·OH 之后，Sb(III) 的氧化并未受到明显影响；而 SOD 猝灭{101}TiO₂ 体系中的 $O_2^{\cdot-}$ 之后，Sb(III) 的氧化几乎被完全抑制（表 5.3）。以上结果显示，·OH 和 $O_2^{\cdot-}$ 在{201}、{001} TiO₂ 催化氧化 Sb(III) 的过程中均起到重要作用；而 $O_2^{\cdot-}$ 在{101}和{001} TiO₂ 催化体系中起到了更大的作用，在{100} TiO₂ 体系中则起到主导作用。

表 5.3　Sb(III)在 4 种 TiO$_2$ 晶面上的光催化氧化一级动力学速率常数

| TiO$_2$ 晶面 | 一级动力学速率常数/（×10 000 min$^{-1}$） | | | ·OH 占比/% | O$_2^{\cdot-}$ 占比/% |
| --- | --- | --- | --- | --- | --- |
| | 对照组 | ·OH 猝灭 | O$_2^{\cdot-}$ 猝灭 | | |
| {201} | 913 | 280 | 366 | 69 | 59 |
| {101} | 231 | 179 | 53 | 23 | 77 |
| {001} | 216 | 177 | 116 | 18 | 46 |
| {100} | 168 | 114 | 2 | 32 | 99 |

利用对苯二甲酸作为荧光探针检测不同 TiO$_2$ 晶面产生的·OH。随着光照时间的延长，TiO$_2${201}晶面产生了浓度最高的·OH，其他三种晶面浓度依次为{001}晶面＞{101}晶面＞{100}晶面。利用连续流化学发光装置以鲁米诺作为化学发光探针，对 4 种 TiO$_2$ 晶面中产生的 O$_2^{\cdot-}$ 进行在线检测。在黑暗条件下，TiO$_2$ 溶液中产生的 O$_2^{\cdot-}$ 浓度很低，可以忽略不计。而加入紫外光照后，O$_2^{\cdot-}$ 浓度迅速升高，并在 120～250 s 内达到平衡值（图 5.21）。4 种 Sb(III)-TiO$_2$ 样品体系中的 O$_2^{\cdot-}$ 浓度均低于纯 TiO$_2$ 悬浊液中的浓度，表明 Sb(III)光催化氧化过程中存在 O$_2^{\cdot-}$ 的消耗。比较信号强度，4 种 TiO$_2$ 晶面中 O$_2^{\cdot-}$ 浓度排序依次为{201}晶面＞{101}晶面＞{001}晶面≈{100}晶面，与 Sb(III)的光催化氧化速率基本一致。分析表明，TiO$_2$ 表面仅有一部分 O$_2^{\cdot-}$ 被消耗于 Sb(III)氧化。其中，TiO$_2${201}晶面总共产生了

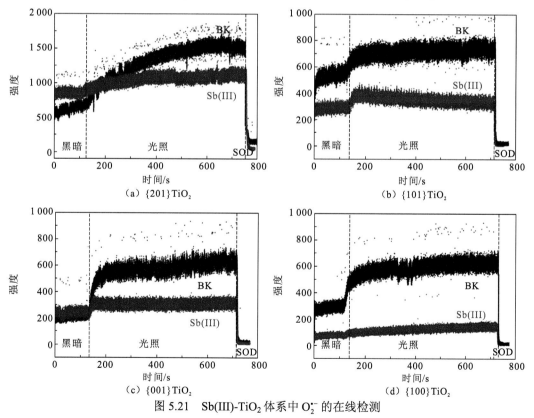

图 5.21　Sb(III)-TiO$_2$ 体系中 O$_2^{\cdot-}$ 的在线检测

红色数据点代表 Sb(III)-TiO$_2$ 体系中的 O$_2^{\cdot-}$ 浓度变化，黑色数据点代表纯 TiO$_2$ 体系（BK）中 O$_2^{\cdot-}$ 的浓度变化

56 nmol/L $O_2^{\cdot-}$，反应消耗了 23 nmol/L $O_2^{\cdot-}$，即只有 41% $O_2^{\cdot-}$ 参与了光催化氧化过程；TiO$_2${101}晶面共产生 27 nmol/L $O_2^{\cdot-}$，反应消耗了 12 nmol/L（44%）。相比之下，TiO$_2${001}晶面和{100}晶面仅产生 21 nmol/L $O_2^{\cdot-}$，其在光氧化反应期间全部消耗。与低指数 TiO$_2$相比，高指数 TiO$_2${201}晶面表现出较好的 Sb(III)吸附及光催化活性；Sb(III)的吸附容量及反应中产生的·OH、$O_2^{\cdot-}$ 浓度均与 TiO$_2$ 晶面能密切相关（图 5.22），这为开展基于 TiO$_2$材料的环境应用奠定了重要基础。

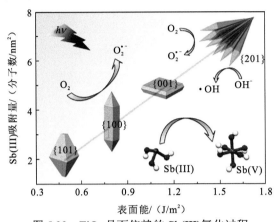
图 5.22　TiO$_2$ 晶面依赖的 Sb(III)氧化过程

## 5.3.3　硫化锑在黄铁矿表面的氧化溶解与迁移转化

　　地质成因的砷与锑大多来源于含砷与锑矿物的溶解。辉锑矿（Sb$_2$S$_3$）是最重要、最普遍的锑矿，其溶解和迁移是锑在水环境中的主要来源。环境因子如光照、矿物表面和溶解氧等，在控制 Sb$_2$S$_3$ 的转化和迁移方面起着重要作用。Biver 等（2012）研究表明，Sb$_2$S$_3$ 的溶解过程与 pH、溶解氧和共存离子 Fe$^{3+}$ 密切相关。光照条件影响 Sb$_2$S$_3$ 的溶解反应，Hu 等（2015）研究表明，Sb$_2$S$_3$ 的半导体能带结构（1.72 eV）在光照下可产生羟基自由基（·OH），促进 Sb$_2$S$_3$ 的氧化溶解。

　　黄铁矿（FeS$_2$）是与 Sb$_2$S$_3$ 伴生的最常见的天然矿物，对锑的环境过程如氧化/还原和吸附转化具有重要影响。Yan 等（2020a）研究了 Sb$_2$S$_3$ 在 FeS$_2$ 上的氧化溶解及迁移转化，发现 FeS$_2$ 的存在增强了 Sb$_2$S$_3$ 的氧化率（约 11.4 倍）。利用选择性清除剂猝灭不同活性反应物种来评估其对 Sb(III)氧化的贡献，发现氮气吹扫抑制了 28%的 Sb(III)氧化，表明溶解氧促进了 Sb(III)的氧化；添加叔丁醇 TBA（·OH 清除剂）、对苯醌 PBQ（$O_2^{\cdot-}$ 清除剂）和 EDTA-2Na（空穴 $h^+$ 清除剂）后，Sb$_2$S$_3$ 的氧化抑制率分别为 22%、91%和 89%，表明 $O_2^{\cdot-}$ 主导了 Sb(III)的氧化过程。此外，$O_2^{\cdot-}$ 的形成不仅来源于溶解氧与光生电子 $e^-$的直接反应，还来源于 ·OH 的反应。

　　Sb$_2$S$_3$ 在 FeS$_2$ 表面的氧化溶解与溶解态 Sb(III)有很大的差异，Sb$_2$S$_3$ 和 FeS$_2$ 异质界面上的反应在 Sb$_2$S$_3$ 的转化过程中发挥了重要作用。Sb$_2$S$_3$ 在 FeS$_2$ 表面的氧化溶解与迁移机制可总结如图 5.23 所示。Sb$_2$S$_3$ 溶解机制是用—OH 基团取代—S 释放可溶性 Sb(III)，溶解的 Sb(III)被 FeS$_2$ 表面的 Fe$^{2+}$/Fe$^{3+}$ 循环产生的 ·OH 氧化，这种氧化过程主要发生在黑暗条件下（途径 1）。在模拟日光照射条件下，异质界面电子转移是 Sb$_2$S$_3$-FeS$_2$ 界面反应的关键,电子从 $Sb_2S_3$ 转移到 $FeS_2$ 促进了 $FeS_2$ 表面 $O_2^{\cdot-}$ 的生成,导致 Sb(III)的氧化(途径 2)。此外,电子转移增强了 $Fe^{2+}/Fe^{3+}$ 循环,并通过途径 1 促进 Sb(III)氧化。$FeS_2$ 表面上的 Sb(III)氧化和吸附固定随后抑制了 $FeS_2$ 的溶解。同时,$Sb_2S_3$ 溶解促进了·OH 从表面释放到溶液中,氧化溶液中的 Sb(III)(途径 3)。

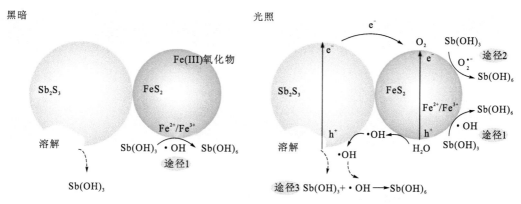

图 5.23　黑暗和光照条件下 $Sb_2S_3$ 在 $FeS_2$ 上的氧化溶解和吸附反应机制

## 5.3.4　砷在还原氧化石墨烯/金属氧化物复合界面的氧化过程

近年来,利用还原氧化石墨烯(reduced graphene oxide,rGO)作为基底的石墨烯/金属氧化物复合材料(reduced graphene oxide/metal oxide,rGM)受到广泛关注,应用于能源、催化及环境领域。rGM 上含氧官能团对污染物的吸附和催化起到了重要作用。Shi 等(2020)制备了不同类型的金属氧化物改性石墨烯材料,包括镧氧化物(rGLA)、铝氧化物(rGA)和钛氧化物(rGT),并利用不同还原剂制备了不同还原程度的氧化石墨烯/镧氧化物(rGLB、rGLC、rGLD)(图 5.24),研究了 rGM 上环氧基团对吸附态 As(III)的氧化属性。

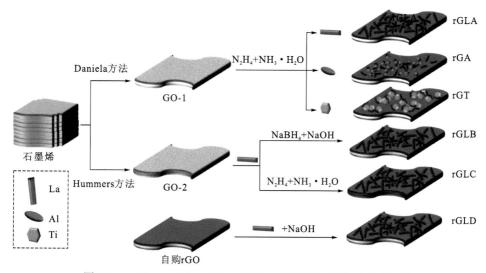

图 5.24　rGLA、rGA、rGT、rGLB、rGLC 和 rGLD 的合成方法

基于同步辐射的 μ-XRF 对吸附 As(III) 的 rGLA 的元素分布扫描表明 As 与 La 的分布吻合；相关性分析结果表明，As 与 La 元素分布显著相关（$R^2=0.968$），说明 As 主要吸附在 rGLA 的 La(OH)$_3$ 上（图 5.25）。在 μ-XRF 扫描图对不同 La 含量的点（1~6 号点）进行 As 的 K 边的 μ-XANES 谱图分析，确定不同 La 含量时 As 的价态。结果显示，其中 1~2 号点位置的 As 的 XANES 谱峰中可明显观察到 11 870 eV 处 As(III) 的峰，而 3~6 号点位置的 XANES 谱峰中并无明显的 As(III)，表明 As(V) 的含量在 1~2 号点和 3~6 号点并不相同。而 1~2 号点和 3~6 号点的 La 含量并无明显差异，说明 La(OH)$_3$ 对 As(III) 的氧化无明显影响。As(III) 吸附到 rGLA 的实验是在充氮气和避光条件下进行的，因此排除了 O$_2$ 和光照的影响。合成的不同金属氧化物负载的 rGM 材料包括 rGO@AlO(OH)(rGA) 和 rGO@TiO$_2$ (rGT)。利用 XANES 研究 As(III) 的氧化，发现吸附到 rGA 和 rGT 上的 As(III) 均被氧化，而吸附到 La(OH)$_3$ 上的 As(III) 并未被氧化，说明在 rGM 中，rGO 是 As(III) 氧化的主要因素。

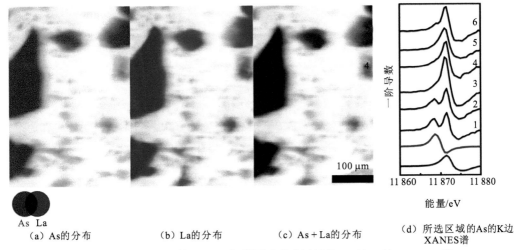

（a）As 的分布　　　（b）La 的分布　　　（c）As + La 的分布　　　（d）所选区域的 As 的 K 边 XANES 谱

图 5.25　吸附 As(III) 的 μ-XRF 扫描图及所选区域的 As 的 K 边 XANES 谱

借助原位在线红外光谱表征及二维相关光谱分析，发现在 As(III) 氧化过程中，石墨烯表面环氧基团 C—O—C 振动峰的降低与 As(V)—O 振动峰的升高呈显著相关。如图 5.26 所示，吸附过程中 As—O 振动峰升高，680~830 cm$^{-1}$ 的振动是由 As(III)—O 引起的，而 830~900 cm$^{-1}$ 的振动则是由 As(V)—O 引起的。红外谱图证明，在吸附过程中 As(III) 发生了氧化。同时，位于 1 300~1 600 cm$^{-1}$ 的负峰是因为金属氧化物表面羟基峰减少，说明 As(III) 的吸附是金属氧化物表面的羟基置换反应。位于 1 220~1 260 cm$^{-1}$ 的负峰是 rGO 上环氧基团 C—O—C 振动引起的，说明 As（III）吸附过程中出现了环氧基团的消耗。利用二维相关光谱进行分析，研究环氧基团消耗与 As(V) 氧化的关系。如图 5.26 所示，As(III) 吸附到 rGMs 的过程中，在 1 220~1 260 cm$^{-1}$ 有明显的自相关峰，说明 As(III) 氧化过程中消耗了环氧基团。在 As(III) 吸附到 rGLC 和 rGLD 的红外谱图［图 5.26（e）~（f）］上，环氧基团消耗的负峰与 La(OH)$_3$ 羟基消耗的峰重叠，并不明显，这是由其较弱的氧化能力导致的。

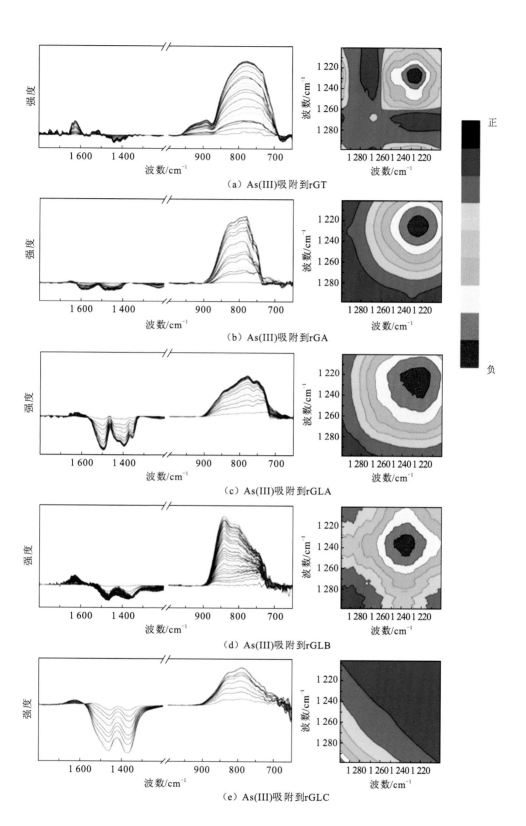

（a）As(III)吸附到rGT

（b）As(III)吸附到rGA

（c）As(III)吸附到rGLA

（d）As(III)吸附到rGLB

（e）As(III)吸附到rGLC

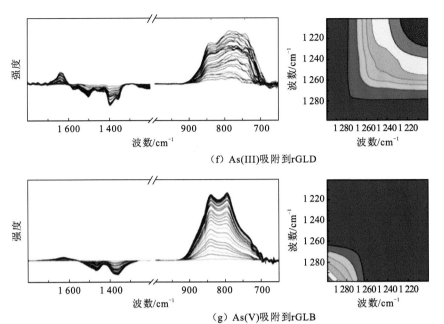

（f）As(III)吸附到rGLD

（g）As(V)吸附到rGLB

图 5.26　As(III)吸附到 rGT、rGA、rGLA、rGLB、rGLC 和 rGLD，以及 As(V)吸附到
rGLB 过程的原位 ATR-FTIR 谱图及二维相关光谱图

XANES 和 ATR-FTIR 结果中，rGLB 均表现出比其他 rGLs 更强的 As(III)氧化能力。作为对照，As(V)吸附到 rGLB 过程的二维红外光谱见图 5.26（g），在 1 220～1 260 cm$^{-1}$ 并没有负的自相关峰，说明 As(V)吸附过程中并没有环氧基团的消耗。在 As(V)饱和吸附到 rGLB 之后，通入 As(III)溶液，继续使用原位在线 ATR-FTIR 观察反应过程，并未发现 As—O 振动峰的升高或偏移，这是由于 As(V)占据了 rGLB 上的吸附位点，不再有 As(III)的吸附。As(III)吸附到 rGLB 过程中的二维同步相关光谱表明，在未吸附 As(V)的 rGLB 表面 As(V)—O 振动峰与 C—O—C 显著负相关，此外，当 rGLB 吸附了 As(V)后则无 As(V)—O 和 C—O—C 的负相关峰，说明 C—O—C 对 As(III)的氧化需要 As(III)预先吸附到 rGLs 上。利用 XPS 和 XANES 数据对 rGLs 系列材料的环氧基团含量和 As(III)的氧化能力做定量相关性分析，发现环氧基团含量与吸附了 As(III)的 rGLs 上 As(V)含量之间存在显著相关关系（$P=0.004$，图 5.27），说明环氧基团是 As(III)吸附过程中发生氧化的原因。

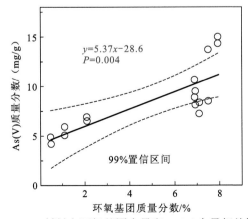

$y=5.37x-28.6$
$P=0.004$

99%置信区间

图 5.27　rGL 材料上环氧基团含量和 As(V)含量相关性分析

EXAFS 光谱拟合结果显示，As(III)和 As(V)分别以双齿双核（As—La 距离为 3.27 Å）和单齿单核（As—La 距离为 3.35 Å）的吸附构型吸附在 La(OH)$_3$ 上，rGO 的存在并未改变砷的吸附构型。在 As(III)氧化过程中，rGLB 上双齿双核配位的 As(III)络合结构转变为 As(V)的单齿单核配位结构。利用 DMol$^3$ 模块对 As(III)在 rGL 上的吸附-氧化过程进行 DFT 计算。如图 5.28 所示，As(III)以单齿单核的吸附构型吸附到 La(OH)$_3$ 团簇上；之后 rGO 的环氧基团结合表面吸附的 As(III)O$_3$，经历中间过渡态最终生成 As(V)O$_4$；氧化后 As(V)的吸附构型变为单齿单核。与传统自由基介导的砷氧化过程不同，Shi 等（2020）发现固相界面的环氧基团能直接氧化 As(III)，这一新的砷氧化途径与机制丰富了砷形态转化的理论内涵，因为环境中广泛存在的溶解性有机质（DOM）含有主导砷氧化的环氧基团，为环境中砷的迁移转化和高效去除研究提供了新思路。

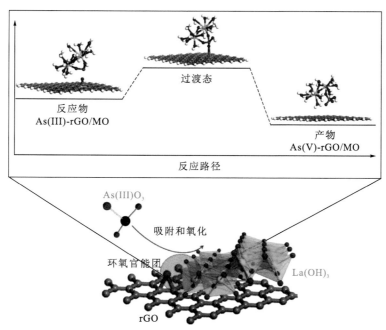

图 5.28　As(III)在还原氧化石墨烯/氧化镧复合界面的氧化过程

# 参 考 文 献

ARAI Y, ELZINGA E J, SPARKS D L, 2001. X-ray absorption spectroscopic investigation of arsenite and arsenate adsorption at the aluminum oxide-water interface. Journal of Colloid and Interface Science, 235(1): 80-88.

BIVER M, SHOTYK W, 2012. Stibnite (Sb$_2$S$_3$) oxidative dissolution kinetics from pH 1 to 11. Geochimica et Cosmochimica Acta, 79: 127-139.

DAVID S, SHOLL J S, 2009. Density functional theory: A practical introduction. Hoboken: John Wiley & Sons, Inc.

DUARTE G, CIMINELLI V S T, DANTAS M S S, et al., 2012. As(III) immobilization on gibbsite: Investigation of the complexation mechanism by combining EXAFS analyses and DFT calculations.

Geochimica et Cosmochimica Acta, 83: 205-216.

DUTTA P K, PEHKONEN S O, SHARMA V K, et al., 2005. Photocatalytic oxidation of arsenic(III): Evidence of hydroxyl radicals. Environmental Science & Technology, 39(6): 1827-1834.

FENDORF S, EICK M J, GROSSL P, et al., 1997. Arsenate and chromate retention mechanisms on goethite .1. Surface structure. Environmental Science & Technology, 31(2): 315-320.

GOLDBERG S, CRISCENTI L J, TURNER D R, et al., 2007. Adsorption-desorption processes in subsurface reactive transport modeling. Vadose Zone Journal, 6(3): 407-435.

HE G, ZHANG M, PAN G, 2009. Influence of pH on initial concentration effect of arsenate adsorption on $TiO_2$ surfaces: Thermodynamic, DFT, and EXAFS interpretations. The Journal of Physical Chemistry C, 113(52): 21679-21686.

HIEMSTRA T, VENEMA P, VANRIEMSDIJK W H, 1996. Intrinsic proton affinity of reactive surface groups of metal(hydr)oxides: The bond valence principle. Journal of Colloid and Interface Science, 184(2): 680-692.

HOFFMANN R, 1988. Solids and surfaces: A chemist's view of bonding in extended structures. New York: Wiley-VCH.

HU X, HE M, KONG L, 2015. Photopromoted oxidative dissolution of stibnite. Applied Geochemistry, 61: 53-61.

HUANG C P, STUMM W, 1973. Specific adsorption of cations on hydrous gamma-$Al_2O_3$. Journal of Colloid and Interface Science, 43(2): 409-420.

ILGEN A G, TRAINOR T P, 2012. Sb(III) and Sb(V) Sorption onto Al-rich phases: Hydrous Al oxide and the clay minerals kaolinite KGa-1b and oxidized and reduced nontronite NAu-1. Environmental Science & Technology, 46(2): 843-851.

JING C Y, MENG X G, LIU S Q, et al., 2005. Surface complexation of organic arsenic on nanocrystalline titanium oxide. Journal of Colloid and Interface Science, 290(1): 14-21.

KANEL S R, NEPAL D, MANNING B, et al., 2007. Transport of surface-modified iron nanoparticle in porous media and application to arsenic(III) remediation. Journal of Nanoparticle Research, 9(5): 725-735.

LADEIRA A C Q, CIMINELLI V S T, DUARTE H A, et al., 2001. Mechanism of anion retention from EXAFS and density functional calculations: Arsenic(V) adsorbed on gibbsite. Geochimica et Cosmochimica Acta, 65(8): 1211-1217.

LEVINE I N, 2009. Quantum chemistry. London: Pearson Prentice Hall.

LU S, YAN L, ZHONG W, et al., 2022. Hydration of $TiO_2$ facets regulates As(III) adsorption: DFT and DRIFTS study. Langmuir, 38(1): 275-281.

MANNING B A, FENDORF S E, GOLDBERG S, 1998. Surface structures and stability of arsenic(III) on goethite: Spectroscopic evidence for inner-sphere complexes. Environmental Science & Technology, 32(16): 2383-2388.

MASUE Y, LOEPPERT R H, KRAMER T A, 2007. Arsenate and arsenite adsorption and desorption behavior on coprecipitated aluminum: Iron hydroxides. Environmental Science & Technology, 41(3): 837-842.

MITSUNOBU S, TAKAHASHI Y, TERADA Y, et al., 2010. Antimony(V) incorporation into synthetic ferrihydrite, goethite, and natural iron oxyhydroxides. Environmental Science & Technology, 44(10):

3712-3718.

MYNENI S C B, TRAINA S J, WAYCHUNAS G A, et al., 1998a. Experimental and theoretical vibrational spectroscopic evaluation of arsenate coordination in aqueous solutions, solids, and at mineral-water interfaces. Geochimica et Cosmochimica Acta, 62(19-20): 3285-3300.

MYNENI S C B, TRAINA S J, WAYCHUNAS G A, et al., 1998b. Vibrational spectroscopy of functional group chemistry and arsenate coordination in ettringite. Geochimica et Cosmochimica Acta, 62(21-22): 3499-3514.

PARKHURST D L, APPELO C A J, 2013. Description of input and examples for PHREEQC version 3: A computer program for speciation, batch-reaction, one-dimensional transport, and inverse geochemical calculations. Reston: U.S. Geological Survey: 6-A43.

PENA M, MENG X G, KORFIATIS G P, et al., 2006. Adsorption mechanism of arsenic on nanocrystalline titanium dioxide. Environmental Science & Technology, 40(4): 1257-1262.

QIU C, MAJS F, DOUGLAS T A, et al., 2018. In situ structural study of Sb(V) adsorption on hematite ($1\overline{1}02$) using X-ray surface scattering. Environmental Science & Technology, 52(19): 11161-11168.

RYU J, CHOI W, 2006. Photocatalytic oxidation of arsenite on $TiO_2$: Understanding the controversial oxidation mechanism involving superoxides and the effect of alternative electron acceptors. Environmental Science & Technology, 40(22): 7034-7039.

SCHEINOST A C, ROSSBERGA A, VANTELON D, et al., 2006. Quantitative antimony speciation in shooting-range soils by EXAFS spectroscopy. Geochimica et Cosmochimica Acta, 70(13): 3299-3312.

SHI Q, YAN L, CHAN T, et al., 2015. Arsenic adsorption on lanthanum-impregnated activated alumina: Spectroscopic and DFT study. ACS Applied Materials & Interfaces, 7(48): 26735-26741.

SHI Q, YAN L, JING C, 2020. Oxidation of arsenite by epoxy group on reduced graphene oxide/metal oxide composite materials. Advanced Science, 7(21): 2001928.

SONG J, YAN L, DUAN J, et al., 2017. $TiO_2$ crystal facet-dependent antimony adsorption and photocatalytic oxidation. Journal of Colloid and Interface Science, 496: 522-530.

SUNDMAN A, KARLSSON T, SJOBERG S, et al., 2014. Complexation and precipitation reactions in the ternary As(V)-Fe(III)-OM(organic matter) system. Geochimica et Cosmochimica Acta, 145: 297-314.

VERBEECK M, MOENS C, GUSTAFSSON J P, 2021. Mechanisms of antimony ageing in soils: An XAS study. Applied Geochemistry, 128: 104936.

WAYCHUNAS G A, DAVIS J A, FULLER C C, 1995. Geometry of sorbed arsenate on ferrihydrite and crystalline FeOOH: Re-evaluation of EXAFS results and topological factors in predicting sorbate geometry, and evidence for monodentate complexes. Geochimica et Cosmochimica Acta, 59(17): 3655-3661.

WAYCHUNAS G A, FULLER C C, REA B A, et al., 1996. Wide angle X-ray scattering(WAXS) study of "two-line" ferrihydrite structure: Effect of arsenate sorption and counterion variation and comparison with EXAFS results. Geochimica et Cosmochimica Acta, 60(10): 1765-1781.

WAYCHUNAS G A, REA B A, FULLER C C, et al., 1993. Surface chemistry of ferrihydrite: 1. EXAFS studies of the geometry of copercipitation and adsorbed arsenate. Geochimica et Cosmochimica Acta, 57(10): 2251-2269.

YAN L, CHAN T S, JING C Y, 2020a. Mechanistic study for stibnite oxidative dissolution and sequestration on pyrite. Environmental Pollution, 262: 114309-114309.

YAN L, CHAN T S, JING C Y, 2020b. Arsenic adsorption on hematite facets: Spectroscopy and DFT study. Environmental Science-Nano, 7(12): 3927-3939.

YAN L, CHAN T S, JING C Y, 2022. Mechanistic study for antimony adsorption and precipitation on hematite facets. Environmental Science & Technology, 56(5): 3138-3146.

YAN L, DU J, JING C Y, 2016. How $TiO_2$ facets determine arsenic adsorption and photooxidation: Spectroscopic and DFT study. Catalysis Science & Technology, 6(7): 2419-2426.

YAN L, HU S, DUAN J, et al., 2014. Insights from arsenate adsorption on rutile (110): Grazing-incidence X-ray absorption fine structure spectroscopy and DFT+U study. The Journal of Physical Chemistry A, 118(26): 4759-4765.

YAN L, SONG J, CHAN T, et al., 2017. Insights into antimony adsorption on {001} $TiO_2$: XAFS and DFT study. Environmental Science & Technology, 51(11): 6335-6341.

YANG, J K, PARK Y J, KIM K H, et al., 2013. Effect of co-existing copper and calcium on the removal of As(V) by reused aluminum oxides. Water Science and Technology, 67(1): 187-192.

# 第6章 共存离子对砷与锑界面吸附的影响及作用机制

环境共存离子对砷与锑在矿物界面的吸附具有显著影响。地下水中阴离子可通过竞争矿物表面的吸附位点抑制砷与锑的吸附。共存阳离子可通过与砷、锑在矿物表面形成三元络合结构促进砷与锑的吸附。除共存离子外，环境介质中广泛存在的有机酸和除草剂等化合物也会影响砷与锑的界面迁移过程。研究环境共存物质对砷、锑界面反应过程的影响及作用机制可为实际地下水中砷与锑的污染控制提供理论依据。

## 6.1 阴离子的影响及作用机制

Niu 等（2009）研究表明，地下水中阴离子如磷酸根（$PO_4^{3-}$）、硅酸盐（$SiO_3^{2-}$）、硫酸盐（$SO_4^{2-}$）等可抑制 As(V)在 $TiO_2$ 上的吸附，但并未发现 As(III)与上述共存离子存在竞争吸附。Jegadeesan 等（2010）研究表明，共存的 $PO_4^{3-}$（7 mg/L）和 $SiO_3^{2-}$（20 mg/L）可使 As(III)在 $TiO_2$ 上的吸附量降低 43%，但 $PO_4^{3-}$ 的存在对 As(V)在 $TiO_2$ 上的吸附并没有影响，$SiO_3^{2-}$ 可使 As(V)的吸附量降低 29%。共存硝酸根（$NO_3^-$）和氯离子（$Cl^-$）对砷的吸附并没有显著影响（Hu et al.，2015b；Ciardelli et al.，2008）。Cui 等（2015）研究表明，碳酸氢根（$HCO_3^-$）对 As(V)的吸附可抑制近 50%，但对 As(III)的吸附仅抑制 8%。Deng 等（2010）研究了不同阴离子对 As(V)在 Ti-Ce 双金属氧化物上的吸附影响，结果表明各阴离子对 As(V)吸附的影响顺序为 $HPO_4^{2-}$>$F^-$>$HCO_3^-$>$SiO_3^{2-}$>$SO_4^{2-}$≈$NO_3^-$>$Cl^-$。Yan 等（2017a）比较了 As(III/V)、$PO_4^{3-}$、$SO_4^{2-}$、$NO_3^-$ 和 F 等阴离子对 Sb(III/V)在 $TiO_2$ 上吸附的竞争作用，表明各离子对锑吸附的影响顺序为 As(III/V)>$PO_4^{3-}$>$SO_4^{2-}$>$F^-$>$NO_3^-$。

### 6.1.1 As(V)与 $PO_4^{3-}$ 的竞争吸附机理

Li 等（2021）比较了 As(V)与 $PO_4^{3-}$ 在针铁矿（α-FeOOH）、羟基氧化镧（LaOOH）和二氧化钛（$TiO_2$）上的竞争吸附，如图 6.1 所示。As(V)与 $PO_4^{3-}$ 的吸附过程符合拟二级动力学，As(V)比 $PO_4^{3-}$ 更快地吸附到 α-FeOOH 表面，而 $PO_4^{3-}$ 比 As(V)更快地吸附到 LaOOH 表面。在 $TiO_2$ 表面，As(V)和 $PO_4^{3-}$ 的吸附速率接近。As(V)和 $PO_4^{3-}$ 在不同矿物表面吸附速率的差异表明竞争吸附依赖矿物界面。

通过衰减全反射傅里叶变换红外光谱（ATR-FTIR）及二维相关光谱（2D-COS），研究 As(V)和 $PO_4^{3-}$ 在三种矿物界面上的竞争吸附过程，并研究 $Ca^{2+}$ 的存在对 As(V)、$PO_4^{3-}$ 竞争吸附的影响。如图 6.2 所示，2D-COS 分析结果显示：As(V)优先吸附到 α-FeOOH 表

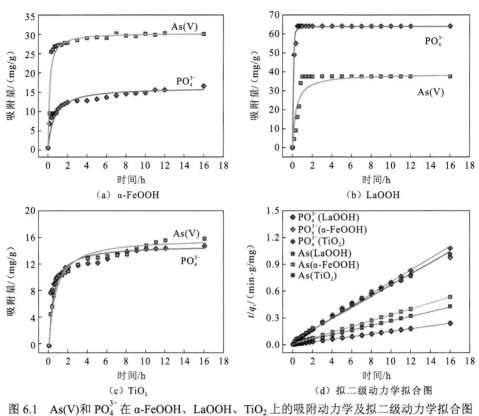

图 6.1　As(V)和 $PO_4^{3-}$ 在 α-FeOOH、LaOOH、$TiO_2$ 上的吸附动力学及拟二级动力学拟合图

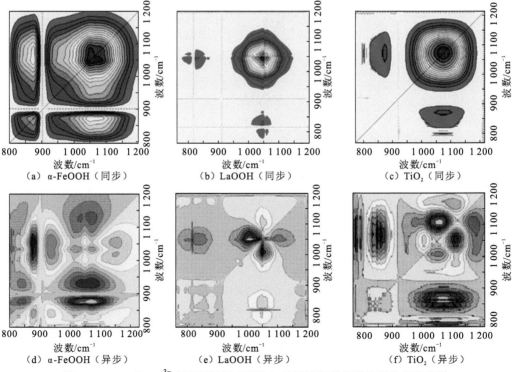

图 6.2　As(V)和 $PO_4^{3-}$ 在不同材料表面的红外同步相关光谱和异步相关光谱

面，As(V)首先吸附形成双齿络合物$(\equiv FeO)_2AsO_2^{2-}$；然后$PO_4^{3-}$开始吸附，形成非质子的双齿络合物$(\equiv FeO)_2PO_2^{2-}$；随着吸附量的进一步增加，单质子的双齿络合物$(\equiv FeO)_2HPO_2^{-}$开始出现；同时，单齿络合物$(\equiv FeO)AsO_3^{-5/2}$开始形成。在$TiO_2$表面也得到了相似的结果，变化顺序为：水溶液中的$H_2AsO_4^{-}$首先物理吸附到$TiO_2$表面，同时形成吸附态的$(\equiv TiO)_2AsO_2^{-5/3}$；随后$PO_4^{3-}$开始吸附到$TiO_2$表面，形成非质子的双齿络合物$(\equiv TiO)_2PO_2^{-5/3}$；然后单质子的双齿络合物$(\equiv TiO)_2HPO_2^{-2/3}$开始形成，同时$H_2PO_4^{-}$开始物理吸附到$TiO_2$表面。As(V)和$PO_4^{3-}$在LaOOH表面的吸附顺序与在$\alpha$-FeOOH和$TiO_2$表面的顺序完全不同。2D-COS的结果表明：$PO_4^{3-}$首先吸附到LaOOH表面，形成双齿单核的$(\equiv LaO_2)HPO_2^{-11/7}$；随后双齿双核的$(\equiv LaO)_2HPO_2^{-8/7}$逐渐形成；然后As(V)的吸附形成了单齿的$(\equiv LaO)H_2AsO_3^{-4/7}$；最后，随着反应时间的延长，表面负荷增加，单质子的单齿络合物$(\equiv LaO)HAsO_3^{-11/7}$开始出现。

As(V)和$PO_4^{3-}$的吸附顺序与共存离子$Ca^{2+}$有关。$Ca^{2+}$存在时，As(V)吸附产生的红外峰的数量和位置并没有发生变化，但是As—O峰在$\alpha$-FeOOH和$TiO_2$上的形状存在明显的区别，说明As(V)在$\alpha$-FeOOH和$TiO_2$表面形成的络合物受到$Ca^{2+}$的影响。As(V)可以与$Ca^{2+}$在金属氧化物表面形成三元络合物，影响As(V)在$\alpha$-FeOOH和$TiO_2$表面的吸附。$Ca^{2+}$的存在可以增加吸附材料表面的正电荷，从而促进As(V)的吸附。但是这一效果的强弱取决于吸附材料表面可用吸附位点的多少，对吸附容量较小的吸附材料影响更为显著，这解释了$Ca^{2+}$的存在对As(V)在LaOOH表面吸附影响较小的现象。当$Ca^{2+}$存在时，$PO_4^{3-}$吸附产生的红外峰的形状和数量均没有发生变化，说明$PO_4^{3-}$在三种吸附材料表面形成的络合结构与$Ca^{2+}$不存在时相同，至少没有产生磷灰石沉淀。但是$Ca^{2+}$的存在使P—O峰在$TiO_2$表面的位置发生了显著的变化，这可能是由于$PO_4^{3-}$与$Ca^{2+}$在$TiO_2$表面形成三元络合结构；这种位置的变化也可能是由$Ca^{2+}$的存在极大地促进了$PO_4^{3-}$在$TiO_2$表面的吸附造成的。与$\alpha$-FeOOH和LaOOH不同，$TiO_2$在pH=7时表面带负电，因此$Ca^{2+}$的存在对$PO_4^{3-}$在$TiO_2$表面吸附的促进效果远大于在$\alpha$-FeOOH和LaOOH表面的吸附。

$Ca^{2+}$存在时As(V)和$PO_4^{3-}$在$\alpha$-FeOOH表面的吸附顺序为：$(\equiv FeO)_2AsO_2^{2-}$＞$(\equiv FeO)_2PO_2^{2-}$＞$(\equiv FeO)_2HPO_2^{-}$＞物理吸附的$H_2PO_4^{-}$＞$(\equiv FeO)AsO_3^{-5/2}$，说明As(V)优先吸附到$\alpha$-FeOOH表面。对于LaOOH，$Ca^{2+}$存在时As(V)和$PO_4^{3-}$的吸附顺序遵循：$(\equiv LaO_2)HPO_2^{-11/7}$＞$(\equiv LaO)_2HPO_2^{-8/7}$＞物理吸附的$H_2PO_4^{-}$＞$(\equiv LaO)H_2AsO_3^{-4/7}$＞$(\equiv LaO)HAsO_3^{-11/7}$，证明$PO_4^{3-}$优先吸附到LaOOH表面，$Ca^{2+}$的存在没有改变As(V)和$PO_4^{3-}$的吸附顺序。$Ca^{2+}$的存在改变了As(V)和$PO_4^{3-}$在$TiO_2$表面的吸附顺序。$Ca^{2+}$存在时As(V)和$PO_4^{3-}$的吸附顺序变为：物理吸附的$H_2PO_4^{-}$＞$H_2AsO_4^{-}$＞$(\equiv TiO)_2PO_2^{-5/3}$＞$(\equiv TiO)_2HPO_2^{-2/3}$＞$(\equiv TiO)_2AsO_2^{-5/3}$，此时$PO_4^{3-}$比As(V)更快地吸附到$TiO_2$表面。As(V)和$PO_4^{3-}$竞争吸附顺序的结果表明，LaOOH作为吸附材料时，为了去除水溶液中的As(V)，需要先将吸附至表面的$PO_4^{3-}$脱附下来；而使用$\alpha$-FeOOH和$TiO_2$作为吸附材料时，As(V)会比$PO_4^{3-}$更快地吸附去除。

## 6.1.2 As 与 F⁻ 的共吸附去除机理

地下水中砷氟污染严重威胁我国农村居民的饮用水安全。长期饮用高砷高氟水，可导致氟斑牙、骨变形及多种内脏器官癌变等。因此，亟须开发高效可行的去除技术用于地下水砷氟的治理。

　　Yan 等（2017b）通过在特定晶面 TiO$_2$ 材料上定向生长镧氧化物的方式制备了颗粒状 TiO$_2$-La 复合材料，用于水体中砷氟复合污染的共吸附去除。TiO$_2$-La 复合材料是由 LaCO$_3$OH 以晶格匹配的形式定向生长在 TiO$_2${100} 晶面上形成的。LaCO$_3$OH 的定向生长依赖于 TiO$_2$ 晶面，在 {001}-TiO$_2$ 和 {101}-TiO$_2$ 上，La 都没有特定的晶体结构。与 {100}-TiO$_2$ 材料相比，La 负载后的 TiO$_2$-La 复合材料对 As(III) 的吸附效果提高了 42.0%，与之相反，对于 {101}-TiO$_2$ 和 {001}-TiO$_2$，La 负载后其对 As(III) 的吸附效果反而略有下降。虽然 La 负载后对 F$^-$ 的吸附效果有提高，但 La 负载的 {100}-TiO$_2$ 材料对 F$^-$ 的吸附效果显著提高了 79.2%，远高于 La 负载的 {101}-TiO$_2$ 和 {001}-TiO$_2$（提高 7.4%～7.6%）。基于 TiO$_2${100} 晶面的 TiO$_2$-La 复合材料对 As(III) 和 F$^-$ 的吸附容量分别为 114.0 mg/g 和 78.4 mg/g，具有较高的吸附活性。

　　TiO$_2$-La 上 As(III) 和 F$^-$ 在不同浓度、不同 pH 条件下的共吸附实验结果如图 6.3 所示。在 pH=7、As(III) 和 F$^-$ 质量浓度分别为 10 mg/L 和 25 mg/L 时，As(III) 的吸附量为 5.2 mg/g。当 F$^-$ 浓度不变、As(III) 初始质量浓度增至 1 000 mg/L 时，As(III) 的吸附量为 89.2 mg/g[图 6.3（a），黄色区域]；此时，若 F$^-$ 质量浓度升至 1 000 mg/L，As(III) 的吸附量则从 89.2 mg/g 降至 48.8 mg/g[图 6.3（a），紫色区域]，说明共存的高浓度 F$^-$ 可在初始 As(III) 浓度较大时影响 As(III) 的吸附。当初始 As(III) 质量浓度降至 100 mg/L 时，共存 F$^-$ 对其吸附的影响可忽略[图 6.3（a），绿色区域]。在 pH=7、F$^-$ 质量浓度为 25 mg/L 时，F$^-$ 的吸附量为 11.0 mg/g，当共存 As(III) 质量浓度从 10 mg/L 升至 1 000 mg/L 时，F$^-$ 的吸附量并没有显著变化[图 6.3（b），黄色区域]。当初始 F$^-$ 质量浓度升至 1 000 mg/L 时，F$^-$ 的吸附量从 11.0 mg/g 增至 65.7 mg/g，共存体系下 As(III) 的存在对 F$^-$ 吸附没有影响[图 6.3（b），紫色和绿色区域]。

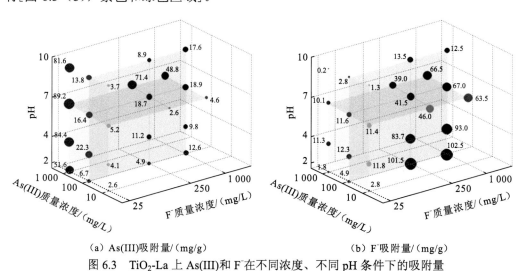

（a）As(III)吸附量/（mg/g）　　　　　（b）F$^-$吸附量/（mg/g）

图 6.3　TiO$_2$-La 上 As(III) 和 F$^-$ 在不同浓度、不同 pH 条件下的吸附量

图中球的大小表示吸附量的高低

　　利用 EXAFS 对 As(III) 在 TiO$_2$-La 表面的吸附构型进行分析。砷的 K 边 EXAFS 谱在第二层有一个明显的振动峰，分别用 As-Ti 和 As-La 单重散射路径拟合这个振动峰。采用 F-检验判断不同散射路径对峰拟合的贡献，若基于拟合系数 $R$ 因子的 F-检验参数 $\alpha$

大于 67%，说明加入的路径对拟合效果有显著提高。结果表明，用 As-Ti 作为第二层拟合路径，$\alpha$ 值范围为 74.1%～97.3%；用 As-La 作为拟合路径，$\alpha$ 值范围为 0%～42.2%；说明砷的第二层振动峰主要是由 Ti 原子散射导致的，其距离为 3.35～3.39 Å，配位数为 1.8～2.1。砷氟共吸附样品的砷的 K 边 EXAFS 谱图表明共存 $F^-$ 对 As(III)的吸附构型基本无影响。

DFT 计算表明，As(III)在 TiO$_2$ 表面存在稳定的双齿双核吸附构型，吸附能（$E_{ads}$）为-0.51 eV；在 LaCO$_3$OH 表面存在稳定的单齿单核吸附构型，吸附能为-1.34 eV，说明 As(III)可以同时吸附在 Ti、La 活性位点上。$F^-$ 和酸性条件下存在的 HF 在 TiO$_2$ 表面均无法形成热力学稳定的吸附结构，其吸附能分别为 0.70 eV 和 4.21 eV，说明 TiO$_2$ 对氟无吸附活性。在 LaCO$_3$OH 表面，$F^-$ 存在稳定的吸附结构，其吸附能为-0.28 eV（图 6.4）。在酸性条件下（pH<3），氟主要以 HF 的形式存在，其与 LaCO$_3$OH 表面的结合能力更强，吸附能为-0.52 eV，说明酸性条件下易于氟的吸附去除。

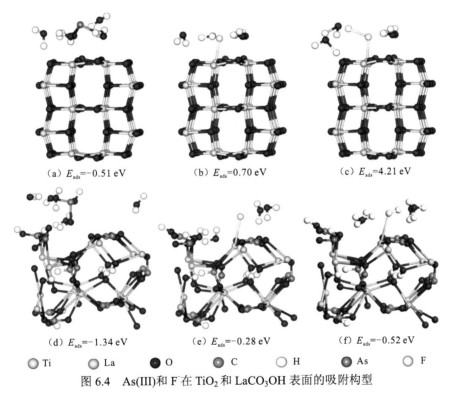

(a) $E_{ads}$=-0.51 eV      (b) $E_{ads}$=0.70 eV      (c) $E_{ads}$=4.21 eV

(d) $E_{ads}$=-1.34 eV      (e) $E_{ads}$=-0.28 eV      (f) $E_{ads}$=-0.52 eV

Ti      La      O      C      H      As      F

图 6.4    As(III)和 $F^-$ 在 TiO$_2$ 和 LaCO$_3$OH 表面的吸附构型

Zhou 等（2019）研究了高指数晶面 TiO$_2${201}对砷氟的共吸附。pH 边结果如图 6.5（a）所示，当 pH=2～8 时，As(V)的吸附可达 100%；当 pH>10 时，As(V)的去除率迅速降低。As(III)的吸附率随 pH 升高逐渐上升，在 pH=10 时达到最大值 100%。氟的去除率随 pH 升高呈下降趋势，从最初 pH=2 时的 52.6%下降到 pH=12 时的 2.2%。TiO$_2${201}的等电点 pH$_{pzc}$= 6.5，在酸性条件下，TiO$_2$ 表面带正电，较中性 H$_3$AsO$_3$ 分子，TiO$_2${201}优先吸附带负电的 $F^-$ 和 As(V)。

为量化单独吸附和共吸附间的差异，引入差异系数 $\Delta A$，如式（6.1）～（6.3）所示。

$$\Delta A_{As(III)} = A_{As(III)}(共吸附) - A_{As(III)}(单独吸附) \tag{6.1}$$

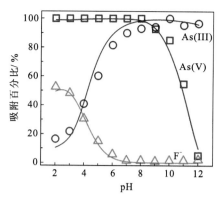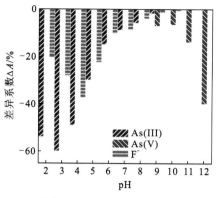

（a）As(III)、As(V)和F⁻在TiO₂{201}晶面上的共吸附 pH 边及CD-MUSIC拟合结果　　（b）$\Delta A_{\mathrm{As(III)}}$、$\Delta A_{\mathrm{As(V)}}$和$\Delta A_{\mathrm{F^-}}$随pH的变化

图 6.5　砷与氟在 TiO₂{201} 晶面上的共吸附结果

背景溶液为 0.04 mol/L NaCl，吸附剂质量浓度为 0.5 g/L，As(III/V)质量浓度为 1 mg/L、F⁻质量浓度为 2 mg/L

$$\Delta A_{\mathrm{As(V)}} = A_{\mathrm{As(V)}}(共吸附) - A_{\mathrm{As(V)}}(单独吸附) \qquad (6.2)$$

$$\Delta A_{\mathrm{F^-}} = A_{\mathrm{F^-}}(共吸附) - A_{\mathrm{F^-}}(单独吸附) \qquad (6.3)$$

图 6.5（b）绘制了 $\Delta A_{\mathrm{As(III)}}$、$\Delta A_{\mathrm{As(V)}}$ 和 $\Delta A_{\mathrm{F^-}}$ 随 pH 的变化。$\Delta A_{\mathrm{As(III)}}$ 在 pH=2～8 内差异最明显，并在 pH=3 时取得峰值（约-60%）；随着 pH 升高至 9，差值降低到 2%。对于 As(V)，在 pH<9 时，共存的 As(III) 和 F⁻对 As(V) 的影响可以忽略；随着 pH 升高（>9），负效应显现，最大可达-40%。与 $\Delta A_{\mathrm{As(III)}}$ 的变化趋势相似，$\Delta A_{\mathrm{F^-}}$ 的绝对值在 pH=4 时取得最大值 37.7%，pH 升高至 9 后，差异降低到 2%。以上结果表明，酸性环境中 As(III) 和 F⁻的吸附易受其他两种离子的影响，而碱性条件下 As(V) 的吸附更易受 As(III) 和 F⁻的影响。

利用 CD-MUSIC 模型对 As(III/V)、F⁻的单独吸附和共吸附 pH 边进行拟合。对于单

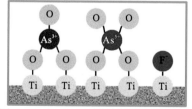

图 6.6　TiO₂{201} 晶面上 As(III/V) 的双齿双核吸附和 F⁻的单齿单核吸附示意图

独吸附体系，取 2 个 As(III/V) 质量浓度（1 mg/L 和 5 mg/L）和 2 个 F⁻质量浓度（2 mg/L 和 5 mg/L）组合进行实验。砷采用双齿双核表面络合构型（Ti₂O₂As(III)O⁻⁵ᐟ³ 和 Ti₂O₂As(V)O₂⁻⁵ᐟ³），氟采用单齿单核表面络合构型，如图 6.6 所示。与单独吸附体系类似，CD-MUSIC 模型也能较好地拟合 As(III/V)、F⁻在 TiO₂{201} 晶面上的共吸附。

自然水体中 As(III/V)、F⁻常与 $NO_3^-$、$SO_4^{2-}$、$SiO_3^{2-}$、$PO_4^{3-}$、$Mg^{2+}$、$Ca^{2+}$、$Fe^{3+}$ 等离子共存。图 6.7 所示为离子共存条件下 As(III/V)、F⁻在 TiO₂{201} 晶面上的吸附量。$NO_3^-$、$Mg^{2+}$、$Ca^{2+}$ 和 $Fe^{3+}$ 对 As(III) 吸附量的影响较小。当 pH≤4 时，$SO_4^{2-}$ 的存在降低>20% 的 As(III) 吸附。$PO_4^{3-}$ 和 $SiO_3^{2-}$ 对 As(III) 吸附的竞争作用较大。$SiO_3^{2-}$ 存在下，$n(\mathrm{As}):n(\mathrm{Si})=1:10$ 时，As(III) 的吸附量降低 20%；随着 Si 浓度的升高（$n(\mathrm{As}):n(\mathrm{Si})=1:50$），As(III) 吸附量降低 40%。$PO_4^{3-}$ 共存时，As(III) 的吸附量平均减少 50%。对 As(V) 而言，$NO_3^-$、$SO_4^{2-}$ 和 $Fe^{3+}$ 的存在几乎不影响 As(V) 的吸附。$SiO_3^{2-}$ 和 $PO_4^{3-}$ 分别在高 pH 和全 pH 范围内对 As(V) 吸附的竞争作用较大。$SiO_3^{2-}$ 在低 pH 条件下对 As(V) 吸附的影响较小，但 pH>10 时，As(V) 吸附量降低了约

40%。$n[\text{As(V)}]:n(\text{PO}_4^{3-})=1:10$ 时，As(V)的吸附率平均减少 30%，$n[\text{As(V)}]:n(\text{PO}_4^{3-})=1:50$ 时，吸附率再降低 20%。当 pH>9 时，$\text{Mg}^{2+}$ 和 $\text{Ca}^{2+}$ 的存在促进了约 30%的 As(V)吸附。对 $\text{F}^-$ 而言，$\text{NO}_3^-$、$\text{SiO}_3^{2-}$、$\text{Mg}^{2+}$、$\text{Ca}^{2+}$ 的存在对 $\text{F}^-$ 吸附量的影响可以忽略。在 pH≤3 时，$\text{SO}_4^{2-}$ 和 $\text{Fe}^{3+}$ 对 $\text{F}^-$ 的吸附有竞争作用。$\text{PO}_4^{3-}$ 的存在使 $\text{F}^-$ 的去除率平均降低 40%，当 pH=2~9 时，$\text{PO}_4^{3-}$ 表现出强竞争性，且其竞争力不随 $\text{PO}_4^{3-}/\text{F}^-$ 物质的量的比的升高而变化。以上竞争吸附体系下，$\text{PO}_4^{3-}$ 竞争作用最强，其余阴离子的顺序依次为 $\text{SiO}_3^{2-}>\text{SO}_4^{2-}>\text{NO}_3^-$，阳离子对吸附产生协同作用，其作用大小为 $\text{Ca}^{2+}\approx\text{Mg}^{2+}>\text{Fe}^{3+}$。

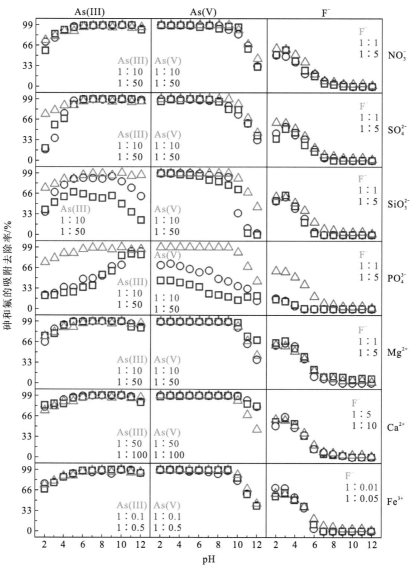

图 6.7 $\text{NO}_3^-$、$\text{SO}_4^{2-}$、$\text{SiO}_3^{2-}$、$\text{PO}_4^{3-}$、$\text{Mg}^{2+}$、$\text{Ca}^{2+}$ 和 $\text{Fe}^{3+}$ 对 As(III/V)和 $\text{F}^-$ 在 $\text{TiO}_2\{201\}$ 晶面上的竞争吸附

图中比例表示 As(III/V)/$\text{F}^-$ 与共存离子的物质的量的比；吸附剂质量浓度为 0.5 g/L，As(III/V)质量浓度为 1 mg/L，$\text{F}^-$ 质量浓度为 2 mg/L

# 6.2 阳离子的影响及作用机制

水体中共存的阳离子如 $Ca^{2+}$、$Mg^{2+}$ 及 $Cd^{2+}$ 均对砷的吸附有影响。Hu 等（2015a）研究表明，地下水中共存的 Ca 可通过与 As(V) 形成三齿配合物 Ca-As(V)-TiO$_2$ 促进 As(V) 在 TiO$_2$ 上的吸附。同理，工业废水中共存的高浓度 Cd 也可显著促进 As(III) 和 Cd 在 TiO$_2$ 上的共吸附（Hu et al.，2015b）。Cui 等（2015）研究发现，尽管地下水中 Mg 质量浓度（104.3 mg/L）大于 Ca 质量浓度（39.1 mg/L），但 Ca 的吸附容量（311 mg/g）远大于 Mg 的吸附容量（171 mg/g），说明 Mg 对砷吸附的影响比 Ca 小。

## 6.2.1 As(III) 与 Cd 在 TiO$_2$ 上的共吸附机理

随着工业的迅速发展，化工、电镀、冶炼、矿业等行业的生产过程中产生大量含有高浓度砷、镉等有毒物质的废水，引起水质恶化，对人类健康造成危害。Hu 等（2015b）研究了铜矿废水中 As(III) 与 Cd 在 TiO$_2$ 上的共吸附机理，为复合污染的共吸附去除提供了理论依据。为研究不同物质的量对 As(III) 和 Cd 去除的影响，进行 $n(As)/n(Cd)=2$ 和 $n(As)/n(Cd)=10.4$ 的 pH 边吸附实验，如图 6.8 所示。其中 $n(As)/n(Cd)=2$ 为模拟水，Cd 物质的量浓度为 2.63 mmol/L；$n(As)/n(Cd)=10.4$ 为铜矿废水，Cd 物质的量浓度为 4.96 mmol/L。结果显示，当 As(III) 与 Cd 共存、pH 为 3～9 时，As(III) 与 Cd 的吸附量均有明显增加。

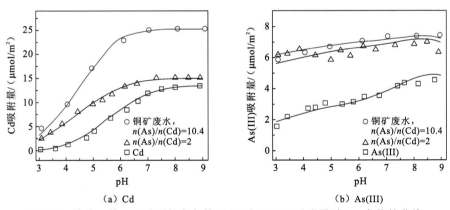

（a）Cd  （b）As(III)

图 6.8 单砷、单镉和砷镉共存条件下 Cd 和 As(III) 吸附量随 pH 变化的曲线

图中点为实验点，实线为 CD-MUSIC 模型拟合结果

测定不同 pH 条件下单砷、单镉及砷镉共存时在 TiO$_2$ 上吸附的 Zeta 电位变化情况，如图 6.9 所示。初始 TiO$_2$ 的零电点（point of zero charge，PZC）为 5.3，当 Cd 吸附到 TiO$_2$ 上后，其 PZC 向右偏移至 5.7，说明 Cd 在 TiO$_2$ 上形成了带正电的内层吸附结构。当 As(III) 加入 Cd-TiO$_2$ 吸附体系后，TiO$_2$ 的 PZC 向左偏移至 4.4，说明 As(III) 的吸附减少了 Cd-TiO$_2$ 吸附体系中的负电荷。这是因为虽然 As(III) 在 pH<9.3 时以中性分子形态存在，但吸附作用会使 H$_3$AsO$_3$ 分子更容易脱氢，从而形成带负电的表面络合物。同样，当 As(III) 预先吸附到 TiO$_2$ 上也得到了类似的结论：原始 TiO$_2$ 的 PZC 由于 As(III) 吸附向左偏移至 4.6，

说明 As(III)在 TiO₂ 上形成了带负电的内层吸附结构；而当 Cd 加入 As(III)-TiO₂ 吸附体系后，其 PZC 向右偏移至 5.2，通过 Zeta 电位的偏移可知 As(III)和 Cd 在 TiO₂ 上可能形成了三元络合结构。

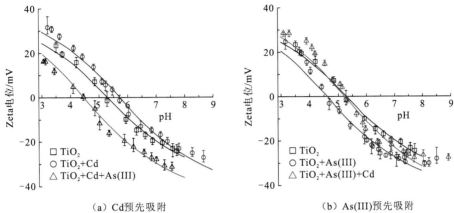

（a）Cd 预先吸附　　　　　　（b）As(III)预先吸附

图 6.9　Cd 预先吸附和 As(III)预先吸附体系下单镉、单砷与砷镉共存时
TiO₂ 表面的 Zeta 电位随 pH 变化曲线

图中点为实验值，实线为 CD-MUSIC 模型拟合结果

在线原位流动池 ATR-FTIR 是研究 As(III)与 Cd 在 TiO₂ 表面反应的有效手段。在 pH=5 条件下，$n(As)/n(Cd)$ 为 0.5~15.8 时，As(III)与 Cd 在 TiO₂ 表面吸附的红外光谱如图 6.10 所示。As(III)吸附引起的 As—O 振动峰位于 900~750 cm⁻¹，其中位于 798 cm⁻¹ 和 770 cm⁻¹ 的峰由 As—O—Ti 伸缩振动引起，位于 816 cm⁻¹ 的峰为 As(III)—OH 非对称性伸缩振动引起的[图 6.10（a）]。当 Cd 加入 As(III)-TiO₂ 吸附体系后，随 Cd 浓度的升高，位于 816 cm⁻¹ 的 As—OH 伸缩振动峰逐渐消失，说明 Cd 可能取代了 Ti—O—As—OH 吸附构型中的 H，

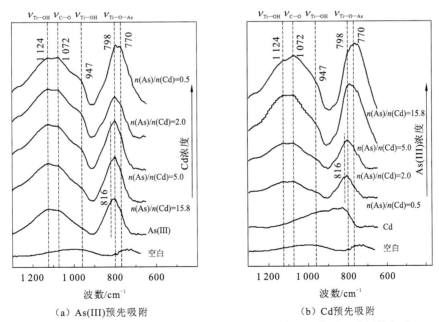

（a）As(III)预先吸附　　　　　　（b）Cd 预先吸附

图 6.10　As(III)预先吸附和 Cd 预先吸附体系下单砷、单镉及砷镉共存时
吸附在 TiO₂ 上的流动池原位 ATR-FTIR 谱图

形成了 Ti—O—As—O—Cd 三元表面络合物。同时，DFT 关于三元表面络合物的计算结果能够很好地与红外光谱实验结果相符，证明 As(III)与 Cd 在 TiO$_2$ 上形成了三元表面络合物。

当 Cd 预先吸附在 TiO$_2$ 上时，在 750～1 100 cm$^{-1}$ 出现较宽的红外吸收峰[图 6.10(b)]。当 As(III)加入 Cd-TiO$_2$ 吸附体系后，位于 750～1 100 cm$^{-1}$ 的 Cd 吸附峰逐渐消失，出现位于 770 cm$^{-1}$ 和 798 cm$^{-1}$ 的 Ti—O—As 振动峰和位于 816 cm$^{-1}$ 的 As—OH 振动峰。当 $n$(As)/$n$(Cd)为 0.5～2.0 时，位于 816 cm$^{-1}$ 的 As—OH 振动峰一直存在，证明当 As(III)浓度较低时 As—OH 并未完全被 Cd 替代形成 Ti—O—As—O—Cd 三元表面络合物，此时 As(III)与 Cd 均会吸附在 TiO$_2$ 上；随着 As(III)浓度的升高，位于 816 cm$^{-1}$ 的 As—OH 振动峰逐渐消失，证明在高砷浓度下 Cd 会被解吸附，As(III)占据 Cd 的吸附位点，Cd 以形成 Ti—O—As—O—Cd 三元表面络合物的形式被去除。

利用 EXAFS 光谱研究不同物质的量的比的 As(III)与 Cd 在 pH=5 条件下在 TiO$_2$ 上的吸附构型。砷的 K 边 EXAFS 谱拟合结果表明，在单砷吸附样品中，As—Ti 距离为 3.35 Å，配位数为 1.8，说明 As(III)在 TiO$_2$ 上吸附时形成了双齿双核的吸附构型。在 As(III)与 Cd 共吸附样品中，拟合得到 As—Ti 键长为 3.34～3.36 Å、配位数为 1.3～1.7；As—Cd 键长为 3.48～3.62 Å，配位数为 0.4～1.4，表明 As(III)与 Cd 在 TiO$_2$ 上形成了三元络合物。镉的 K 边 EXAFS 谱拟合结果显示，在单镉吸附样品中，Cd—Ti 距离为 3.79 Å，配位数为 2；同时存在键长为 4.01 Å、配位数为 2 的 Cd—Ti 键，证明 Cd 在 TiO$_2$ 上形成了双齿双核的吸附结构。在低物质的量的比（$n$(As)/$n$(Cd)=0.5）条件下，拟合得到 Cd—Ti 键长为 3.79 Å、配位数为 0.6；Cd—As 键长为 3.58 Å、配位数为 0.5，说明在低 As/Cd 物质的量的比条件下，Cd 会吸附在 TiO$_2$ 上，同时有 Cd—As—Ti 三元表面络合物的生成。在高物质的量的比（$n$(As)/$n$(Cd)=15.8）条件下，拟合得到 Cd—As 键长为 3.56 Å，配位数为 0.6，并未检测到 Cd—Ti 键，说明在高物质的量的比时，Cd 不会吸附在 TiO$_2$ 上，仅形成 Cd—As—Ti 三元表面络合物。结合 EXAFS 与 ATR-FTIR 结果可知，As(III)与 Cd 共存时，As(III)对 TiO$_2$ 表面有较高的亲和力：As(III)浓度较低时，As(III)、Cd 均会吸附在 TiO$_2$ 上，此时形成 Ti—O—As—O—Cd 三元表面络合物量较少；当 As(III)浓度较高时，As(III)会促使 Cd 解吸附，Cd 主要以 Ti—O—As—O—Cd 三元表面络合物的形式被去除，见图 6.11（Hu et al.，2015c）。

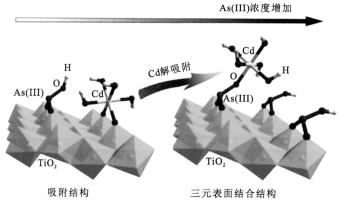

图 6.11 As(III)和 Cd 在 TiO$_2$ 表面的吸附去除机理示意图

CD-MUSIC 模型是结合宏观吸附现象与微观分子学研究的一个有力工具。根据 EXAFS 和红外光谱得到的吸附机理，As(III)和 Cd 均以双齿双核形式吸附，分别形成了 $Ti_2O_2AsO^{-5/3}$ 和 $Ti_2O_2Cd(H_2O)_4^{-2/3}$ 两种表面络合物。同时，由于 As(III)与 Cd 形成了以 As(III)为桥联分子的三元络合物，所以 $Ti_2O_2AsOCd^{1/3}$ 也被用于模拟 As(III)和 Cd 的吸附（表 6.1）。利用以上三种表面络合物能够很好地拟合 As(III)和 Cd 的吸附行为及 $TiO_2$ 表面电荷变化情况。

表 6.1　用于 CD-MUSIC 模拟的表面络合反应方程式及参数

| 表面络合物 | $P_0^*$ | $P_1^*$ | $P_2^*$ | TiOH | Ti$_2$O | Ti$_3$O | H | Na | ClO$_4$ | H$_3$AsO$_3$ | Cd | lg $K$ |
|---|---|---|---|---|---|---|---|---|---|---|---|---|
| $TiOH^{-1/3}$ | | | | 1 | | | | | | | | |
| $TiOH_2^{+2/3}$ | 1 | | | 1 | | | 1 | | | | | 5.3 |
| $TiOHNa^{+2/3}$ | | | 1 | 1 | | | | 1 | | | | −1 |
| $TiOH_2ClO_4^{-1/3}$ | 1 | | −1 | 1 | | | 1 | | 1 | | | 4.3 |
| $Ti_2O^{-2/3}$ | | | | | 1 | | | | | | | |
| $Ti_2OH^{+1/3}$ | 1 | | | | 1 | | 1 | | | | | 5.3 |
| $Ti_2ONa^{+1/3}$ | 1 | 1 | | | 1 | | | 1 | | | | −1 |
| $Ti_2OHClO_4^{-2/3}$ | 1 | | −1 | | 1 | | 1 | | 1 | | | 4.3 |
| $Ti_2O_2Cd^{-2/3}$ | −0.67 | 0.67 | | 2 | | | −2 | | | | 1 | −5.3 |
| $Ti_2O_2AsO^{-5/3}$ | −0.5 | −0.5 | | 2 | | | −1 | | | 1 | | 2.8 |
| $Ti_2O_2AsOCd^{+1/3}$ | −0.5 | 1.5 | | 2 | | | 2 | | | 1 | 1 | 2.2 |
| 比表面积/（m²/g） | | | | | | 196 | | | | | | |
| 内层电容 $C_1$/（F/m²） | | | | | | 2.36 | | | | | | |
| 外层电容 $C_2$/（F/m²） | | | | | | 5 | | | | | | |
| 吸附位点密度 /（mmol/g） | | | | | | 6 | | | | | | |

CD-MUSIC 模型能够很好地解释 As(III)与 Cd 吸附引起的 $TiO_2$ 表面电荷变化情况。值得注意的是，As(III)预先吸附与 Cd 预先吸附引起的 $TiO_2$ 表面 Zeta 电位的偏移程度是不同的。当 Cd 预先吸附时，体系最终 PZC 为 4.4，明显低于 As(III)预先吸附体系的最终 PZC（5.3），这说明在两种不同吸附顺序体系下形成的表面络合物是不同的。在 As(III)预先吸附时，首先形成 $Ti_2O_2AsO^{-5/3}$ 表面络合物，即为 Cd 提供了 $Ti_2O_2AsO^{-5/3}$ 和 $TiOH^{-1/3}$ 两个吸附位点。由于电荷作用，Cd 更容易吸附到带负电较多的 $Ti_2O_2AsO^{-5/3}$ 上形成 $Ti_2O_2AsOCd^{1/3}$ 三元表面络合物，所以在 As(III)预先吸附体系中最终存在 $Ti_2O_2AsO^{-5/3}$ 和 $Ti_2O_2AsOCd^{1/3}$ 两种表面络合物。当 Cd 预先吸附时，首先形成 $Ti_2O_2Cd(H_2O)_4^{-2/3}$ 表面络合物，从而具有 $Ti_2O_2Cd(H_2O)_4^{-2/3}$ 和 $TiOH^{-1/3}$ 两种吸附位点。当 As(III)加入体系中，由 EXAFS 和红外光谱结果证明 As(III)对 $TiO_2$ 表面具有较强的亲和力，则 As(III)更倾向于吸附在 $TiOH^{-1/3}$ 上形成 $Ti_2O_2AsO^{-5/3}$。因此，在 Cd 预先吸附体系中最终存在 $Ti_2O_2Cd(H_2O)_4^{-2/3}$ 和 $Ti_2O_2AsO^{-5/3}$ 两种表面络合物。这两种表面络合物比 As(III)预先吸附所形成的 $Ti_2O_2AsO^{-5/3}$ 和 $Ti_2O_2AsOCd^{1/3}$ 带更多的负电荷，因此 Cd 预先吸附体系的 PZC（4.4）明显低于 As(III)

预先吸附体系的 PZC（5.3）。

与此相反，EXAFS 和红外光谱结果证明 As(III)与 Cd 在 TiO$_2$ 上形成的表面络合物不受吸附顺序的影响，这是由于 TiO$_2$ 所具有的吸附位点有限。在 Zeta 电位实验中，As(III)与 Cd 物质的量浓度均为 0.77 μmol/m$^2$，远低于 TiO$_2$ 的吸附位点（30.6 μmol/m$^2$），因此 As(III)和 Cd 在 Zeta 电位实验条件下不会竞争吸附位点，在 Cd 预先吸附体系中能够形成 Ti$_2$O$_2$Cd(H$_2$O)$_4^{-2/3}$ 表面络合物。但在 EXAFS 实验中，As(III)与 Cd 的浓度较高，As(III)物质的量浓度为 10.2～250.7 μmol/m$^2$，Cd 物质的量浓度为 15.6 μmol/m$^2$。因此，在 EXAFS 实验条件下，As(III)和 Cd 会竞争 TiO$_2$ 的吸附位点。由于 As(III)对 TiO$_2$ 表面亲和力较强，As(III)更容易吸附到 TiO$_2$ 上形成 Ti$_2$O$_2$AsO$^{-5/3}$，Cd 在高砷浓度下主要以形成三元络合物 Ti$_2$O$_2$AsOCd$^{1/3}$ 的形式被去除。

三元表面络合物的形成有利于砷镉有毒重金属的固定化。砷镉的解吸附动力学结果表明，在砷镉共存体系中，As(III)和 Cd 的解吸附量明显低于单砷、单镉体系。当 As(III)与 Cd 浓度较低时或 pH 较低时，As(III)与 Cd 可能首先在金属氧化物上形成三元表面络合物；随着浓度升高、时间增加、pH 升高及其他因素的变化，这种三元表面络合物极有可能向表面沉淀转化。这种表面沉淀更有利于有毒重金属元素的去除。类似地，As(V)与 Zn 形成的三元表面络合物或表面沉淀也有利于重金属的固定化（Grafe et al.，2004）。基于砷镉的共吸附机理认识，Yan 等（2015）利用颗粒 TiO$_2$ 滤柱实现了铜矿废水中 2 590 mg/L As(III)和 12 mg/L Cd 的共吸附去除，使其达到工业废水排放标准。

## 6.2.2　As(V)与 Cd 在 TiO$_2$ 上的共吸附机理

Hu 等（2019）进一步研究了 As(V)与 Cd 在 TiO$_2$ 表面的共吸附机理。Cd 物质的量浓度为 3.11 mmol/L 时，As 与 Cd 的物质的量的比为 0.5 和 2 的单砷、单镉和砷镉共存时的吸附实验结果如图 6.12 所示，在 pH=3～9 范围内，As(V)的存在显著增加了 Cd 的吸附量，促使 Cd 吸附在 pH=6 时即可达到平衡。同时，Cd 的存在提高了 As(V)的吸附量。当单砷吸附时，As(V)吸附量随 pH 升高而减小，As(V)的最大吸附量为 5.3 μmol/m$^2$。当 As 与 Cd 的物质的量的比为 2 时，As(V)吸附量开始随 pH 升高而增加，在 pH=6.5 时达到最大，随后随 pH 升高而减小，此时 As(V)的最大吸附量为 10.5 μmol/m$^2$。当 As 与 Cd

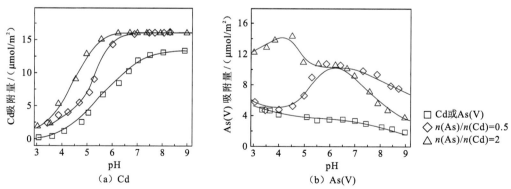

图 6.12　单砷、单镉和砷镉共存条件下 Cd 和 As(V)吸附量随 pH 变化曲线

图中点为实验点，实线为 CD-MUSIC 拟合结果

· 158 ·

的物质的量的比为 0.5 时，As(V)吸附量在 pH=4.5 时达到最大，为 14.3 μmol/m²。这一结果与 As(III)和 Cd 在 TiO₂ 表面的吸附不同，当 As(III)与 Cd 的物质的量的比从 2 升至 10.4 时，As(III)吸附量没有明显变化（图 6.8）；而 As(V)与 Cd 的物质的量的比变化时，As(V)去除量及变化趋势明显不同；这是因为 As(III)主要以吸附形式被去除，而 As(V)和 Cd 在 TiO₂ 上形成了表面沉淀，且沉淀类型随 As 与 Cd 的物质的量的比及 pH 的变化而变化。

利用 XRD 表征 As(V)与 Cd 在 TiO₂ 上形成的表面沉淀类型，如图 6.13 所示，当 pH=5、$n(As)/n(Cd)=0.5$ 时，形成 $Cd_3(AsO_4)_2$ 表面沉淀；当 $n(As)/n(Cd)=2\sim10$ 时，主要形成 $Cd_3(AsO_4)_2$ 和 $Cd_5H_2(AsO_4)\cdot4H_2O$。当 pH=7 时，As(V)与 Cd 的吸附样品与沉淀样品在 $n(As)/n(Cd)=0.5\sim10$ 时均主要生成两种类型沉淀，即 $Cd_3(AsO_4)_2$ 和 $Cd_5H_2(AsO_4)\cdot4H_2O$。当 pH=9 时，As(V)与 Cd 仅生成少量 $Cd_5H_2(AsO_4)\cdot4H_2O$ 沉淀，多数 As(V)-Cd 沉淀为非晶态。由 XRD 结果可知，TiO₂ 的存在不会改变 As(V)-Cd 沉淀的类型。TiO₂ 的存在降低了 As(V)与 Cd 形成表面沉淀所需的浓度，相比之下，在溶液中形成沉淀需要较高的 As(V)与 Cd 浓度，通常远高于其饱和指数（saturation index）计算得到的理论值。

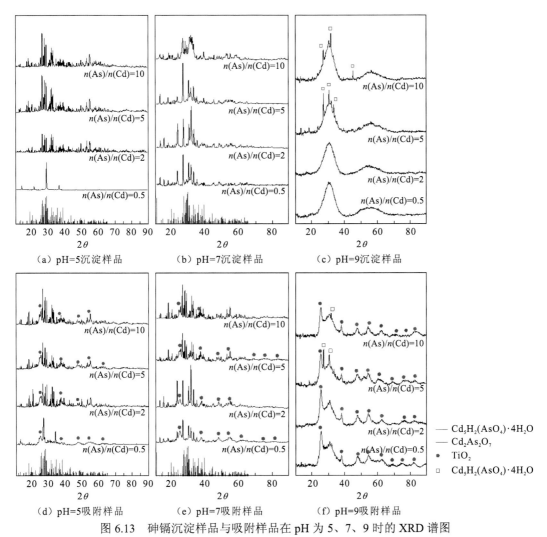

图 6.13　砷镉沉淀样品与吸附样品在 pH 为 5、7、9 时的 XRD 谱图

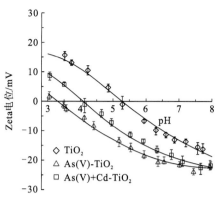

图 6.14　单砷吸附及砷镉共存时
TiO₂ 表面 Zeta 电位偏移情况

利用 Zeta 电位表征单砷吸附及砷镉共存时 TiO₂ 表面 Zeta 电位偏移情况，如图 6.14 所示，TiO₂ 的等电点（PZC）为 5.3，As(V)吸附后，其 PZC 偏移至 3.4，说明 As(V)在 TiO₂ 上形成了带负电的内层吸附结构；当 As(V)与 Cd 共吸附时，体系 PZC 偏移至 4.1，说明 Cd 的吸附减少了 As(V) 吸附后 TiO₂ 表面所带的负电荷，即低浓度 As(V) 与 Cd 也可以在 TiO₂ 上形成三元表面络合物。

利用表面增强拉曼（SERS）光谱检测不同 pH 条件下，Cd 与 As(V)的物质的量的比为 0.5～10 的拉曼特征峰，以研究 As(V)与 Cd 在溶液中的络合。如图 6.15 所示，在 pH=5～9 时，As(V)溶液在 784 cm⁻¹ 具有拉曼特征峰，随 Cd 浓度的升高，As(V)位于 784 cm⁻¹ 处的特征峰偏移至 808 cm⁻¹，说明低浓度的 Cd 与 As(V)在溶液中即可发生络合。作为对照实验，测定 As(V) 与 Ca 混合溶液的 SERS 谱图。由于已知 As(V)与 Ca²⁺在溶液中会发生络合，进而通过拉曼特征峰的偏移验证 As(V)与 Ca 在溶液中的络合作用。与 Cd 相似，在 pH=5～9 时，As(V)位于 784 cm⁻¹ 的特征峰在 Ca 加入后偏移至 790 cm⁻¹，验证了 As(V)能够与 Ca 在溶液中络合的结论，同时证明了利用 SERS 研究 As(V)与 Cd 在溶液中络合的方法正确性。

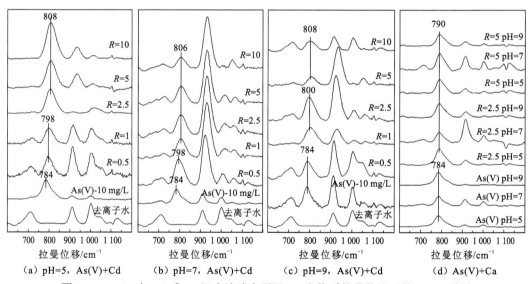

图 6.15　As(V)与 Cd 或 Ca 混合溶液在不同 pH 和物质的量的比下的 SERS 谱图
R 为 Cd 与 As(V)的物质的量的比

砷的 K 边 EXAFS 谱拟合结果表明，在单砷吸附样品中，As—Ti 距离为 3.30 Å，配位数为 2.1 个 Ti 原子，说明 As(V)以双齿双核形式吸附在 TiO₂ 上。在砷镉沉淀样品中，存在 As-As 和 As-Cd 散射路径，其中 As—As 距离为 3.46 Å，配位数为 1.8 个 As 原子，As-As 路径的存在证明 As(V)与 Cd 形成了沉淀；As—Cd 距离为 3.54 Å，配位数为 6.7 个 Cd 原子。As(V)与 Cd 共吸附样品中，存在 As-Ti 和 As-Cd 散射路径，其中 As—Ti 距离为 3.29 Å，配位数为 1.8 个 Ti 原子，与单砷吸附得到的 As—Ti 键长与配位数相似，证明 As(V)在 TiO$_2$ 上吸附的双齿双核结构并未发生变化；其中 As—Cd 键长为 3.55～3.56 Å，配位数为 1.1～1.7 个 Cd 原子，键长与 As(V)-Cd 沉淀相近，说明 As(V)与 Cd 可能在 TiO$_2$ 上形成了表面沉淀。由镉的 K 边 EXAFS 谱拟合结果可知，在 Cd(OH)$_2$ 沉淀样品中，Cd—Cd 键长为 3.50 Å，配位数为 12 个 Cd 原子；在其他样品中均未检测到位于 3.50 Å 处的 Cd—Cd 振动，证明未生成 Cd(OH)$_2$ 沉淀。在单镉吸附样品中，存在 Cd-Cd 和 Cd-Ti 散射路径，其中 Cd—Cd 键长为 2.97 Å，配位数为 1.6 个 Cd 原子，证明 Cd 在 TiO$_2$ 上吸附形成了表面沉淀；位于 4.01 Å 处的 Cd—Ti 振动配位数为 1.7 个 Ti 原子，证明 Cd 在 TiO$_2$ 上形成了双齿双核的吸附结构。在砷镉共吸附样品中，当 As/Cd 物质的量的比为 0.5～2.0 时，存在 Cd-As 和 Cd-Cd 散射路径，证明砷镉共吸附时在 TiO$_2$ 上形成了以 As(V)为桥联分子的表面沉淀。值得注意的是，当 As 与 Cd 的物质的量的比从 0.5 升至 2 时，Cd—As 和 Cd—Cd 的键长与配位数均未发生明显变化。从 XRD 结果可知（图 6.13），两种物质的量的比下形成的表面沉淀晶型有明显区别，可见只通过一种光谱手段并不能全面分析 As(V)与 Cd 形成表面沉淀的类型，需要结合多种手段才能准确判断多元污染物在金属氧化物界面上的微观吸附机理。

As(V)与 Cd 吸附的在线原位流动池 ATR-FTIR 光谱及其负二阶导谱图如图 6.16 所示，在 pH=5、单砷吸附时，出现了位于 877 cm$^{-1}$ 的非复合 As—O 振动峰、位于 835 cm$^{-1}$ 和 805 cm$^{-1}$ 处的 As—O—Ti 双齿双核伸缩振动峰、位于 770 cm$^{-1}$ 和 755 cm$^{-1}$ 的 As—OH 振动峰。当 As(V)与 Cd 在 TiO$_2$ 上共吸附时，位于 770 cm$^{-1}$ 和 755 cm$^{-1}$ 的 As—OH 振动峰逐渐消失并出现位于 760 cm$^{-1}$ 的新峰，这是由于 Cd 取代了 Ti—O—As—OH 吸附结构中的 H，形成了 Ti—O—As—O—Cd 类型的表面沉淀，使 As(V)吸附结构的对称性发生变化，从而导致 As—OH 振动峰的消失和 As—O—Cd 振动峰的出现。当 As(V)与 Cd 的物质的量的比从 2.5 变化到 0.5 时，位于 805 cm$^{-1}$ 的 As—O—Ti 双齿双核振动峰偏移至 800 cm$^{-1}$，说明随 Cd 浓度的升高，TiO$_2$ 表面沉淀类型发生了变化。当 Cd 浓度较高时，形成的沉淀中 As—O—Cd 振动峰增强，从而减弱了 As—O—Ti 振动，使其向低波数偏移至 800 cm$^{-1}$。

在 pH=7、单砷吸附时，出现位于 877 cm$^{-1}$ 的非复合 As—O 振动峰和位于 827 cm$^{-1}$ 的 As—O—Ti 双齿双核伸缩振动峰。pH=5 和 7 时吸附态砷在 TiO$_2$ 表面的质子化程度不同，导致其对称性不同，从而引起红外特征峰在不同 pH 条件下发生变化。当 As(V)与 Cd 在 TiO$_2$ 上共吸附时，出现位于 805 cm$^{-1}$ 和 770 cm$^{-1}$ 的 As—O—Ti 和 As—OH 伸缩振动峰，说明由于生成表面沉淀，As(V)在 TiO$_2$ 上吸附结构的对称性发生变化。随着 Cd 浓度的升高，As 与 Cd 的物质的量的比从 10 降至 0.5 时，As 吸附特征峰并未发生变化，说明 As(V)与 Cd 生成的表面沉淀类型在 pH=7 时不受 As 与 Cd 的物质的量的比的影响，与 XRD 分析结果（图 6.13）一致。

在 pH=9、单砷吸附时，出现位于 877 cm$^{-1}$ 的非复合 As—O 振动峰、位于 852 cm$^{-1}$ 和 827 cm$^{-1}$ 的 As—O—Ti 双齿双核伸缩振动峰。当 As(V)与 Cd 在 TiO$_2$ 上共吸附时，位于 852 cm$^{-1}$ 和 827 cm$^{-1}$ 的 As—O—Ti 伸缩振动峰消失，出现了位于 836 cm$^{-1}$ 的新峰。同样，这是由于 As(V)和 Cd 生成表面沉淀改变了吸附态 As 的对称性。当 As 与 Cd 的物质的量的比从 10 降至 0.5 时，红外光谱结果并不能证明 As(V)与 Cd 表面沉淀的类型发生

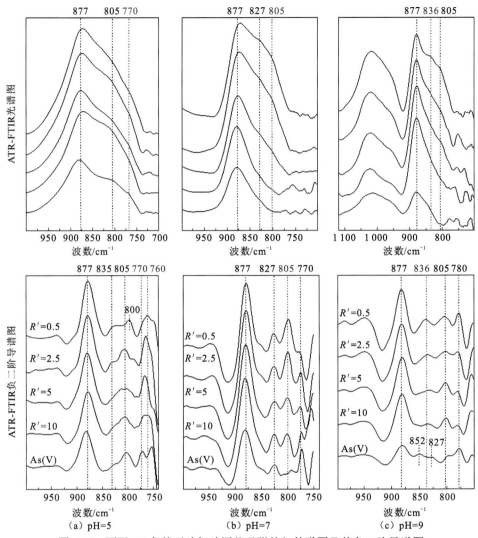

图 6.16　不同 pH 条件下砷与砷镉共吸附的红外谱图及其负二阶导谱图

$R'$ 为 As(V) 与 Cd 的物质的量的比

了变化，这是由于在 pH=9 时 As(V) 与 Cd 形成了非晶态表面沉淀，只有在 As 与 Cd 的物质的量的比为 5 条件下有少量 $Cd_5H_2(AsO_4) \cdot 4H_2O$ 生成（图 6.13），而这些少量的 $Cd_5H_2(AsO_4) \cdot 4H_2O$ 沉淀并不能改变 As—O—Ti 的振动模式。

结合 XRD、EXAFS 和红外光谱能够更加准确地分析 As(V) 与 Cd 在不同条件下在 $TiO_2$ 表面生成的沉淀类型。通过 EXAFS 结果可知，As(V) 与 Cd 形成了以 As(V) 为桥联分子的表面沉淀。通过 XRD 与红外光谱分析结果可知，在 pH=5、As 与 Cd 的物质的量的比为 0.5 时仅生成 $Cd_3(AsO_4)_2$ 沉淀；而当 As 与 Cd 的物质的量的比升高或 pH 升高到 7 时，会同时生成 $Cd_3(AsO_4)_2$ 和 $Cd_5H_2(AsO_4) \cdot 4H_2O$ 两种沉淀；在高 pH 条件下，As(V) 与 Cd 主要生成非晶态沉淀和少量 $Cd_5H_2(AsO_4) \cdot 4H_2O$，且在 pH=9 时 As(V) 去除量明显减少。以上结果表明处理砷镉共存工业废水时，应尽量保证在中性条件下，且可以通过混合不同处理批次废水调节 As 与 Cd 的物质的量的比，以达到最佳处理效果。

# 6.3 共存离子的复合影响及作用机制

自然水体中砷、锑与多种离子共存,复杂共存离子对砷、锑吸附产生的复合影响是值得关注的问题。一般认为地下水中磷酸盐和硅酸盐会严重阻碍砷、锑的吸附,而其他共存阴离子如硫酸根、硝酸根、亚硝酸根和氯离子等的影响较小。与阴离子相反,地下水中钙离子、镁离子等阳离子被证明能够促进砷、锑的吸附。虽然关于单一离子对砷、锑吸附影响的研究已有广泛报道,但关于多种离子共存时对砷、锑吸附的复合作用研究还十分有限。

## 6.3.1 地下水共存离子对 As(V)吸附的复合影响机制

Hu 等(2015a)以我国山西高砷地下水为研究对象,综合考虑地下水中 $Si^{4+}$、$Ca^{2+}$ 和 $HCO_3^-$ 对砷在过滤吸附过程中的影响,利用 PHREEQC 软件结合 CD-MUSIC 模型和一维传输模型较好地拟合了地下水中砷和其他共存离子在 $TiO_2$ 滤柱中的吸附和传输过程,如图 6.17 所示。地下水中砷质量浓度为 542 μg/L,其他共存离子的水质化学参数见表 6.2。砷在原始 $TiO_2$ 和再生 $TiO_2$ 滤柱中的穿透曲线显示,在滤出水浓度超过饮用水指标(10 μg/L)前,10 g $TiO_2$ 小柱可过滤 2 955 倍柱体积的地下水,对应的 As 吸附量 $Q_{10}$ 为 1.53 mg As/g。$TiO_2$ 小柱再生后可用于再次处理地下水,再生 $TiO_2$ 在滤出水砷质量浓度小于 10 μg/L 前可过滤 2 563 倍柱体积地下水,对应的 As 吸附量为 $Q_{10}$ 1.36 mg As/g。与

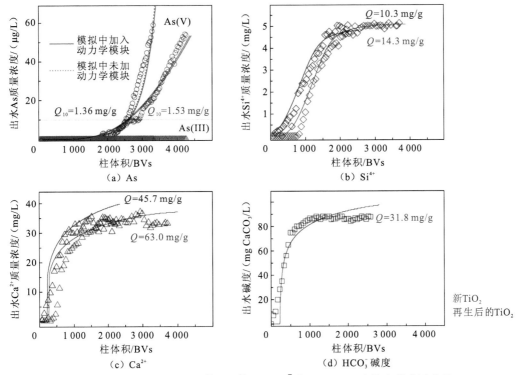

图 6.17 地下水中 As、$Si^{4+}$、$Ca^{2+}$ 和 $HCO_3^-$ 在 10 g $TiO_2$ 小柱中的穿透曲线

图中点为实验点,实线为 PHREEQC 拟合结果;$Q$ 为吸附量;$Q_{10}$ 为滤出水砷质量浓度小于 10 μg/L 时滤柱对砷的吸附量

表 6.2　实验点地下水主要水质化学参数

| 参数 | $Na^+$ | $Mg^{2+}$ | $Si(OH)_4$ | $K^+$ | $Ca^{2+}$ | $Mn^{2+}$ | $Fe^{3+}$ |
|---|---|---|---|---|---|---|---|
| 质量浓度 /(mg/L) | 18.1 | 24.6 | 5.10 | 10.1 | 35.3 | — | — |

| 参数 | $F^-$ | $Cl^-$ | $SO_4^{2-}$ | $NO_2^-$ | $Br^-$ | $PO_4^{3-}$ | 碱度 |
|---|---|---|---|---|---|---|---|
| 质量浓度 /(mg/L) | — | 89.7 | 97.6 | 3.13 | 10.7 | — | 85 |

再生前相比，再生后 $TiO_2$ 吸附量略有降低，这是由于再生不完全，$TiO_2$ 表面的吸附位点不能被完全利用。

研究地下水中共存阴阳离子在过滤前后的浓度变化。在较常见的共存离子中，地下水中 $Mn^{2+}$、$Fe^{3+}$、$F^-$、$PO_4^{3-}$ 浓度均小于检测限，$Mg^{2+}$、$K^+$、$Na^+$、$SO_4^{2-}$、$Cl^-$、$Br^-$ 和 $NO_2^-$ 浓度与出水浓度相同，表明这些共存离子不会影响砷的吸附。在众多共存离子中，只有 $Si^{4+}$、$Ca^{2+}$ 和 $HCO_3^-$ 会在 $TiO_2$ 上吸附，影响砷的吸附（图 6.17）。$Si^{4+}$ 在 $TiO_2$ 上吸附量 $Q$ 为 10.3～14.3 g/g，明显高于砷的吸附量（$Q_{10}$=1.36～1.53 g/g）。利用 As 的 K 边 EXAFS 谱研究 $Si^{4+}$ 对砷微观吸附结构的影响。在 As(V) 与 $Si^{4+}$ 竞争吸附样品中，EXAFS 谱的 As—Ti 键长为 3.27～3.28 Å，配位数为 1.3～1.7 个 Ti 原子，与单砷吸附样品的拟合结果相似，说明 $Si^{4+}$ 的存在不会影响 As(V) 在 $TiO_2$ 上吸附的微观结构。$Si^{4+}$ 对 As(V) 吸附的阻碍作用是由竞争吸附位点引起的，$Si^{4+}$ 在金属氧化物上可以形成低聚体或多聚体，且 Si 聚体不能被 As(V) 和其他阴离子解吸附（Hu et al.，2015c）。吸附态 Si 多聚物将长期占用 $TiO_2$ 的吸附位点阻碍 As(V) 的吸附。同时，在吸附材料反洗再生过程中，Si 的多聚体很难被解吸附，也会造成吸附材料再生不完全等现象。

利用 As 的 K 边 EXAFS 谱研究地下水中 $Ca^{2+}$ 对 As(V) 吸附微观机理的影响。在地下水吸附样品中，存在 As—Ti 和 As—Ca 散射路径，其中：As—Ti 键长为 3.27 Å，配位数为 1.6 个 Ti 原子；As—Ca 键长为 3.59 Å，配位数为 0.7 个 Ca 原子，说明在地下水吸附样中形成了 $Ca—As—TiO_2$ 的三元络合物。As(V) 与 Ca 在 $TiO_2$ 上形成的 $Ca—As—TiO_2$ 三元络合物可以显著增加 As(V) 和 Ca 的吸附量。PHREEQC 模拟证明不考虑 As(V) 与 $Ca^{2+}$ 形成的三元络合物，出水 As(V) 浓度穿透很快，说明三元络合物的形成显著增加了地下水中砷的吸附量。

与 $Si^{4+}$ 和 $Ca^{2+}$ 相似，地下水中 $HCO_3^-$ 也具有较高的吸附量（$Q$=31.8 mg $CaCO_3$/g $TiO_2$），因此 $HCO_3^-$ 的吸附方程也被加入 PHREEQC 模拟中（表 6.3），加入 $HCO_3^-$ 吸附方程后，As 和 $HCO_3^-$ 的穿透曲线都能够较好地拟合（图 6.17），说明 $HCO_3^-$ 对地下水中砷的吸附也具有重要作用。与其他共存离子相比，$HCO_3^-$ 对砷吸附的阻碍作用明显小于 $Si^{4+}$ 和 $PO_4^{3-}$。但是当 $HCO_3^-$ 与 $Ca^{2+}$、$Mg^{2+}$ 等阳离子共存时能够使吸附态砷迅速解吸附溶解，这是由于 $Ca^{2+}$ 和 $HCO_3^-$ 与 As(V) 形成了可溶性的 $HCO_3—Ca—As$ 三元络合物，促进了吸附态砷的溶出（Saalfield et al.，2010）。由此可见，在模拟地下水砷吸附机理及吸附行为时，不仅要考虑单一离子对砷吸附的影响，还要考虑多重离子共存时对砷吸附的复合作用。

表 6.3　TiO₂ 滤柱除砷中用于 CD-MUSIC 和 PHREEQC 模拟的表面络合反应方程式及参数

| | 反应方程 | $P_0^*$ | $P_1^*$ | $P_2^*$ | $\lg K$ |
|---|---|---|---|---|---|
| CD-MUSIC 模型中的吸附反应 | $\equiv TiOH^{-1/3} + H^+ \Longleftrightarrow \equiv TiOH_2^{+2/3}$ | 1.0 | | | 5.8 |
| | $\equiv TiOH^{-1/3} + Na^+ \Longleftrightarrow \equiv TiOHNa^{+2/3}$ | | | 1.0 | -1.0 |
| | $\equiv TiOH^{-1/3} + H^+ + ClO_4^- \Longleftrightarrow \equiv TiOH_2ClO_4^{-1/3}$ | 1.0 | -1.0 | | 4.8 |
| | $\equiv Ti_2O^{-2/3} + H^+ \Longleftrightarrow \equiv Ti_2OH^{+1/3}$ | 1.0 | | | 5.8 |
| | $\equiv Ti_2O^{-2/3} + Na^+ \Longleftrightarrow \equiv Ti_2ONa^{+1/3}$ | | | 1.0 | -1.0 |
| | $\equiv Ti_2O^{-2/3} + H^+ + ClO_4^- \Longleftrightarrow \equiv Ti_2OHClO_4^{-2/3}$ | 1.0 | -1.0 | | 4.8 |
| | $2 \equiv TiOH^{-1/3} + H_3AsO_3 - H^+ \Longleftrightarrow \equiv Ti_2O_2AsO^{-5/3} + 2H_2O$ | -0.5 | 0.5 | | 12.0 |
| | $2 \equiv TiOH^{-1/3} + AsO_4^{3-} + 2H^+ \Longleftrightarrow \equiv Ti_2O_2AsO_2^{-5/3} + 2H_2O$ | 0.5 | -1.5 | | 28.8 |
| 比表面积/（m²/g） | | | | 196 | |
| 内层电容 $C_1$/（F/m²） | | | | 2.36 | |
| 外层电容 $C_2$/（F/m²） | | | | 5 | |
| 吸附位点密度/(mmol/g) | | | | 6ᵃ，5.6ᵇ | |
| PHREEQC 模型中的其他吸附反应 | $2 \equiv TiOH^{-1/3} + AsO_4^{3-} + Ca^{2+} + 2H^+ \Longleftrightarrow \equiv Ti_2O_2AsO_2Ca^{+1/3} + 2H_2O$ | 0.5 | 0.5 | | 15.6 |
| | $2 \equiv TiOH^{-1/3} + H_4SiO_4 \Longleftrightarrow \equiv Ti_2O_2SiO_2H_2^{-2/3} + 2H_2O$ | 0.4 | -0.4 | | 12.5 |
| | $2 \equiv TiOH^{-1/3} + HCO_3^- + H^+ \Longleftrightarrow \equiv Ti_2O_2CO^{-2/3} + 2H_2O$ | 0.4 | -2.4 | | 21.5 |
| | $2 \equiv TiOH^{-1/3} + Ca^{2+} - 2H^+ \Longleftrightarrow \equiv Ti_2O_2Ca^{-2/3}$ | -1.0 | 1.0 | | 12.8 |
| 单位长度/m | | | | 0.025ᶜ，0.051ᵈ | |
| 时间步长/s | | | | 34.2 | |
| 运移次数 | | | | 29 684 | |

注：a 为原始 TiO₂ 的吸附位点密度，b 为再生 TiO₂ 的吸附位点密度，c 为 10 g TiO₂ 小柱中 PHREEQC 模拟的单位长度（图 6.17），d 为 750 g TiO₂ 滤柱中 PHREEQC 模拟的单位长度（图 6.18）。

在 PHREEQC 模拟中加入平衡动力学模块，如图 6.17（a）中虚线所示，在拟合中加入动力学模块不会影响地下水中砷和其他共存离子的穿透曲线，拟合结果与未考虑动力学作用的拟合结果重合。因此，动力学作用对地下水中砷吸附的影响很小，主要影响因素为地下水中共存离子的复合作用。同样，考虑以上共存离子对砷吸附的复合作用，利用与 10 g TiO₂ 小柱相同的吸附平衡参数可预测 750 g TiO₂ 滤柱对地下水中砷的吸附容量及穿透曲线，如图 6.18 所示。可见，综合考虑地下水中共存离子对砷吸附的影响，并与小试吸附实验相结合能够很好地预测地下水的吸附容量及穿透时间，从而指导实际应用。

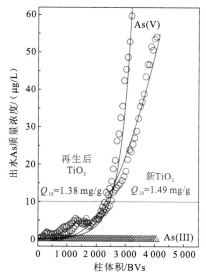

图 6.18　地下水中 As 在 750 g TiO₂ 滤柱中的穿透曲线及 PHREEQC 拟合结果

## 6.3.2 实际水体中砷与锑的吸附去除机制

Qiu 等（2019）利用颗粒 $TiO_2$ 对矿区废水中的砷与锑进行了吸附去除研究。现场矿区废水与模拟水的吸附结果显示，矿区废水中 As(III)、As(V) 及 Sb(V) 的浓度随着吸附剂浓度的升高而降低，而且材料对现场废水中砷、锑的去除效果要略优于实验室模拟水（图 6.19），原因是：在没有共存离子的模拟水中，As(III)、As(V)、Sb(V) 与 $TiO_2$ 的二元络合物构型分别为 $Ti_2O_2AsO^{-5/3}$、$Ti_2O_2AsO_2^{-5/3}$、$Ti_2O_2Sb(OH)_4^{-5/3}$。可以看出砷、锑与 $TiO_2$ 吸附位点的结合比例都是 2:1，形成双齿双核的吸附构型。矿区废水中含有大量的 $Ca^{2+}$（35.8 mg/L）、$Mg^{2+}$（10.4 mg/L）、$Si^{4+}$（2.9 mg/L）、$PO_4^{3-}$（11.3 mg/L）等共存离子，影响颗粒 $TiO_2$ 材料对砷和锑的吸附络合。As(III)、As(V)、Sb(V) 与 $TiO_2$ 形成二元络合物构型外，废水中 As(III/V)、$Ca^{2+}$（$Mg^{2+}$）和 $TiO_2$ 可形成 Ca—As(III)—$TiO_2$、Mg—As(III)—$TiO_2$、Ca—As(V)—$TiO_2$、Mg—As(V)—$TiO_2$ 的三元络合物构型。同样，Sb(V) 与 $Ca^{2+}$ 或 $Mg^{2+}$ 也会形成 Ca—Sb(V)—$TiO_2$、Mg—Sb(V)—$TiO_2$ 的三元络合物构型。加入共存离子后，形成的三元络合物中砷、锑与 $TiO_2$ 的比例均为 1:1，即每个 $TiO_2$ 位点结合砷或锑的比例升高，因此 $Ca^{2+}$、$Mg^{2+}$ 对 $TiO_2$ 吸附去除砷和锑具有促进作用。而 Si 以 $H_4SiO_4$ 的形式存在，会直接与 $TiO_2$ 结合，形成构型 $Ti_2O_2Si(OH)_2^{-2/3}$，与砷、锑竞争 $TiO_2$ 上的吸附位点，抑制砷、锑的吸附。在有或无 $Ca^{2+}$、$Mg^{2+}$、$Si^{4+}$ 参与下，As(III)、As(V)、Sb(V) 在 $TiO_2$ 上吸附的络合反应方程见式（6.4）～（6.10）。

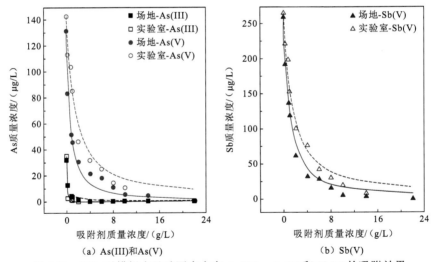

图 6.19　$TiO_2$ 对模拟水及矿区废水中 As(III)、As(V) 和 Sb(V) 的吸附效果

图中点表示实验数据点，实线和虚线分别表示对模拟水和现场矿区废水条件下的 CD-MUSIC 拟合线

无 $Ca^{2+}$、$Mg^{2+}$、$Si^{4+}$ 参与：

$$H_3AsO_3 + 2Surf\_sOH^{0.33-} = (Surf\_sO)_2AsOH^{0.66-} + 2H_2O \qquad (6.4)$$

$$H_2AsO_4^- + 2Surf\_sOH^{0.33-} = (Surf\_sO)_2AsO_2^{1.66-} + 2H_2O \qquad (6.5)$$

$$Sb(OH)_6^- + 2Surf\_sOH^{0.33-} = (Surf\_sO)_2Sb(OH)_4^{1.66-} + 2H_2O \qquad (6.6)$$

有 $Ca^{2+}$、$Mg^{2+}$、$Si^{4+}$ 参与时，除上式外，添加如下方程式：

$$(Ca)Mg^{2+} + 1Surf\_sOH^{0.33-} + H_2AsO_3^- = Surf\_sOHMgAsO_3H_2^{0.67+} \qquad (6.7)$$

$$(Ca)Mg^{2+} + 1Surf\_sOH^{0.33-} + HAsO_4^{2-} = Surf\_sOHMgAsO_4H^{0.33-} \quad (6.8)$$

$$(Ca)Mg^{2+} + 1Surf\_sOH^{0.33-} + Sb(OH)_6^- = Surf\_sOHMgSb(OH)_6^{0.67+} \quad (6.9)$$

$$H_4SiO_4 + 2Surf\_sOH^{0.33-} = (Surf\_sO)_2Si(OH)_2^{0.66-} + 2H_2O \quad (6.10)$$

用 CD-MUSIC 络合模型对模拟水和矿区废水两种体系下的实验结果进行拟合,如图 6.19 所示。为说明共存离子对 TiO$_2$ 吸附砷、锑产生的复合影响,在 CD-MUSIC 模拟矿区废水吸附的方程中,删除了 Ca$^{2+}$、Mg$^{2+}$、Si$^{4+}$ 参与反应的输入方程式。从模拟结果可以看出,没有 Ca$^{2+}$、Mg$^{2+}$、Si$^{4+}$ 参与的模拟吸附效果要弱于有 Ca$^{2+}$、Mg$^{2+}$、Si$^{4+}$ 参与的吸附效果(图 6.19),说明 Ca$^{2+}$、Mg$^{2+}$、Si$^{4+}$ 对 TiO$_2$ 吸附砷锑产生综合促进作用。CD-MUSIC 络合模型得到的模拟结果与实验数据有很高的一致性,从理论上验证了 TiO$_2$ 吸附砷、锑的实验结果及吸附机理。

现场滤柱实验中,矿区废水中的砷、锑在原始 TiO$_2$ 及多次反洗再生 TiO$_2$ 的吸附穿透曲线如图 6.20 所示。在滤出水总砷浓度超过《锡、锑、汞工业污染物排放标准》

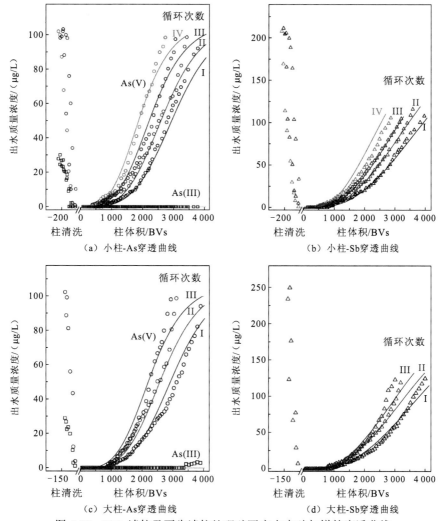

图 6.20　TiO$_2$ 滤柱及再生滤柱处理矿区废水中砷与锑的穿透曲线

图中点为实验数据点,线为 PHREEQC 模拟线;"0"柱体积之前的数据点表示清洗滤柱使其达到 pH 中性

（GB 30770—2014）中规定的 100 μg/L 之前，15 g TiO₂ 填充的小柱可以过滤 3 761 倍柱体积的矿区废水。颗粒 TiO₂ 滤柱进行反洗再生后可继续用于处理矿区废水，在连续 4 次滤柱循环吸附过程中，材料对 As 和 Sb 的吸附量为 0.378～0.478 mg As/g TiO₂ 和 0.768～0.905 mg Sb/g TiO₂。类似地，在 600 g TiO₂ 填充的大滤柱中进行 2 次反洗再生，即 3 次循环吸附，对 As 和 Sb 的吸附量为 0.393～0.534 mg/g TiO₂ 和 0.730～0.967 mg/g TiO₂。结合 CD-MUSIC 络合模型和一维传输模型，利用 PHREEQC 软件模拟滤柱实验中矿区废水中砷和锑在 TiO₂ 上的吸附穿透曲线。在穿透曲线的模拟中，同样考虑 $Ca^{2+}$、$Mg^{2+}$、$Si^{4+}$ 等共存离子对 TiO₂ 吸附砷和锑产生的复合影响。同时，检测滤出样品中 $Ca^{2+}$、$Mg^{2+}$、$Si^{4+}$ 的浓度，显示 $Ca^{2+}$、$Mg^{2+}$、$Si^{4+}$ 在大、小滤柱上均有吸附，表明废水中的共存离子参与了砷、锑与 TiO₂ 材料的吸附络合。

Jiang 等（2020）利用颗粒 TiO₂ 对矿区锑质量浓度为 324 μg/L 的污染自来水进行了处理。原始和再生 TiO₂ 滤柱的 Sb(V) 穿透曲线如图 6.21（a）所示，在处理后水中 Sb(V) 质量浓度达到饮用水标准 6 μg/L 时，原始 TiO₂ 滤柱可以处理 586 倍柱体积的锑污染自来水，Sb(V) 的吸附量为 0.225 mg Sb/g TiO₂，处理水量为 15.3 L。再生的 TiO₂ 滤柱可以处理 522 倍柱体积的锑污染自来水，Sb(V) 吸附量为 0.197 mg Sb/g TiO₂。与原始滤柱相比，再生滤柱的 Sb(V) 吸附量降低了约 12%，其原因是滤柱再生不完全，锑洗脱率为 76%。测定自来水中共存离子的穿透曲线，表明 TiO₂ 对 $Ca^{2+}$ 有明显的吸附作用，在 288 倍柱体积时达到平衡[图 6.21（b）]。其他阳离子 $Mg^{2+}$、$K^+$、$Na^+$、$Si^{4+}$ 和 $Al^{3+}$ 的出水浓度与进水浓度相同，在 TiO₂ 上的吸附可以忽略不计。在滤柱过滤后，阴离子 $SO_4^{2-}$、$Cl^-$、$NO_3^-$、$NO_2^-$ 和 $F^-$ 的浓度也基本保持不变[图 6.21（c）]。通过 PHREEQC 模型验证 $Ca^{2+}$ 在 Sb 吸附中的重要影响，在不考虑 $Ca^{2+}$ 吸附的情况下，Sb(V) 的穿透曲线将明显提前[图 6.21（a）]，表明 $Ca^{2+}$ 的存在显著增强了 Sb(V) 的吸附，其原因为 Ca-Sb-TiO₂ 三元络合物的形成。此外，$Ca^{2+}$ 吸附可以使 TiO₂ 表面带正电，有利于阴离子 $Sb(OH)_6^-$ 的吸附。CD-MUSIC 和 PHREEQC 模拟结果表明，考虑 $Ca^{2+}$ 吸附和 Ca—Sb—TiO₂ 三元络合物的影响，可以很好地预测 Sb(V) 和 $Ca^{2+}$ 的穿透曲线（表 6.4）。

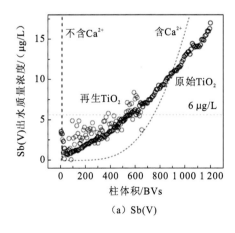

（a）Sb(V)

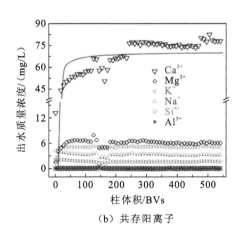

（b）共存阳离子

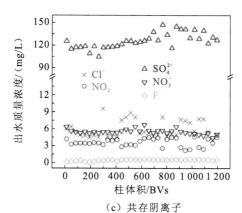

（c）共存阴离子

图 6.21　矿区自来水中 Sb(V)、共存阳离子和共存阴离子在 TiO₂ 滤柱中的穿透曲线

虚线为不含 Ca 和含 Ca 吸附的 Sb(V)穿透曲线的 PHREEQC 模拟结果

**表 6.4　TiO₂ 滤柱除锑中用于 CD-MUSIC 和 PHREEQC 模拟的表面络合反应方程式及参数**

| | 反应方程 | $P_0^*$ | $P_1^*$ | $P_2^*$ | $\lg K$ |
|---|---|---|---|---|---|
| CD-MUSIC 模型中的吸附反应 | $\equiv \text{TiOH}^{-1/3} + \text{H}^+ = \equiv \text{TiOH}_2^{+2/3}$ | 1.0 | | | 6.6 |
| | $\equiv \text{TiOH}^{-1/3} + \text{Na}^+ = \equiv \text{TiOHNa}^{+2/3}$ | | | 1.0 | −1.0 |
| | $\equiv \text{TiOH}^{-1/3} + \text{H}^+ + \text{Cl}^- = \equiv \text{TiOH}_2\text{Cl}^{-1/3}$ | 1.0 | | −1.0 | 5.6 |
| | $\equiv \text{Ti}_2\text{O}^{-2/3} + \text{H}^+ = \equiv \text{Ti}_2\text{OH}^{+1/3}$ | 1.0 | | | 6.6 |
| | $\equiv \text{Ti}_2\text{O}^{-2/3} + \text{Na}^+ = \equiv \text{Ti}_2\text{ONa}^{+1/3}$ | | | 1.0 | −1.0 |
| | $\equiv \text{Ti}_2\text{O}^{-2/3} + \text{H}^+ + \text{Cl}^- = \equiv \text{Ti}_2\text{OHCl}^{-2/3}$ | 1.0 | | −1.0 | 5.6 |
| | $2\equiv \text{TiOH}^{-1/3} + \text{Sb(OH)}_3 = \equiv \text{Ti}_2\text{O}_2\text{SbOH}^{-2/3} + 2\text{H}_2\text{O}$ | −0.8 | 0.8 | | 4.2 |
| | $2\equiv \text{TiOH}^{-1/3} + \text{Sb(OH)}_6^- = \equiv \text{Ti}_2\text{O}_2\text{Sb(OH)}_4^{-5/3} + 2\text{H}_2\text{O}$ | 0 | −1.0 | | 3.8 |
| 比表面积/（m²/g） | | | | 152 | |
| 内层电容 $C_1$ /（F/m²） | | | | 2.36 | |
| 外层电容 $C_2$/（F/m²） | | | | 5.0 | |
| 位点密度/（mmol/g） | | | | 6.0 | |
| PHREEQC 模型中的其他吸附反应 | $\equiv \text{TiOH}^{-1/3} + \text{Ca}^{2+} = \equiv \text{TiOHCa}^{+5/3}$ | 0.2 | 1.8 | | 8.3 |
| | $\equiv \text{TiOH}^{-1/3} + \text{Sb(OH)}_6^- + \text{Ca}^{2+} = \equiv \text{TiOHCaSb(OH)}_6^{+2/3}$ | 0.2 | −0.2 | | 5.8 |
| 单位长度/m | | | | 0.23 | |
| 单位数量 | | | | 5 | |
| 时间步长/s | | | | 1 200 | |
| 运移次数 | | | | 600 | |

# 6.4 有机化合物的影响及作用机制

## 6.4.1 酒石酸对 Sb(III)络合的影响机制

Sb(III)的氧化物（$Sb_2O_3$）在 pH 为中性时极易沉淀，而不易被吸附去除，因此在大多数 Sb(III)的吸附研究中，通常使用 Sb(III)的可溶有机络合物进行实验。有机配体对 Sb(III)吸附的竞争协同效应是不容忽视的问题，对该问题的认识有利于了解水生环境中腐殖酸（humic acid，HA）对 Sb(III)络合的影响。

Li 等（2019）利用表面络合模型研究了酒石酸锑钾溶液中酒石酸配体对 Sb(III)在吸附材料颗粒氢氧化铁（granular ferric hydroxide，GFH）表面吸附的影响。Sb(III)在不同浓度、不同背景电解质浓度下在 GFH 上的 pH 边吸附实验结果如图 6.22 所示。当 Sb(III)

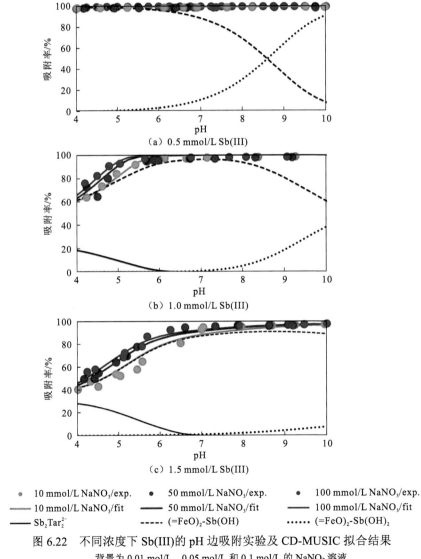

图 6.22 不同浓度下 Sb(III)的 pH 边吸附实验及 CD-MUSIC 拟合结果

背景为 0.01 mol/L、0.05 mol/L 和 0.1 mol/L 的 $NaNO_3$ 溶液

浓度较低时，pH 对 Sb(III)的吸附几乎没有影响，超过 98%的 Sb(III)被吸附。同时，低浓度时 Sb(III)的吸附受背景电解质浓度变化的影响较小。Sb(III)的吸附在碱性 pH 范围内不会降低，这是因为 Sb(III)主要以中性分子 Sb(OH)$_3$ 的形态存在，含氧酸脱质子反应的 p$K_a$ 值更高（p$K_{a2}$=11.82）。

当 pH 为 4~10 时，Sb(III)主要以中性分子 Sb(OH)$_3$ 的形态存在，与其他无机配体形成的溶解性无机络合物可以忽略，而酒石酸配体 $H_2Tar^{2-}$ 则可以与 Sb(III)形成弱的单体和强的二聚体锑酸盐络合物（$Sb_2(OH)_2Tar_2^{2-}$），后者的形成常数为 lg $\beta$=22.17（表 6.5）。利用 Sb 的 K 边 EXAFS 谱研究 Sb(III)的微观吸附结构。在吸附样品中，存在 Sb—Fe 散射路径，其键长为 3.56~3.65 Å，表明 Sb(III)以双齿双核角共享（$^2$C）络合物形式存在于表面，由两个边共享的正八面体 FeO$_3$(OH)$_3$ 分子与 Sb(O,OH)$_3$ 分子桥接在一起。此外，pH 较高时存在正四面体的 Sb(O,OH)$_4$，与正八面体的 Fe(O,OH)$_6$ 形成双齿单核的内层络合物。在 EXAFS 实验中，并没有发现 Sb(III)和酒石酸在 GFH 上形成三元表面络合物。

根据 EXAFS 得到的微观吸附构型，利用 Visual MINTEQ 3.1 软件和内置的 PEST 优化工具，对 Sb(III)在 GFH 上的表面络合结构进行模型构建和参数优化。在电荷分布多位点表面络合（CD-MUSIC）模型中固定位点密度，在 GFH 表面，通常包括单配位的 ≡FeOH$^{-0.5}$ 位点和三配位的 ≡Fe$_3$O$^{-0.5}$ 位点，其点密度分别为 6.1 nm$^{-2}$ 和 5.3 nm$^{-2}$（Kersten et al.，2014）。与氢离子和背景电解质离子不同的是，只有单配位的 ≡FeOH$^{-0.5}$ 位点会参与到与 Sb 和酒石酸形成内层络合物的过程中。此外，双齿位点约等于总的吸附位点的平方根（即 6.1$^{0.5}$ nm$^{-2}$=2.5 nm$^{-2}$）（Benjamin，2002）。

Sb(III)吸附的 CD-MUSIC 模型为 $^2$C 的内层表面络合结构，其反应方程式为

$$2FeOH^{-0.5} + Sb(OH)_3^0 \Longrightarrow (FeO)_2^{-1+\Delta z_0}SbOH^{\Delta z_1} + 2H_2O \tag{6.11}$$

当 Sb(III)在 GFH 表面形成双齿双核的表面络合物时，Sb(OH)$_3$ 的两个 OH$^-$ 与 GFH 表面 OH$^-$ 位点上的两个 H 原子分别结合，脱落下来两个 H$_2$O 分子。根据 Sb(O,OH)$_3$ 吸附在 GFH 表面的扭曲三角锥结构，采用不对称的电荷分布，其中 Sb—OH 的键长要略长于另外两个结合到 GFH 表面的 Sb—O 键的键长，由于键价 $s_i$ 与键长 $R_i$ 有关，根据 Pauling 价键理论对电荷分布进行估算（Stachowicz et al.，2006），有

$$s_i = e^{(R_0 - R_i)/b} \tag{6.12}$$

式中：$s_i$ 是第 $i$ 个 Sb—O 键的键长，$b$（37 pm）和 $R_0$（195.5 pm）为 Sb(III)—O 键特定的常数（Palenik et al.，2005）。三个 Sb—O 键的键价加起来应该等于 Sb(III)的化合价（$\sum s_i = +3$）。非络合的 Sb—OH 的键长是 2.18 Å，而络合到 GFH 表面的 Sb—O 键的键长为 1.88 Å，因此可以假设最大 15%的不对称程度，从而推断出 $s_1$=0.54 vu，$s_2$=$s_3$=1.23 vu。此外，两个带负电的 OH$^-$ 基团位于 0 层（-1 vu），因此 0 层总的离子电荷为 $z_0$=$s_2$+$s_3$+2$z_{OH}$=+0.46，1 层的电荷为 $z_1$=-0.46。实际拟合 pH 边的吸附数据过程中，当调整 $\Delta z_0$=0.66 vu，$\Delta z_1$=-0.66 vu 时，会得到最好的拟合效果（表 6.5）。

当 pH=10 时，根据 EXAFS 的结果，吸附样品中还存在双齿单核边共享（$^2$E）的表面络合物，其反应方程式为

$$2FeOH^{-0.5} + Sb(OH)_4^- \Longrightarrow (FeO)_2^{-1+\Delta z_0}Sb(OH)_2^{\Delta z_1} + 2H_2O \tag{6.13}$$

表 6.5 Sb(III)和酒石酸在水溶液和 GFH 表面的络合反应及参数

| 溶液和表面络合物 | FeOH | Fe₃O | Na⁺ | NO₃⁻ | Sb(OH)₃ | Sb(OH)₆⁻ | H₂Tar⁻² | H⁺ | Δz₀ | Δz₁ | Δz₂ | H₂O | lg K |
|---|---|---|---|---|---|---|---|---|---|---|---|---|---|
| $Sb(OH)_2^{+1}$ | 0 | 0 | 0 | 0 | 1 | 0 | 0 | 1 | 0 | 0 | 0 | −1 | −1.38 |
| $Sb(OH)_4^{-1}$ | 0 | 0 | 0 | 0 | 1 | 0 | 0 | −1 | 0 | 0 | 0 | 1 | −11.82 |
| $Sb(OH)Tar^{-2}$ | 0 | 0 | 0 | 0 | 1 | 0 | 1 | 0 | 0 | 0 | 0 | 2 | 2.05 |
| $Sb_2(OH)_2Tar_2^{-2}$ | 0 | 0 | 0 | 0 | 2 | 0 | 2 | 2 | 0 | 0 | 0 | 4 | 22.17 |
| $\equiv SOH_2^{+0.5}$ | 1 | 0 | 0 | 0 | 0 | 0 | 0 | 1 | 1 | 0 | 0 | 0 | 8.2 |
| $\equiv S_3OH^{+0.5}$ | 0 | 1 | 0 | 0 | 0 | 0 | 0 | 1 | 1 | 0 | 0 | 0 | 8.2 |
| $\equiv SOHNa^{+0.5}$ | 1 | 0 | 1 | 0 | 0 | 0 | 0 | 0 | 0 | 1 | 0 | 0 | −0.6 |
| $\equiv S_3ONa^{+0.5}$ | 0 | 1 | 1 | 0 | 0 | 0 | 0 | 0 | 0 | 1 | 0 | 0 | −0.6 |
| $\equiv SOH_2NO_3^{-0.5}$ | 1 | 0 | 0 | 1 | 0 | 0 | 0 | 1 | 1 | −1 | 0 | 0 | 7.6 |
| $\equiv S_3OHNO_3^{-0.5}$ | 0 | 1 | 0 | 1 | 0 | 0 | 0 | 1 | 1 | −1 | 0 | 0 | 7.6 |
| $(\equiv SOH)_2(H_2Tar)^{-1}$ | 2 | 0 | 0 | 0 | 0 | 0 | 1 | 2 | 1 | −1 | 0 | −2 | 16.0 ± 0.2 |
| $\equiv SOH_2(H_2Tar)Na^{-0.5}$ | 1 | 0 | 1 | 0 | 0 | 0 | 1 | 1 | 1 | −2 | 1 | 0 | 13.8 ± 0.2 |
| $(\equiv SO)_2Sb(OH)^{-1}$ | 2 | 0 | 0 | 0 | 1 | 0 | 0 | 0 | 0.66 | −0.66 | 0 | −2 | 9.1 ± 0.1 |
| $(\equiv SO)_2Sb(OH)_2^{-2}$ | 2 | 0 | 0 | 0 | 1 | 0 | 0 | −1 | 0.58 | −1.58 | 0 | −1 | 2.5 ± 0.5 |
| $\equiv SOH_2Sb(OH)_6^{-0.5}$ | 1 | 0 | 0 | 0 | 0 | 1 | 0 | 1 | 0.8 | −0.8 | 0 | 0 | 12.3 ± 0.1 |

对于水解阴离子吸附物 $Sb(OH)_4^-$，其在不同静电层分布的总电荷值为-1 vu（$\Delta z_0+\Delta z_1+\Delta z_2=-1$），因此设置 $\Delta z_0=0.58$ vu，$\Delta z_1=-1.58$ vu（Stachowicz et al.，2006）。

酸性官能团的数目和 $pK_a$ 的范围，都会影响有机酸吸附数据拟合时涉及的表面反应的数量。对于酒石酸结构，HOOC—CH(OH)—CH(OH)—COOH 上的两个羧基都可以与铁氧化物表面结合，生成双齿双核的配位结构。在酸性条件下，酒石酸上的两个羧基的脱质子反应分两步进行（$pK_{a1}=2.95$，$pK_{a2}=4.25$），大部分酒石酸在酸性条件下被吸附（图 6.23）。背景电解质的浓度变化对酒石酸吸附的影响较小，因此仅采用内层表面络合反应对酒石酸的吸附数据进行拟合。与 Sb(III) 的吸附一致，认为只有单配位的 $\equiv FeOH^{-0.5}$ 位点参与到酒石酸形成内层络合物的过程中。在酸性 pH 范围内，酒石酸分子中的两个羧基均会与 GFH 表面的—OH 基团结合形成氢键，从而形成氢键结合的双齿双核的表面络合物。其中内层的电荷分布 $\Delta z_0=+1$。GFH 表面的两个—OH 基团会发生质子化作用生成两个 $H_2O$ 分子，随后脱落下来。酒石酸在 GFH 表面的吸附是一个配体交换反应，其反应方程式为

$$2FeOH^{-0.5} + Tar^{-2} + 2H^+ \Longrightarrow Fe_2^{\Delta z_0}Tar^{\Delta z_1} + 2H_2O \qquad (6.14)$$

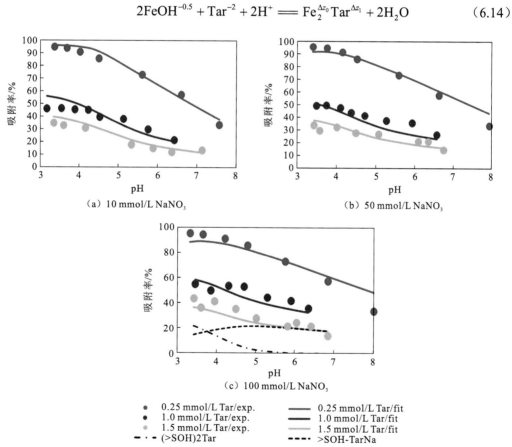

（a）10 mmol/L NaNO₃

（b）50 mmol/L NaNO₃

（c）100 mmol/L NaNO₃

- 0.25 mmol/L Tar/exp.　　　—— 0.25 mmol/L Tar/fit
- 1.0 mmol/L Tar/exp.　　　—— 1.0 mmol/L Tar/fit
- 1.5 mmol/L Tar/exp.　　　—— 1.5 mmol/L Tar/fit
- – · – (>SOH)2Tar　　　- - - >SOH-TarNa

图 6.23　不同浓度下酒石酸的 pH 边吸附实验及 CD-MUSIC 拟合结果
背景离子为 0.01 mol/L、0.05 mol/L 和 0.1 mol/L 的 $NaNO_3$ 溶液

配体电荷分布中，两个羧酸基团的 O 原子的一半电荷分布在 1 层，另一半被 0 层的两个质子中和，使 $\Delta z_1=-1$、$\Delta z_0=0$。背景离子浓度较高时，还有一小部分的酒石酸吸附到

GFH 表面，因此引入外层络合的 Na-tartrate 离子对，对背景电解质 $NaNO_3$ 物质的量浓度大于 10 mmol/L 时的数据进行拟合。羧酸既可以与碱土金属阳离子结合，又可与碱金属氧离子结合形成溶解态的三元络合物，因此一个羧基可以结合一个 $Na^+$，形成三元单齿表面络合物，其反应方程式为

$$FeOH^{-0.5} + Tar^{-2} + H^+ + Na^+ \rightleftharpoons FeOH_2^{\Delta z_0} Tar^{\Delta z_1} Na^{\Delta z_2} \qquad (6.15)$$

对于式（6.15）中生成的单齿外层络合物，其电荷分布在 1 层为 $\Delta z_1 = -2$，在 2 层由于 $Na^+$ 的引入，$\Delta z_2 = +1$，如表 6.5 所示。

借助多位点络合模型和内置的 PEST 工具，可以拟合酒石酸存在时 Sb(III)在 GFH 表面的吸附结果，并获得相应的表面络合常数（图 6.22 和表 6.5）。同时，研究不同 pH 时 Sb(V)在 GFH 表面的吸附，与 Sb(III)不同，Sb(V)的吸附率随 pH 的升高而降低，在酸性条件下更容易吸附。Sb(V)的吸附以内层吸附为主，且几乎不受酒石酸存在的影响。根据 Sb(III)和 Sb(V)在 GFH 上的吸附拟合结果，利用 USGS PhreePlot 代码计算出 Sb 在不同 pE-pH 的优势区间图。如图 6.24 所示，假定在酒石酸存在条件下，10 μmol/L 的 Sb 吸附到 1 g/L 的 GFH 表面，体系处于平衡状态。在绝大多数 pE-pH 的范围内，大多数加入的 Sb 相关的无机氧化物和硫化物相均被吸附（不包括含巯基的有机质），但在 pH 为 3~4 时仍有一部分溶解态的 Sb(III)-酒石酸络合物存在，并没有被吸附。因此，图 6.22 所示的高浓度 Sb(III)在酸性条件下吸附量下降的现象是由于 Sb(III)与水溶液中的酒石酸络合，从而抑制了其在 GFH 上的吸附。

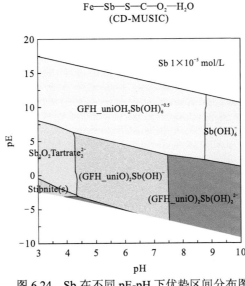

图 6.24 Sb 在不同 pE-pH 下优势区间分布图

## 6.4.2 除草剂对砷迁移的影响机制

草甘膦（glyphosate，PMG）和麦草畏（dicamba）是全球范围内广泛使用的除草剂，其在水体和土壤中的赋存影响吸附态砷的迁移与释放。Jiang 等（2019）研究了针铁矿表面吸附态砷在草甘膦、麦草畏、磷酸根（$PO_4^{3-}$）、腐殖酸（HA）作用下的脱附过程，发

现在 6 h 的脱附动力学实验中，共存物质对砷脱附的影响顺序为：$PO_4^{3-}$＞草甘膦＞麦草畏＞腐殖酸。利用原位流动 ATR-FTIR 技术研究 $PO_4^{3-}$ 与草甘膦影响砷脱附的作用机制。结果显示，在 As(III)吸附平衡体系中添加草甘膦后，As(III)—O—Fe 振动峰在 765 $cm^{-1}$ 处没有明显变化，但峰高降低，说明草甘膦通过竞争吸附位点影响 As(III)的吸附，并不改变 As(III)表面络合结构。与添加草甘膦实验不同，在添加了 $PO_4^{3-}$ 后，As(III)—O—Fe 振动峰从 765 $cm^{-1}$ 移动到 786 $cm^{-1}$，说明 As(III)在针铁矿上的吸附由双齿结构转变为单齿结构。随着时间的推移，位于 1 093 $cm^{-1}$ 的 $PO_4^{3-}$ 振动峰值增加，位于 786 $cm^{-1}$ 的 As(III)—O—Fe 振动峰值降低。结果表明，$PO_4^{3-}$ 的竞争机制与草甘膦不同，$PO_4^{3-}$ 通过改变 As(III)在针铁矿表面的络合结构来脱附 As(III)。与 As(III)不同，添加草甘膦或 $PO_4^{3-}$ 后，位于 763 $cm^{-1}$ 的 As(V)—O—Fe 振动峰值并未显著下降，表明草甘膦与 $PO_4^{3-}$ 对 As(V)的脱附影响较小。

在土壤滤柱中模拟砷在土壤中的长期迁移过程，以此来评估共存物质草甘膦、麦草畏、$PO_4^{3-}$ 和腐殖酸对土壤中砷迁移过程的影响。如图 6.25 所示，在 1 倍柱体积的滤液中，不同体系中 As(III)和 As(V)的平均质量浓度分别为 6.2 mg/L 和 11.4 mg/L，相应的平均脱附率分别为 7.6%和 6.3%。在进行 24 h 实验流过 6 倍柱体积滤液后，As(III)和 As(V)的质量浓度均下降至 2.6 mg/L，脱附率分别为 21.8%和 24.2%。经过 5 天实验流过 30 倍柱体积滤液后，As(III)和 As(V)的质量浓度均降至 0.5 mg/L 以下，脱附率分别为 46.2%和 36.5%。

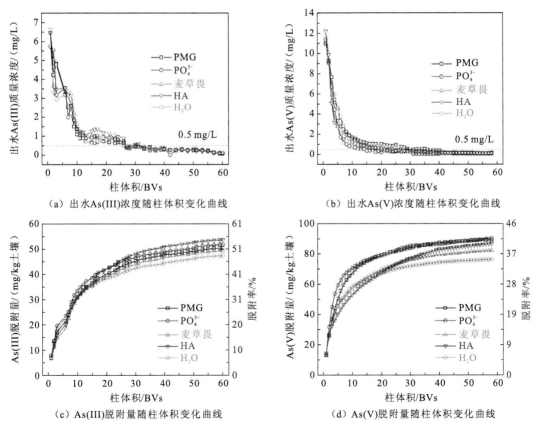

（a）出水As(III)浓度随柱体积变化曲线　　　　（b）出水As(V)浓度随柱体积变化曲线

（c）As(III)脱附量随柱体积变化曲线　　　　（d）As(V)脱附量随柱体积变化曲线

图 6.25　添加草甘膦、麦草畏、$PO_4^{3-}$、腐殖酸及未添加竞争物质的 5 种不同体系的土壤滤柱实验中，滤液中 As(III)和 As(V)浓度及相应的脱附率变化曲线

在添加不同竞争物质经过 10 天时间流过 60 倍柱体积滤液后，As(III)的脱附量与脱附率为：腐殖酸（54 mg/kg，54.7%）＞$PO_4^{3-}$（52 mg/kg，52.9%）＞草甘膦（50 mg/kg，51.4%）＞麦草畏（49 mg/kg，50.2%）＞水（47 mg/kg，48.4%）[图 6.25（c）]。尽管腐殖酸对 As(III)脱附的影响在 6 h 的脱附动力学实验中可忽略不计，但腐殖酸的长期影响不容忽视。同样，在滤柱实验超过 3 天后，腐殖酸对 As(V)脱附的影响变得明显。不同竞争物质作用下 10 天后 As(V)的脱附量与脱附率为：$PO_4^{3-}$（90 mg/kg，41.8%）＞草甘膦（89 mg/kg，41.3%）＞腐殖酸（87 mg/kg，40.2%）＞麦草畏（82 mg/kg，38.1%）＞水（76 mg/kg，35.4%）[图 6.25（d）]。与脱附动力学实验结果一致，土壤滤柱实验结果表明，$PO_4^{3-}$和草甘膦对砷的脱附有显著影响，而麦草畏的作用则可以忽略不计。4 种竞争物质对砷脱附的影响顺序如下：$PO_4^{3-}$＞草甘膦＞麦草畏＞腐殖酸，表明氯代除草剂对砷的迁移释放影响相对于磷酸盐类除草剂较低，如图 6.26（Jiang et al.，2019）所示，这为高砷地区除草剂的安全使用提供了指导。

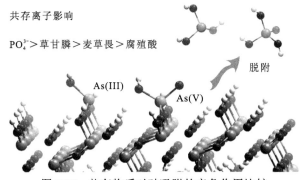

图 6.26 共存物质对砷吸附的竞争作用比较

# 参 考 文 献

BENJAMIN M M, 2002. Modeling the mass-action expression for bidentate adsorption. Environmental Science & Technology, 36(3): 307-313.

CIARDELLI M C, XU H, SAHAI N, 2008. Role of Fe(II), phosphate, silicate, sulfate, and carbonate in arsenic uptake by coprecipitation in synthetic and natural groundwater. Water Research, 42(3): 615-624.

CUI J, DU J, YU S, et al., 2015. Groundwater arsenic removal using granular TiO₂: Integrated laboratory and field study. Environmental Science and Pollution Research, 22(11): 8224-8234.

DENG S, LI Z, HUANG J, et al., 2010. Preparation, characterization and application of a Ce-Ti oxide adsorbent for enhanced removal of arsenate from water. Journal of Hazardous Materials, 179(1-3): 1014-1021.

GRAFE M, NACHTEGAA M, SPARKS D L, 2004. Formation of metal-arsenate precipitates at the goethite-water interface. Environmental Science & Technology, 38(24): 6561-6570.

HU S, SHI Q, JING C, 2015a. Groundwater arsenic adsorption on granular TiO₂: Integrating atomic structure, filtration, and health impact. Environmental Science & Technology, 49(16): 9707-9713.

HU S, YAN L, CHAN T, et al., 2015b. Molecular insights into ternary surface complexation of arsenite and cadmium on $TiO_2$. Environmental Science & Technology, 49(10): 5973-5979.

HU S, YAN W, DUAN J, 2015c. Polymerization of silicate on $TiO_2$ and its influence on arsenate adsorption: An ATR-FTIR study. Colloids and Surfaces A: Physicochemical and Engineering Aspects, 469: 180-186.

HU S, LIAN F, WANG J, 2019. Effect of pH to the surface precipitation mechanisms of arsenate and cadmium on $TiO_2$. Science of the Total Environment, 666: 956-963.

JEGADEESAN G, AL-ABED S R, SUNDARAM V, et al., 2010. Arsenic sorption on $TiO_2$ nanoparticles: Size and crystallinity effects. Water Research, 44(3): 965-973.

JIANG Y, ZHONG W, YAN W, et al., 2019. Arsenic mobilization from soils in the presence of herbicides. Journal of Environmental Sciences, 85: 66-73.

JIANG Y, YAN L, NIE X, et al., 2020. Remediation of antimony-contaminated tap water using granular $TiO_2$ column. Environmental Chemistry, 17(4): 323-331.

KERSTEN M, KARABACHEVAA S, VLASOVA N, et al., 2014. Surface complexation modeling of arsenate adsorption by akageneite ($\beta$-FeOOH)-dominant granular ferric hydroxide. Colloids and Surfaces A: Physicochemical and Engineering Aspects, 448: 73-80.

LI X C, REICH T, KERSTEN M, et al., 2019. Low-molecular-weight organic acid complexation affects antimony(III) adsorption by granular ferric hydroxide. Environmental Science & Technology, 53(9): 5221-5229.

LI X C, YAN L, ZHONG W, et al., 2021. Competitive arsenate and phosphate adsorption on $\alpha$-FeOOH, LaOOH, and nano-$TiO_2$: Two-dimensional correlation spectroscopy study. Journal of Hazardous Materials, 414: 125512.

NIU H Y, WANG J M, SHI Y L, et al., 2009. Adsorption behavior of arsenic onto protonated titanate nanotubes prepared via hydrothermal method. Microporous and Mesoporous Materials, 122(1-3): 28-35.

PALENIK R C, ABBOUD K A, PALENIK G J, 2005. Bond valence sums and structural studies of antimony complexes containing Sb bonded only to O ligands. Inorganica Chimica Acta, 358(4): 1034-1040.

QIU S, YAN L, JING C, 2019. Simultaneous removal of arsenic and antimony from mining wastewater using granular $TiO_2$: Batch and field column studies. Journal of Environmental Sciences, 75: 269-276.

SAALFIELD S L, BOSTICK B C, 2010. Synergistic effect of calcium and bicarbonate in enhancing arsenate release from ferrihydrite. Geochimica et Cosmochimica Acta, 74(18): 5171-5186.

STACHOWICZ M, HIEMSTRA T, VAN RIEMSDIJK W H, 2006. Surface speciation of As(III) and As(V) in relation to charge distribution. Journal of Colloid and Interface Science, 302(1): 62-75.

YAN L, HUANG Y, CUI J, et al., 2015. Simultaneous As(III) and Cd removal from copper smelting wastewater using granular $TiO_2$ columns. Water Research, 68: 572-579.

YAN L, SONG J, CHAN T, et al., 2017a. Insights into antimony adsorption on {001} $TiO_2$: XAFS and DFT study. Environmental Science & Technology, 51(11): 6335-6341.

YAN L, TU H, CHAN T, et al., 2017b. Mechanistic study of simultaneous arsenic and fluoride removal using granular $TiO_2$-La adsorbent. Chemical Engineering Journal, 313: 983-992.

ZHOU Z, YU Y, DING Z, et al., 2019. Competitive adsorption of arsenic and fluoride on {201} $TiO_2$. Applied Surface Science, 466: 425-432.

# 第7章 砷与锑的污染及防治技术

水体及土壤中严重的砷、锑污染状况使砷、锑治理成为环境领域亟待解决的科学问题。因此，开发高效可行的砷、锑去除方法显得尤为重要。由于砷、锑拥有相近的化学性质，污染问题往往也会共同发生，这两种污染物的去除方法具有相当的相似性。本章对水体及土壤中砷、锑的污染现状进行梳理，并系统总结与比较以吸附法为代表的多种污染治理方法。

## 7.1 水体砷与锑的污染及防治技术

### 7.1.1 水体砷与锑污染现状

随着现代工业的不断快速发展，矿山开采、矿石冶炼、化学化工生产、冶金等行业释放到自然环境中的砷、锑含量往往很高，进而导致自然水体中砷、锑含量超标。我国以矿区为代表的部分地区自然水体中砷、锑污染十分严重。地表水中砷、锑浓度升高会逐步影响地下水体，进而通过饮用水或灌溉进入人体或其他生物体内，引发严重的健康危害或生态灾难。

我国是世界上最大的也是最主要的锑生产国。全世界90%的锑出自我国，我国所面对的锑污染风险远比其他国家严峻。位于湖南省冷水江市的锡矿山是世界上锑产量最大的矿区，矿山与冶炼工厂水体中锑的质量浓度高达 30 mg/L，周边管道废水中锑浓度已超过 mg/L 级，附近区域天然水体中的锑质量浓度超过 100 μg/L。虽然目前我国未出现由锑污染引发的地方病，国外也不曾有相关的案例供人们参考，但是锑污染问题不容忽视，我们必须从自身做起，防范由锑污染引发的环境问题。

现阶段地下水砷污染是国际社会面临的最严重的环境问题之一。孟加拉湾地区是世界上砷异常最严重的区域，20 世纪 90 年代，大约 3 600 万人因饮用含砷地下水而大规模砷中毒。我国台湾地区以地下水作为饮用水且砷质量浓度高于 50 μg/L 的暴露人群高达 24 万人。

我国原卫生部、世界卫生组织（WHO）、美国环保署（Environmental Protection Agency，EPA）、欧盟均把砷、锑视为重要污染物，对饮用水中砷、锑的浓度均有明确的要求，其中砷的质量浓度应低于 10 μg/L；对锑的质量浓度限值为 5～10 μg/L（表 7.1）。

表 7.1 饮用水中砷、锑的安全限定值 （单位：μg/L）

| 污染物 | 《生活饮用水卫生标准》（GB 5749—2006） | EPA | WHO |
| --- | --- | --- | --- |
| 砷 | 10 | 10 | 10 |
| 锑 | 10 | 6 | 5 |

砷的不同形态中，As(III)的毒性较强，主要是因为三价含砷物质对生物体中的巯基基团有较强的亲和力，如很多种酶中的谷胱甘肽、硫辛酸和半胱氨酸等。当形成 As—S 键时，会抑制谷胱甘肽还原酶、谷胱甘肽过氧化酶、硫氧蛋白还原酶的活性。As(III)毒性为 As(V)的 50 多倍。锑并不是一种生物必需元素，但它能够被植物根系吸收进入植物体内，进而经由食物链途径进入人体，对人体器官产生危害。长期暴露于含高砷或高锑的水体，会对人体健康造成严重损害，造成皮肤角质化、中毒性肝炎、心肌损伤等多种疾病，甚至会引起皮肤癌、肺癌、肾癌等多种癌症。我国对饮水型慢性砷中毒病区的研究仍停留在水砷暴露阶段，对其他环境介质中砷、锑含量的调查研究处于起步阶段。

## 7.1.2 水体砷与锑治理技术

现阶段常见的水体中砷和锑去除方法主要包括絮凝沉淀法、离子交换法、膜过滤法、吸附法和生物法等，表 7.2 对这几种方法的优劣进行了比较。

**表 7.2 水体中砷锑去除方法**

| 去除方法 | 优势 | 劣势 |
|---|---|---|
| 絮凝沉淀法 | 成本低，操作简便 | 效率低，需氧化、静沉和过滤等程序，处理后产生大量污泥 |
| 离子交换法 | 效率高，不受 pH 影响 | 成本较高，容易受其他离子干扰，出水氯浓度高，对三价砷去除效率低 |
| 膜过滤法 | 效率高，无需化学剂，选择性强，适用 pH 范围广 | 成本高，渗透过程复杂且效率低，操作人员需培训，不适用于高盐度和高总溶解性固体的水体 |
| 吸附法 | 成本低，效率高 | 受 pH 和共存离子影响，容易造成二次污染，材料需再生 |
| 生物法 | 所需设备少，可原位处理，成本低 | 对场地物理化学环境敏感，治理周期长 |

### 1. 絮凝沉淀法

絮凝沉淀法是通过向水体中混入絮凝剂，使絮凝剂与水体中游离的污染物发生物理或化学作用，从而生成固体沉淀去除的方法。絮凝沉淀法是目前广泛用于水体净化和各种污染物去除的方法，成本较低、操作简便、可处理水量较大，去除效率较为稳定。尽管此方法并非是针对砷、锑污染设计的去除方法，但对砷、锑污染仍有较好的去除效果。常用的絮凝剂有铝盐、铁盐和石灰等，此外还有一些有机高分子絮凝剂。

絮凝沉淀法处理效果与水质有很大的关系，且受 pH、pE 等物理化学条件影响较大，常需要与氧化、过滤等其他去除手段结合使用。此外，絮凝沉淀法往往需要投加较大量的絮凝剂，且去除过程中会产生大量的固相残渣，长期处理后积存的大量固体残渣若处理不当，则很有可能导致二次污染。

絮凝沉淀法去除砷的物理化学机制是将溶液中溶解的 As(V)转化为固体颗粒态的 As(V)，并将溶解的 As(III)通过氧化反应转化为 As(V)。通常包括电吸附作用交联、形成氢氧化物吸附两个过程，因而对地下水中砷的主要形态 As(III)的去除作用有限。通常对地下水砷的去除需要预氧化，将 As(III)氧化为 As(V)后进行吸附。铁盐絮凝剂除砷效果受环境 pE 的影响显著（Meng et al.，2001）。当-4.0＜pE＜0 时，由于铁氧化物和 As(V)的还原，固相污泥中的砷会释放到水相中；利用铁盐絮凝剂去除砷，在 2 min 内就可以去除 99%的 As(V)，而 As(III)的去除率只有 75%；但是随着实验时间延长，砷会逐渐从固相沉淀中释放出来。

Cui 等（2015）利用硫酸铁（ferric sulfate，FS）和聚合硫酸铁（polymerised ferric sulfate，PFS）去除砷，并在我国山西建立了铁絮凝-双重过滤系统对实际地下水进行实验，可以连续处理 500 L 的污染水体使之符合饮用水标准，为方便连续地给当地居民提供安全饮用水，还设计了双层过滤系统（图 7.1）。该系统具有次氯酸氧化、铁盐絮凝、直接过滤和活性炭深度处理 4 种功能。取 18 L 井水置于一个大桶内，投加包装好的药剂，混匀反应 20～30 min 后轻轻倒入双层过滤系统的上层，处理后的水进入下层，铁絮体截留于沙层，余氯被活性炭去除。当沙层中截留很多絮体后，过滤时间将延长，超过 90 min 时对沙层进行清洗，然后再次使用。清洗后的铁絮体收集带回实验室，用去离子水清洗至电导率小于 100 μS/cm，冷冻干燥留待后续分析。

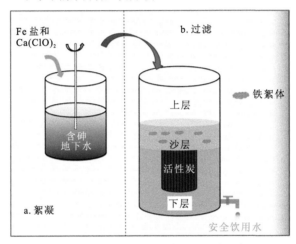

图 7.1　单桶及双层过滤系统砷去除示意图

由于 As(V)比 As(III)更易被去除，采用 Ca(ClO)$_2$ 将地下水中 As(III)氧化成 As(V)再去除。Ca(ClO)$_2$ 投加量越多，As(III)氧化百分比越高。当 Ca(ClO)$_2$ 质量浓度高于 5 mg/L 时，可以把地下水中的 As(III)（305～1 067 μg/L）全部氧化。投加 5 mg/L Ca(ClO)$_2$ 后，90%以上的 As(III)能够在 5 min 内氧化，20 min 后 As(III)被全部氧化（图 7.2）。Sorlini

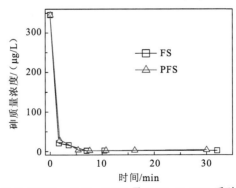

图 7.2　投加 5 mg/L Ca(ClO)$_2$、0.12 g/L FS 及 0.10 g/L PFS 后砷的去除动力学曲线

等（2010）报道指出，3 mg/L NaClO 能够在 1 min 内氧化 14.6 μg/L As(III)；当 As(III) 浓度升高到 50 μg/L 时，需要 5 min 才能氧化 95%的 As(III)。因此投加相同浓度的氧化剂时，高浓度 As(III)的氧化需要更长时间。

铁的投加量决定了地下水中砷的去除效率。图 7.3 的结果表明，10 个地下水样品经 PFS 处理后，有 3 个样品（6～8 号）砷质量浓度超出了 10 μg/L。这一结果与铁盐的投加量无关，因为同样的投加量可以去除更高浓度的砷（9～10 号），很有可能是受复杂的地下水基质影响所致。分析实验结果发现，地下水中 $Si^{4+}$ 同样可被去除，这会影响砷的去除效果。吸附的 $Si^{4+}$ 会占据吸附剂表面位点，导致砷的去除效率下降。地下水处理后 $SO_4^{2-}$ 浓度有所升高，这是因为铁盐中含有 $SO_4^{2-}$，而 $SO_4^{2-}$ 一般对砷去除无影响。$NO_3^-$ 有所增加，$NO_2^-$ 有所减少，这是由 $NO_2^-$ 被 $Ca(ClO)_2$ 氧化所致。水中其他离子如 $Cl^-$、$Na^+$、$Ca^{2+}$ 和 $Mg^{2+}$ 等变化不大。$Ca^{2+}$ 和 $Mg^{2+}$ 的共同存在会减弱阴离子如 $SiO_3^{2-}$ 对砷的负作用。经该方法处理后，水中未检测到溶解态铁（<0.01 mg/L）。

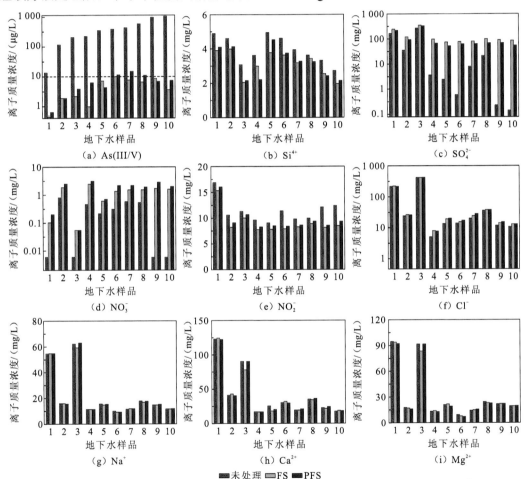

图 7.3  10 个地下水样品在投加 0.12 g/L FS 和 0.10 g/L PFS 后 As(III/V)、$Si^{4+}$、$SO_4^{2-}$、$NO_3^-$、$NO_2^-$、$Cl^-$、$Na^+$、$Ca^{2+}$ 和 $Mg^{2+}$ 的变化
图（a）中水平虚线为 10 μg/L

固体残渣中砷的迁移对地下水中砷的去除及安全填埋至关重要。采用毒性浸出程序（toxicity characteristic leaching procedure，TCLP）、合成沉淀浸出程序（synthetic precipitation leaching procedure，SPLP）和湿法浸提（wet extraction，WET）研究了地下水絮凝固体残渣的滤出结果。对于 FS 和 PFS，3 种残渣滤出方法均证明滤出液中砷质量浓度为 0.9～489 μg/L（图 7.4），远低于 EPA 的限定值（5 mg/L），说明固体残渣可以安全地填埋。双层过滤系统运行 5 个周期后，FS 可提供 27 桶（27×18 L）安全饮用水，产生了 70.8 g 固体残渣；PFS 可提供 30 桶（30×18 L）安全饮用水，产生了 62.9 g 固体残渣。PFS 产生的固体残渣（2.1 g/18 L）少于 FS（2.6 g/18 L），因此 PFS 适合用于地下水中砷的去除。按一户家庭一天消耗 18 L 水计算，PFS 一年会产生 765 g 固体残渣。该铁盐絮凝-双层过滤系统在 5 个循环中能持续提供约 500 L 的安全饮用水。聚合铁盐因其除砷效果较好，残渣量较少，在地下水砷去除中优于铁盐。尽管絮凝残渣通过了安全性分析，但是长期堆放会在物理化学及微生物作用下缓慢释放砷，这无疑是一个潜在的威胁，因此需要寻求更加安全的水处理方法。

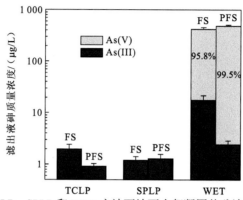

图 7.4　TCLP、SPLP 和 WET 方法下地下水絮凝固体残渣的滤出结果
WET 方法中百分比为 As(V)在滤出液中的比例

对锑污染而言，铁盐絮凝剂相较于铝盐絮凝剂的去除效果更好。Guo 等（2009）研究表明，在加入适量铁盐絮凝剂并使液体 pH 处于合适区间的实验条件下，可获得超过 98%的 Sb(V)去除效果；与 Sb(V)相比，要使去除 Sb(III)的效果达到最好应加入较少的絮凝剂；铁盐絮凝剂对不同价态的砷和锑的去除效率顺序如下：As(V)＞Sb(III)＞As(III)＞Sb(V)。由此可以看出铁盐絮凝剂对不同价态砷与锑的去除表现截然相反，作用于砷污染物时去除 As(V)的效率更高，作用于锑污染物时去除 Sb(III)的效率更高。与此同时，与去除砷污染物相比，铁盐絮凝剂去除锑污染物不易受到腐殖酸、磷酸盐等共存物质的干扰。大多数涉及锑矿的生产企业优先使用自然沉淀法，即不使用任何化学物质使废水中的悬浮物依靠重力沉淀。经自然沉淀后的选矿废水（特别是尾矿库废水）可部分回用选矿生产工艺。其他场合产生的含锑废水再利用化学混凝沉淀法进行处理，通常是 2～3 种沉淀剂共同使用。

**2. 离子交换法**

离子交换法去除砷、锑污染通常是使用离子交换树脂，通过树脂上的阴离子与水体中的砷、锑污染进行交换以达到去除效果。离子交换树脂品种很多，其中最常用的是强碱型氯化物树脂，可以通过氯离子对水体中的砷、锑进行交换以实现去除，因而出水中氯离子浓度较高。树脂的去除效果与树脂类型、溶液 pH 及水中共存离子（如 $PO_4^{3-}$、$SO_4^{2-}$、

NO$_3^-$和 HCO$_3^-$）等因素有关。

离子交换法的原理是电荷置换，对非离子形式存在的 As(III)去除效果并不好。此外，离子交换树脂通常较为昂贵，所需成本高。以砷污染为例，在与自然环境水体 pH 相近的中性条件下，As(V)以阴离子形式存在，因此可以与离子交换树脂产生交换作用固定在相应树脂位点上，但是此 pH 条件下 As(III)主要以 H$_3$AsO$_3$的中性分子形式存在，因此去除效果并不理想（Ungureanu et al.，2015）。此外，尽管离子交换法有受 pH 影响较小的优点，但自然环境水体中的各种阴离子（如 PO$_4^{3-}$、CO$_3^{2-}$、HCO$_3^-$、SO$_3^{2-}$ 及 SO$_4^{2-}$等）对离子交换法去除砷污染有较大干扰。当共存离子浓度较高时，它们会与水体中的砷相互竞争树脂吸附位点，从而降低砷污染的去除效果。因此，只有在共存离子浓度较低的洁净水体中，阴离子交换树脂才会有较好的去除效果。基于上述原因，关注研究此方法的研究者对金属负载的聚合物树脂更加青睐，这是因为其受共存的阴离子影响较小，且可同时去除水体中的 As(III)和 As(V)。与砷污染相比，使用离子交换树脂去除锑污染的相关研究较少，研究人员采用氨基膦酸树脂比较了不同价态的 Sb(V)和 Sb(III)的去除效果，发现在含铜电解液中，Sb(III)的溶解度对温度变化更敏感，且更容易被盐酸从树脂上洗脱下来（Riveros et al.，2008）。

### 3. 膜过滤法

膜是一种"选择性壁障"，膜分离是一种与膜孔径大小相关的筛分过程。将膜作为介质进行筛分，以膜两边的压力差为驱动力，当污水流过膜表面时，粒径大于膜表面微孔径的污染物质将被拦截在膜的进液端成为浓缩液，水及小分子物质通过细小的微孔成为透过液，从而实现对含污废水中污染物的分离和浓缩。膜过滤法包含反渗透和电渗析等技术，通过物理压力或电势差使含砷、锑的水体通过滤膜进行污染去除（图 7.5）。反渗透使用物理压力，根据离子的大小或电荷将砷、锑截留在膜的一侧。电渗析通过对溶液施加电势差，使砷、锑聚集到膜的一侧。依据所用滤膜孔径大小不同，从大到小主要可分为微滤、超滤、纳滤和反渗透 4 个级别，其中滤膜孔径最小的纳滤和反渗透具有最优异的去除效果。

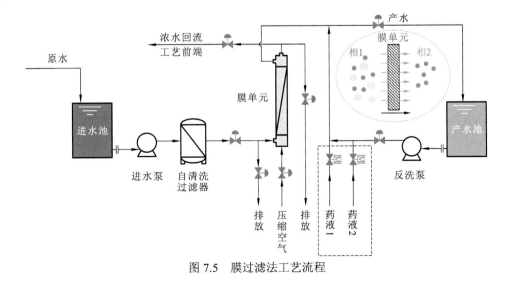

图 7.5　膜过滤法工艺流程

微滤是以静压差作为推动力进行分离过滤的膜技术。该技术筛分截留的介质是微滤膜，微滤膜的结构设计是整齐、均匀的多孔，与其他膜产品一样，处理液体在静压差的作用下，粒径小于膜孔的颗粒将会通过滤膜，而比膜孔大的颗粒则被拦截在滤膜的进液端，从而实现有效分离。微滤膜的厚度为 $90\sim150~\mu m$，是一种均匀多孔薄膜，过滤的孔径大于 $0.025~\mu m$、小于 $10~\mu m$，所需操作压力为 $0.01\sim0.20~MPa$。

超滤是一种膜孔径介于微滤和纳滤之间的膜分离技术，可以滤除分子量在 $106\sim500~Da$ 的分子。超滤是在高压状态下进行筛分截留，因此需配置高压提升泵。一般水中胶体粒径均大于 $0.1~\mu m$，葡萄球菌、大肠菌等细菌大于 $0.2~\mu m$，微小粒子、悬浮物等大于 $5~\mu m$，而膜的孔径在 $0.02\sim0.10~\mu m$，因此超滤膜可以滤除水中的悬浮物、胶体、细菌、蛋白质等大分子物质。超滤膜能够在常温和低压下工作，且设备的运行费用较低。原水进水水质的波动对其正常运行影响小，出水水质较稳定。分离过程只需要将液体加压即可，不需要其他辅助设施，易于操作管理。

纳滤是一种膜孔径介于反渗透和超滤之间的膜分离技术，该种膜分离是在反渗透基础上发展起来的。相对于超滤，纳滤用于滤除分子质量相对较小的物质。纳滤膜可以截留物质的粒径为 $0.1\sim1.0~nm$，进液压力一般为 $0.5\sim1~MPa$，拦截的分子量为 $200\sim1~000~Da$，对水中有机小分子具有非常好的分离效果。纳滤技术始于 Cadotte J.E.对 NS-300 膜的研究，从此之后纳滤技术飞速发展，膜组器于 20 世纪 80 年代中期已经商品化。市场上可以采购的纳滤膜有二乙酸纤维素膜、三乙酸纤维素膜、芳族聚酰胺复合膜和磺化聚醚砜膜等，大部分是从反渗透膜衍生而来，其材质也与反渗透膜相同。纳滤膜对溶解性盐的截留率为 $20\%\sim98\%$，一般情况下对高价阴离子盐溶液的脱除率高于单价阴离子盐溶液。纳滤膜可用于降低井水的硬度、脱除部分放射性元素、滤除部分溶解性盐，还可以去除地表水的有机物和色度，也可用于食品液的浓缩及药品中有机物质的分离。

反渗透也被称为高滤，是渗透的一种逆向过程，通过对过滤膜一侧的液体施压（该压力必须比渗透压更高），产生足够的压差使原溶液中的溶剂压缩到膜的另一侧。反渗透膜的过滤孔径一般为 $0.2\sim1.0~nm$，压力为 $1\sim10~MPa$。反渗透在液体膜分离技术中是最精密的一种，它拦截分子量大于 $100~Da$ 的有机物及所有溶解性盐。因此，反渗透技术去除水中的胶体、溶解盐、大部分有机物、细菌、病毒、毒素等杂质的效果明显。反渗透系统主要由 6 个部分组成：高压泵、反渗透膜组件、清洗系统、加药系统、控制仪表和管路系统。反渗透膜采用的工艺是错流过滤，其原理是被处理液体以较快速度流过膜表面，大部分拦截物被浓缩液夹带出膜组件，而透过液则从垂直方向透过膜。采用错流过滤工艺是为了在减小膜面浓度极化层厚度的同时，有效降低膜污染。

膜过滤法对 As(V)的去除率非常理想，可达到 $85\%\sim99\%$，而 As(III)的去除率只有 $61\%\sim87\%$（Ning，2002）。膜过滤法除锑的研究较少，研究人员采用反渗透法进行锑去除实验，发现对 Sb(V)的去除效果比 Sb(III)更理想，而且对 pH 变化不敏感（Kang et al.，2000）；若采用预氧化步骤处理 Sb(III)则可能对膜造成损坏（Shih，2005）。

我国许多矿区四周均环山，季节性流动的山泉水及雨水通过地表径流向矿区洼地处的废渣、废石处流动，流经含有砷、锑等元素的废渣、废石后，最后的渗滤液变成了含有砷、锑的废水，对矿区及下游河流容易造成污染。采矿区废渣、废石傍山堆放，每逢雨季来临，当降雨强度大于山坡下渗能力后产生超渗雨，并沿山坡坡面向低处的废渣处流动（坡面汇流）。还有一部分雨水直接降落到废渣表层，表层的含水量达到饱和后，继续下渗的雨水在废渣孔隙间流动，逐渐被污染后，形成含有砷、锑等元素的废水，废水量随降雨量的增大而增加。尽管多数企业能够做到让生产废水在生产过程中循环利用，满足国家标准对矿山企业 80%的重复利用水率的要求，但仍有部分污染水未经收集流入就近的流域，如尾矿坝的坝面渗水、废石堆场和采石场的渗滤液等（图 7.6）。

图 7.6　矿区堆场渗流废水

赵晓凤（2018）以我国西部某矿山企业含锑废水为对象，设计出"一级混凝沉淀+组合膜分离+二级混凝沉淀（浓相水）"的含锑废水处理工艺，并进行工程设计研究（图 7.7）。由于硫酸铁水解生成氢氧化铁在与含锑污染物发生反应形成沉淀的同时，还能吸附废水中的锑，生成的絮凝体沉淀物不仅结构密实而且沉降速度快，所以该研究使用"氢氧化钙（石灰）+聚合硫酸铁+聚丙烯酰胺"药剂组合处理含锑废水。试运行结果显示，出水含锑的质量浓度为 0.003 mg/L，满足当地环保要求。该方法总运行费用为 1 121.1 元/天，每吨水运行费为 5.6 元。

图 7.7　含锑废水处理装置

膜过滤法具有去除效率高、选择性好、占地面积较小等优点。但是膜过滤法滤膜成本和处理成本均较高，水中的高盐度和总溶解性固体会对膜过滤法的效率产生较大影响，且采用高压膜的膜过滤技术时会产生较多的排水量；如果需要处理的水体水质很差，漂浮有大量固体有机颗粒，则会很快阻塞过滤膜从而导致去除效果变差。膜过滤法操作较为复杂，需要具有一定专业技能的人员才能运转。此外，膜上会滋生细菌，导致滤膜污染或失效，影响去除效率和水质，因此需要定期进行清理或更换。

### 4. 吸附法

吸附法是利用含有较多功能基团或比表面积较大的材料，通过物理或化学吸附作用与水中的目标污染物发生吸附反应，从而完成对目标污染物的去除。通常吸附材料会填充于一定体积的柱子中，水通过泵压或重力作用经由柱子，达到去除水中目标污染物的目的。目前吸附法是应用较为广泛的砷、锑去除方法。常见的吸附材料包括铁基化合物、铝基化合物、金属氧化物、碳材料等。表 7.3 与表 7.4 分别列出了常见的水体砷、锑吸附材料。

表 7.3  常见的水体砷吸附材料

| 吸附材料 | 吸附容量 /（mg/g） | $BV_{10}$ | 初始 As 质量浓度/（μg/L） | | 空床接触 时间/min | pH |
|---|---|---|---|---|---|---|
| | | | As(III) | As(V) | | |
| 施氏矿物 | 0.33～0.90 | 128～8 100 | — | 210 | 15.0 | 7.8 |
| 蒙脱石 | 1.87 | 4 300 | 90 | 320 | 2.0 | 8.0～8.2 |
| | 1.35 | 5 800 | 50 | 170 | | |
| | 1.34 | 10 500 | 24 | 96 | | |
| 铁矾土 | 1.17 | 30 000 | 215 | 270 | 3.0 | — |
| 载铁岩石 | 0.01 | 474 | — | 40 | 4.1 | 7.5 |
| 铁掺杂天然 沸石 | 0.002 | 40 | — | 147 | 1.1 | 2.6 |
| | 0 | 0 | 460 | 51 | | 7.8 |
| 颗粒 $TiO_2$ | — | 41 500 | — | 39～52 | 3.0 | 7.7～8.4 |
| 颗粒氢氧化铁 | — | 20 900 | | | | |
| 二氧化锰 | — | 3 900 | | 105 | 3.0 | 7.4 |
| 酸活化红土 | 0.06 | 200 | | 378 | 2.8 | — |
| 铁残留固体 | — | 26 000 | | 43 | 12.5 | 8.1 |
| 红土 | 1.04 | 3 000 | — | 360～450 | 2.9 | 7.4～7.8 |
| $TiO_2$ | 0.29 | 3 460 | 14 | 56 | 2.5 | 7.3 |
| 活性氧化铝 | 0.07 | 800 | | | | |
| AAFS50 | 0.05～0.3 | 650～10 000 | 0～22.5 | 13.0～43.0 | 2.2～5.0 | 7.2～7.7 |
| E33 | 0.19～1.8 | 4 700～44 000 | 0～64.0 | 1.5～21.5 | 2.2～5.3 | |
| GFH | 0.4～2.0 | 8 000～52 000 | 22.5～64.0 | 1.5～13.0 | 2.2～5.3 | |
| ArsenX$^{np}$ | 0.2～1.3 | 6 500～33 000 | 22.5～64.0 | 1.5～13.0 | 2.2～5.3 | |
| MetsorbG | 0.2～0.6 | 16 000～21 000 | <1.0 | 21.5～43.0 | 2.5～3.0 | |
| Adsorbsia GTO | 0.2～0.5 | 4 000～22 000 | <1.0 | 21.5～51.0 | 2.2～3.0 | |
| A/I Complex 2000 | 0.28 | 7 000 | 22.5 | 13.0 | 2.2 | |

| 吸附材料 | 吸附容量/(mg/g) | $BV_{10}$ | 初始As质量浓度/(μg/L) As(III) | 初始As质量浓度/(μg/L) As(V) | 空床接触时间/min | pH |
|---|---|---|---|---|---|---|
| ARM 200 | 0.41~0.57 | 13 000~26 000 | 22.5 | 13.0 | 2.2 | 7.2~7.7 |
| KemIron | 0.65 | 24 600~25 000 | 22.5 | 13.0 | 2.2 | 7.2~7.7 |
| ArsenX$^{np}$ | 0.002 | 22 000 | — | 50 | 10.0~15.0 | 7.5~7.0 |
| Bauxite ore | 1.26~1.49 | 256 | — | 1 790 | 165.0 | 4.0~7.5 |
| 硅藻土 | — | 0.8~8.5 | — | 314 000 | 432 | 4.0 |
| MetsorbG | 0.51 | 15 000 | — | 28 | 0.28 | 8 |
| Adsorbsia GTO | 0.07 | 7 755 | — | 28 | 0.25 | 8 |
| MetsorbG | 0.20 | 14 000 | — | 25 | 5 | 7.8 |
| Z33 | 0.16 | 10 000 | — | 33 | 5 | 7.7 |
| FS50(Fe-Al) | 0.04 | 6 000 | — | 25 | 0.5 | 7.8 |
| GFH | 0.20 | 18 000 | — | 33 | 5 | 7.7 |
| E33 | 0.59 | 54 000 | — | 33 | 5 | 7.7 |
| 铁沙 | 0.30 | 2 400 | — | 170.3 | 1 | 7.4 |

表 7.4  常见的水体锑吸附材料

| 吸附剂 | 初始质量浓度（mg/L） | pH | 比表面积/(m²/g) | 吸附剂投加量/(g/L) | 吸附容量/(mg/g) Sb(III) | 吸附容量/(mg/g) Sb(V) | 单位比表面积吸附容量/(分子数/nm²) Sb(III) | 单位比表面积吸附容量/(分子数/nm²) Sb(V) |
|---|---|---|---|---|---|---|---|---|
| {001} TiO₂ | $[Sb(III)]_0 = 5\sim500$ $[Sb(V)]_0 = 5\sim500$ | 7 | 205 | 0.1 | 200 | 156 | 4.82 | 3.76 |
| {100} TiO₂ | $[Sb(III)]_0 = 5\sim75$ $[Sb(V)]_0 = 5\sim75$ | 7 | 37.1 | 0.1 | 29.6 | 17.5 | 4.05 | 2.40 |
| {101} TiO₂ | $[Sb(III)]_0 = 5\sim75$ $[Sb(V)]_0 = 5\sim75$ | 7 | 74.9 | 0.1 | 30.0 | 7.0 | 1.98 | 0.46 |
| ZrO₂修饰碳纤维 | $[Sb(III)]_0 = 10\sim500$ $[Sb(V)]_0 = 10\sim500$ | 7 | 107.3 | 1 | 70.8 | 57.2 | 3.29 | 2.66 |
| 还原石墨烯-锰氧化物 | $[Sb(III)]_0 = 10\sim1\ 000$ $[Sb(V)]_0 = 10\sim1\ 000$ | 7.8 | 44 | 1 | 151.8 | 105.5 | 17.05 | 11.85 |
| α-FeOOH | $[Sb(III)]_0 = 0\sim244$ $[Sb(V)]_0 = 0\sim244$ | 4~9 | 27.4 | 0.4 | 43.0~53.5 | 7.5~24.5 | 7.76~9.65 | 1.35~4.42 |
| β-FeOOH | $[Sb(III)]_0 = 0\sim244$ $[Sb(V)]_0 = 0\sim244$ | 4~9 | 32.8 | 0.4 | 23.6~34.1 | 11.0~29.2 | 3.56~5.14 | 1.66~4.40 |
| γ-FeOOH | $[Sb(V)]_0 = 0\sim244$ | 4~9 | 69.6 | 0.4 | — | 7.5~34.1 | — | 0.46~2.42 |
| α-Fe₂O₃ | $[Sb(III)]_0 = 0\sim244$ $[Sb(V)]_0 = 0\sim244$ | 4~9 | 19.9 | 0.4 | 25.3~31.4 | 7.8~23.4 | 7.29~7.80 | 1.94~5.81 |
| 水合氧化铁 | $[Sb(V)]_0 = 0\sim244$ | 4~9 | 152.2 | 0.4 | — | 33.7~114.0 | — | 1.09~3.70 |

| 吸附剂 | 初始质量浓度（mg/L） | pH | 比表面积/（m²/g） | 吸附剂投加量/（g/L） | 吸附容量/(mg/g) | | 单位比表面积吸附容量/(分子数/nm²) | |
|---|---|---|---|---|---|---|---|---|
| | | | | | Sb(III) | Sb(V) | Sb(III) | Sb(V) |
| 赤铁矿修饰的磁性纳米粒子 | $[Sb(III)]_0 = 1 \sim 20$ | 4.1 | — | 0.1 | 37.7 | — | — | — |
| PVA-Fe⁰ | $[Sb(III)]_0 = 0 \sim 20$ $[Sb(V)]_0 = 0 \sim 20$ | 4.1 | 11.3 | 2 | 7.0 | 1.6 | 3.06 | 0.70 |
| 针铁矿 | $[Sb(V)]_0 = 0 \sim 244$ | 5.5 | 39.1 | 4 | — | 34.1~47.3 | — | 4.31~5.84 |
| Akaganeite-GEH | $[Sb(V)]_0 = 1 \sim 1\,000$ | 7 | 292 | 2 | — | 60.8 | — | 1.03 |
| Akaganeite-SynA | $[Sb(V)]_0 = 1 \sim 1\,000$ | 7 | 160 | 2 | — | 61.2 | — | 1.89 |
| FeOOH | $[Sb(III)]_0 = 24.4 \sim 244$ | 3 | 261 | 0.4 | 97.2 | — | 1.82 | — |
| MnO₂ | $[Sb(III)]_0 = 24.4 \sim 244$ | 3 | 117 | 0.4 | 93.8 | — | 3.96 | — |
| 铁-锰二元氧化物 | $[Sb(V)]_0 = 24.4 \sim 244$ | 5~6 | 231 | 0.4 | — | 138.9 | — | 2.97 |
| 铁氧化物 | $[Sb(V)]_0 = 24.4 \sim 244$ | 5~6 | 261 | 0.4 | — | 101.1 | — | 1.91 |
| 锰氧化物 | $[Sb(V)]_0 = 24.4 \sim 244$ | 5~6 | 117 | 0.4 | — | 78.0 | — | 3.29 |
| 铁-锌二元氧化物 | $[Sb(V)]_0 = 0 \sim 25$ | 7 | 121 | 0.2 | | 51 | | 2.08 |
| Zn/Fe 层状双氢氧化物 | $[Sb(V)]_0 = 2 \sim 100$ | 7 | 11.9 | 0.2 | | 83.3 | | 34.58 |
| 合成锰矿 | $[Sb(V)]_0 = 0.5 \sim 98$ | 3~9 | 64.2 | 0.4 | — | 77.4~95.6 | — | 5.98~7.36 |
| 活性氧化铝 | $[Sb(V)]_0 = 5 \sim 75$ | 2~11 | — | 1 | — | 38 | — | — |
| 膨润土 | $[Sb(III)]_0 = 0.05 \sim 4$ $[Sb(V)]_0 = 0.05 \sim 4$ | 6 | 99 | 25 | 0.56 | 0.50 | 0.028 | 0.025 |
| 高岭土 | $[Sb(III)]_e = 0 \sim 7.6$ $[Sb(V)]_e = 0 \sim 48.7$ | 5.5 | 11.0 | 3.36 | 69.4 | 99.9 | 31.18 | 44.89 |
| 富含铁非晶石 | $[Sb(III)]_e = 0 \sim 7.6$ $[Sb(V)]_e = 0 \sim 42.6$ | 5.5 | 69.5 | 5.44 | 63.3 | 131.5 | 4.50 | 9.35 |
| 硅藻土 | $[Sb(III)]_0 = 10 \sim 400$ | 6 | 18.8 | 4 | 35.2 | — | 9.25 | — |
| 珍珠岩 | $[Sb(III)]_0 = 10 \sim 400$ | 4 | 1.14 | 4 | 54.4 | — | 235.85 | — |
| 锰改性珍珠岩 | $[Sb(III)]_0 = 10 \sim 400$ | 4 | 1.83 | 4 | 77.5 | — | 207.61 | — |
| Sb(III)-印记混合吸附剂 | $[Sb(III)]_0 = 50 \sim 600$ | 5 | 231.8 | 4 | 41.8 | — | 0.89 | — |
| 无印记混合吸附剂 | $[Sb(III)]_0 = 50 \sim 600$ | 5 | 112.1 | 4 | 15.4 | — | 0.68 | — |
| 石墨烯 | $[Sb(III)]_0 = 1 \sim 10$ | 11 | 154.4 | 0.4 | 10.9 | — | 0.35 | — |
| 聚酰胺-石墨烯复合材料 | $[Sb(III)]_e = 5 \sim 170$ | 5 | 421 | 1.5 | 158.2 | — | 1.86 | — |
| 硫脲接枝聚苯乙烯共聚物 | $[Sb(III)]_0 = 97.9$ $[Sb(V)]_0 = 71.6$ | 1 | 31.4 | 2 | 35.6 | 24.2 | 5.60 | 3.81 |
| 巯基功能化的混合型吸附剂 | $[Sb(III)]_0 = 100 \sim 800$ | 5 | 207.7 | 5 | 108.8 | — | 2.60 | — |

1）铁基化合物

铁基吸附剂主要分为三大类：第一类为不同形态不同晶型的铁氧化物，如纳米零价铁、针铁矿、赤铁矿、磁铁矿等，由于它们在晶型上存在差异，造成了比表面积和活性点位不同，进而影响了砷、锑的吸附效果；第二类铁基吸附剂主要是负载铁氧化物吸附剂。将铁氧化物负载到不同的载体上，可以增加吸附剂的比表面积，降低吸附剂的成本，其中常用的载体有活性炭颗粒、沸石等；第三类铁基吸附剂是在铁吸附剂中掺杂一定比例的其他金属，再用共沉淀或热熔法得到复合吸附剂，与第一类吸附剂相比，此类吸附剂比表面积有一定增加，性能更好。

Sarvinder 等（2006）考察了活性氧化铝和负载铁氧化物的活性铝对水体中砷的去除，结果表明 Freundlich 模型和 Langmuir 模型都可以很好地拟合吸附等温线，吸附动力学都符合拟一级动力学方程。负载了铁氧化物的活性氧化铝的砷吸附容量为 12 mg/g，高于活性氧化铝（7.6 mg/g）。由于滤柱实验在地下水处理中能够有效评价吸附剂的优劣，铁基吸附剂在滤柱实验中的运行效果受到人们的关注。相关结果显示，模拟水滤柱中接触时间越长，砷去除效果越好（Zeng et al.，2008）；较高浓度的共存离子（如 $Si^{4+}$ 和 $PO_4^{3-}$）由于占据吸附剂表面的吸附位点，对砷有明显的阻碍作用（Kanematsu et al.，2012）。为了降低成本并易于固液分离，将稀土盐类或稀土氧化物直接浸渍在多孔载体上，也可用来吸附去除砷（Zhang et al.，2005）。研究证明该类吸附材料具有高效、pH 适用范围广的优点，在饮用水除砷中有较好的应用前景。

铁氧化物对锑的吸附效果很强。Guo 等（2014）研究发现由于 Sb(V) 和 Sb(III) 可与铁氧化物生成内层表面配合物，水合氧化铁（$Fe_2O_3$）对 Sb(V) 的最大吸附量高达 113.95 mg/g，针铁矿（α-FeOOH）对 Sb(III) 的吸附量可达 53.45 mg/g。四方纤铁矿（β-FeOOH）与 α-FeOOH 对锑均有良好的吸附效果，共存阴离子 $SO_4^{2-}$、$PO_4^{3-}$ 与 Sb(V) 有相同的吸附位点，因此存在明显竞争吸附（Kolbe et al.，2011）。

近年来，纳米零价铁（nanoscale zero valent iron，nZVI）作为一种新型的污染控制材料被广泛应用于地下水污染治理中。纳米零价铁活性极高，易与溶液中的氧和 $H_2O$ 反应，形成表层以铁氧化物或氢氧化物形态存在的"壳-核"结构。在此"壳-核"结构中，外层 Fe 主要以二价的 FeO 或 FeOOH 形态存在，内核为零价铁。纳米零价铁电负性较大，电极电位 $E_0$（$Fe^{2+}/Fe^0$）=-0.44 V，还原能力强。在地下水污染治理中，纳米零价铁最初被用于卤化物的还原脱氯，可有效去除地下水中的三氯乙烯、六氯苯、二氯苯酚、二苯胺、溴代物等卤化有机物。随着研究和应用的深入，纳米零价铁也被成功用于去除砷、锑等。

2）铝基吸附剂

活性氧化铝（AA）是一种多孔性高分散度的固体物料，比表面积大，热稳定性好。400 ℃煅烧之后活性氧化铝的比表面积为 312 $m^2/g$，较大的比表面积是活性氧化铝对 As(V) 较高去除率的原因之一，但是主要的原因还是表面羟基的吸附及扩散作用。溶液 pH 在接近中性时，活性氧化铝对 As(V) 的吸附效果最好。在水体砷去除方面，活性氧化铝曾经是应用最为广泛的吸附材料，然而活性氧化铝有适用 pH 偏酸性、吸附容量低、再生频繁、铝溶出较高等缺陷。因此，对活性氧化铝进行负载和改性成为提高其吸附性能的重要手段之一。将活性氧化铝与其他金属氧化物煅烧制得的改性复合材料对砷去除率有显著提高，而且几乎不受温度和 pH 的影响。由于铝氧化物对锑的吸附能力有限，相关吸附研究报道较少。

近年来，使用稀土元素改性吸附剂（rare earth modified adsorbents，REMAs）去除水中以砷为代表的含氧阴离子被大量报道。在这些报道中，有关砷等含氧阴离子在稀土元素改性吸附剂上的吸附界面机理一般为配位交换（Chen et al.，2014）。载镧活性氧化铝（LAA）是一种具有代表性的稀土元素改性吸附剂，与活性氧化铝相比，其除砷效率高、适用 pH 范围广，而且溶解铝泄漏少。镧氧化物和铝氧化物的简单物理混合对砷吸附能力显著强于铝氧化物。在稀土元素改性吸附剂上，稀土元素并不仅仅是对基底材料结构或性质的简单改变，镧的负载为 As(V) 和 As(III) 提供了新的吸附位点，As(V) 和 As(III) 在镧改性吸附剂上更倾向于和镧氧化物结合，而不是铝氧化物。而单齿单核的吸附构型节省了砷在镧氧化物上的吸附位点，使其吸附容量显著提升。

3）二氧化钛

二氧化钛（$TiO_2$）对锑吸附能力较弱，因此相关环境应用较少。Yan 等（2017）采用同步辐射等技术研究了 {001} $TiO_2$ 对锑的吸附性能与机制，该研究结果表明，材料对 Sb(III) 和 Sb(V) 的吸附过程更符合拟二级动力学，该材料对 Sb(III) 和 Sb(V) 的最大吸附容量分别为 200 mg/g 与 156 mg/g。Sb(III) 和 Sb(V) 与 $TiO_2$ 形成了双齿双核表面络合物。

$TiO_2$ 的除砷应用已被广泛报道，大部分研究致力于合成高吸附活性的材料，包括纳米 $TiO_2$、水合 $TiO_2$、颗粒状 $TiO_2$、$TiO_2$ 浸渍的玻璃珠及沙子等。早期研究使用的多是粉体 $TiO_2$ 材料，但在应用过程中易流失，再生效果差；而且粉体材料较高的水头损失限制了其在固定床连续流工艺中的大规模应用。为了解决上述问题，颗粒状 $TiO_2$ 材料及浸渍 $TiO_2$ 的多孔球珠被研究并用于滤柱的连续流工艺，以实现对地下水中砷的吸附去除。在滤出水 As 质量浓度超过饮用水指标（10 μg/L）前，10 g $TiO_2$ 小柱可过滤 2 955 个柱体积的地下水，对 As 的吸附量达 1.53 mg/g；再生后的 $TiO_2$ 可过滤 2 563 个柱体积地下水，对 As 的吸附量达 1.36 mg/g。由于 10 g $TiO_2$ 小柱实验得到了比较满意的吸附效果，研究人员将 $TiO_2$ 量增至 750 g，进行大柱过滤实验处理地下水并提供砷污染地区居民饮用，地下水中 As(III) 和 As(V) 的穿透曲线如图 7.8 所示。与 10 g $TiO_2$ 小柱相同，大柱的空床接触时间（empty bed contact time，EBCT）为 4 min。当滤出水 As 质量浓度超过 10 μg/L 前，共处理 1 933 L 地下水，即 2 577 个柱体积，对应的地下水砷吸附量为 1.49 mg/g。$TiO_2$ 再生后，可再次处理 1 794 L 地下水，即 2 392 个柱体积，对应的砷吸附量为 1.38 mg/g。

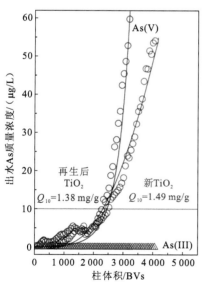

图 7.8　$TiO_2$ 含量为 750 g 的快速小柱处理地下水中 As(III) 和 As(V) 的穿透曲线

在当地居民饮用除砷地下水前后一段时期内，每天取晨尿尿样进行砷形态及浓度分析，居民尿样中砷形态浓度随时间变化规律如图 7.9 所示。在饮用除砷地下水前尿样中总砷质量浓度为 972～2 080 μg/L，饮用除砷地下水一段时间（15～33 天）后，居民尿样中砷质量浓度降低至 31.7～73.3 μg/L。值得注意的是，在只饮用含砷地下水两周的居民尿样中也检测到了（1 490 ± 92）μg/L 的砷，证明短期砷暴露即可显著增加人体内砷的浓度水平（图 7.9）。

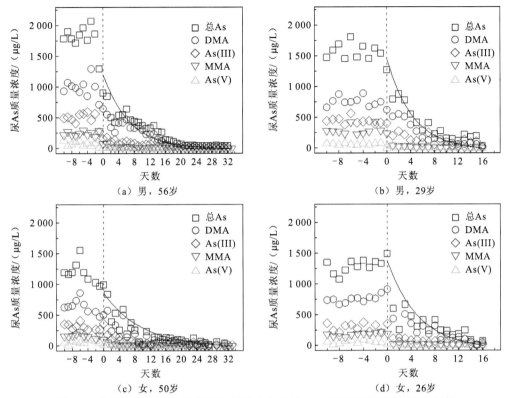

图 7.9　饮用除砷地下水前后居民尿样中总砷及各形态砷浓度随时间变化规律

在饮用除砷地下水之前，二甲基砷（DMA）为居民尿样中砷的主要形态，其质量浓度为 475～1 300 μg/L；次之为 As(III)，质量浓度为 206～600 μg/L；一甲基砷（MMA）质量浓度为 123～439 μg/L；含量最少的为 As(V)，质量浓度为 42.4～131 μg/L。证明了人体内甲基砷可优先通过肝脏代谢的方式在尿液中排出体外。当居民饮用除砷地下水后，尿样中砷形态比例并未发生变化，说明当饮用除砷地下水后，居民体内砷的代谢途径没有发生变化。

砷在 Hombikat UV100 和 Degussa P25 两种纳米 $TiO_2$ 上的吸附实验表明，As(III)和 As(V)在 Hombikat UV100 上的吸附量较高，主要原因是其具有较大的比表面积（334 $m^2$/g），而 Degussa P25 的比表面积仅为 55 $m^2$/g（Dutta et al.，2004）。砷在一系列具有不同粒径尺寸（7.6～30.1 nm）及比表面积（25.7～287.8 $m^2$/g）的 $TiO_2$ 上的吸附结果表明，As(III)和 As(V)在 $TiO_2$ 上的吸附容量与比表面积呈正相关关系（Xu et al.，2009）。Jegadeesan 等（2010）制备了无定形 $TiO_2$（S-$TiO_2$）及用不同温度煅烧后的 $TiO_2$，并与商业化 H-$TiO_2$（Hydroglobe Inc.，NJ）对比考察粒径尺寸和结晶度对砷吸附的影响，结

果表明，比表面积归一化的 TiO₂ 吸附容量（145.6～184.9 μg/m²）小于 H-TiO₂（391.7 μg/m²），说明 TiO₂ 对砷的吸附性能受诸多因素影响，如表面结构、结晶度、粒径尺寸和表面能等。通过碱化处理 TiO₂ 纳米颗粒可制备得到 TiO₂ 纳米管，具有不同比表面积的（197～312 m²/g）纳米管具有不同的孔径尺寸（2～6 nm），其对 As(III)和 As(V)的吸附容量分别为 59.5 mg/g 和 204.1 mg/g，远高于未处理的 TiO₂ 颗粒（对 As(III)的吸附容量为 7.32 mg/g，对 As(V)的吸附容量为 7.15 mg/g）（Niu et al.，2009）。通过水解 TiCl₄ 可合成水合 TiO₂（TiO₂·xH₂O），其对 As(III)的吸附容量高达 90 mg/g（Xu et al.，2010）。

利用纳米 TiO₂（5 nm）可实现工业废水中高达 3 890 mg/L 砷的去除，废水中其他重金属离子，包括镉（369 mg/L）、铜（24 mg/L）、铅（5 mg/L），经处理后均降至 0.02 mg/L 以下，达到国家工业水污染物的排放标准（Luo et al.，2010）。铜矿冶炼废水中砷的去除及回收流程见图 7.10。整个过程分为砷的去除、TiO₂ 吸附剂再生、砷的回收三部分。在砷的去除部分，TiO₂ 对废水连续吸附三次。

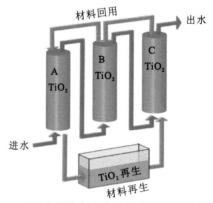

图 7.10　铜矿冶炼废水中砷的去除及回收流程图

A、B、C 为三个连续串联的滤柱

在 21 次循环使用中，再生之后 TiO₂ 的除砷效率并没有降低，经过三级吸附处理后，出水中砷平均质量浓度为（59 ± 79）μg/L（图 7.11），远小于我国工业废水砷排放标准 500 μg/L。CD-MUSIC 模型拟合结果（图 7.11 实线）表明一级处理后，As(III)的去除率为 81% ± 6%，二级和三级处理后，As(III)的去除率分别为 98% ± 2%和 99% ± 1%。

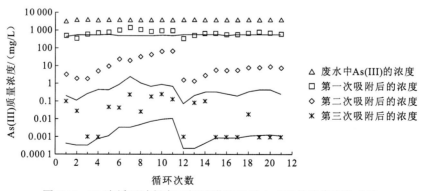

图 7.11　21 次循环过程中三级吸附处理后 As(III)的浓度变化曲线

实线代表 CD-MUSIC 模型的预测值

4）其他吸附剂

炭类吸附剂主要以活性炭为代表。目前，应用较为广泛的活性炭材料可分为颗粒活性炭、粉末活性炭、碳分子筛、含碳纳米材料、活性炭纤维等。砷在颗粒活性炭和活性炭纤维上的吸附以物理吸附为主，实际应用时，需要对其改性，提高对砷的吸附容量才能够用于实际水体的处理。活性炭纤维是经过活化的含碳纤维，将某种含碳纤维经过不同的活化方法使其表面产生纳米级的孔径，增加比表面积，从而改变其物化特性。它的优点是能够使吸附层变得更薄，吸附装置占地面积小，能够代替普通的活性炭实现一些需求较高的工作，但由于其造价昂贵，在实际使用中受到很大的限制。何晶晶（2014）的研究结果表明，未改性活性炭对 Sb(III)去除率为 62.0%，高锰酸钾改性后的活性炭对 Sb(III)的最大去除率可提升至 95.8%。Luo 等（2015）合成了氧化锆（$ZrO_2$）掺杂碳纳米纤维，旨在从水溶液中除去 Sb(III)和 Sb(V)。结果表明中性条件下，氧化锆-碳纳米纤维对 Sb(III)和 Sb(V)的最大吸附量分别为 70.83 mg/g 和 57.17 mg/g。

对氧化石墨烯（graphene oxide，GO）或石墨烯负载金属氧化物，不仅可使金属氧化物高度分散，同时能有效增强其对砷的吸附能力和分离效率。例如负载金属氧化物 FeOOH 的氧化石墨烯同时具备金属氧化物对阴离子的亲和力及氧化石墨烯优异的电子传递特性，两者的协同效应能够增强对 As(III)和 As(V)的吸附能力，从而显著提高除砷效果。Yang 等（2015）研究表明，当 pH 为 2～10 时，氧化石墨烯对 Sb(III)的吸附效果较好，吸附等温线符合 Langmuir 型，吸附过程符合拟一级动力学。基于氧化石墨烯具有巨大比表面积和海藻酸钠价格低廉、可生化性好的优势，周腾智（2018）将两者有效结合，提高材料耐酸碱性、耐盐性的同时，也提高了吸附剂固液分离的易操作性，解决了石墨烯片层在使用过程中易团聚不易分离的问题。当 pH 为 3～9 时，该材料对 Sb(III)吸附效率能保持在 80%左右，吸附动力学特征符合准二级动力学模型。

## 5. 生物法

生物法是指利用自然界生命活动的生化过程来吸附、降解水体环境中的砷和锑，实现对砷、锑的去除，该方法主要包括植物修复及微生物修复。植物修复是利用特定种类植物吸收、分解、转化或固定土壤、沉积物、泥沼及地表水等各种不同环境中的砷、锑，以起到去除或降低污染毒性的作用。因此生物法使用的植物种类应具备极强的耐砷/锑毒害的能力，且在植物体内的富集速度不仅应高于土壤或水体，还应远高于区域内各种其他生物。目前对砷有累积作用的植物相对较多。Kamala 等（2005）利用藤黄属植物实验去除水中的 As(III)，结果显示 pH 为中性时有利于 As(III)的去除，同时对 As(III)的去除效果易受到铁离子的影响，当溶液中存在较多铁离子时，此类植物去除 As(III)效率明显降低，但其不受其他自然环境常见离子（如钙、镁离子）的影响，此外藤黄属植物拥有可以循环再生使用的优点。Yin 等（2012）研究显示，很多种植物有潜力成为砷去除物种，如单细胞水生海藻 *Synechocysis* sp.对 As(III)和 As(V)的富集量分别能达到 1.0 mg/g 和 0.9 mg/g。其他植物如藤黄（*Garcinia hanburyi*）、高粱苔（*Sorghum bicolor*）、大藻（*Pistia stratiotes* L.）、蜈蚣草（*Pteris vittata*）、欧洲蕨（*pteridium aquilinum*）、欧洲凤尾蕨（*Pteris cretica* L.）及淡黑巨海藻（*Lessonia nigrescens*）等，对砷的富集量可达到 354～2 346 μg/g。

微生物修复是指利用微生物的降解、氧化还原、富集等作用来去除水体中的砷或锑，该方法的实质是微生物对砷、锑吸收后的降毒、解毒过程，不需要额外添加其他化学试剂或药品。Murugesan 等（2006）利用茶真菌对地下水中的砷进行去除研究，结果显示茶真菌对砷的富集速率随着真菌添加量的增加而增大，而且利用高压蒸汽和氯化铁预处理后的茶真菌，能显著提高对砷的去除效率。生物吸收转化的过程也是砷解毒的过程，解毒的同时水体也得到了净化。使用棒状杆菌可对地下水砷污染中的 As(III) 进行氧化处理（Mokashi et al.，2010）。现阶段利用微生物修复技术去除锑污染的研究很少，比较典型的是利用硫还原菌进行锑污染去除研究（Wang et al.，2013）。

生物法可以与其他物理-化学方法结合进行砷、锑治理，也可以单独应用。生物法相比于其他处理方法在成本和效率上都有优势，同时对自然生态环境十分友好，操作也比较简便，但是对 pH、温度、溶解氧等环境要素有极高要求。植物生长周期较长，对含砷废水的吸收速度较慢；同时需结合土壤来进行转化过程，并且对处理含砷废水后的高砷植物的处置也十分复杂。微生物除砷过程中，需要培养能与砷有效结合的菌种，导致前期培养周期较长，运行时间长，成本投入高。

# 7.2 土壤砷与锑的污染及防治技术

## 7.2.1 土壤砷与锑污染现状

地表（土壤和水）中砷和锑的浓度因自然活动、人类活动而增加。风化矿物被认为是砷和锑主要的自然来源，包括砷基的砷黄铁矿（FeAsS）、雌黄（$As_2S_3$）、雄黄（AsS）和氧化物矿物及锑基的辉锑矿（$Sb_2S_3$）和锑华（$Sb_2O_3$）。人为来源的砷和锑种类更多，也更丰富，包括发电厂、燃煤、矿山尾矿、农业废物、城市污水、杀虫剂、肥料、电子垃圾及铅锑合金等。城市土壤中的锑污染一直呈上升趋势（1960 年为 5.5 万 t/年，2013 年为 17.3 万 t/年），对人类健康的威胁越来越严重。我国部分矿区和冶炼区周围的土壤存在严重的锑污染，如湖南、贵州、云南和广西等锑矿相对集中的南方地区，土壤中锑含量较高。多项调查报告显示，世界上最大的锑矿——中国锡矿山附近农田中锑的平均质量分数达到 248～1 438 mg/kg，远高于湖南省 2.98 mg/kg 的土壤背景值。锑和砷通常在采矿和冶炼区域以高浓度共同存在，特别是硫化物矿床的采矿区。采矿和工业活动造成的锑、砷污染通常会导致锑和砷共存于环境介质中，包括锑矿区附近被污染的农业土壤、植物及河流中。

2018 年，生态环境部发布了《土壤环境质量 农用地土壤污染风险管控标准(试行)》（GB 15618—2018）、《土壤环境质量 建设用地土壤污染风险管控标准（试行）》（GB 36600—2018）两项标准。GB 15618—2018 中，根据 pH 划定了农用地土壤砷的风险筛选值：第一级标准为 20～25 mg/kg（pH＞7.5）；第二级标准为 25～30 mg/kg（6.5＜pH≤7.5）；第三级标准为 30～40 mg/kg（5.5＜pH≤6.5）；第四级标准为 30～40 mg/kg（pH≤5.5）。如表 7.5 所示，GB 36600—2018 中，建设用地土壤砷的管制值为 120 mg/kg（第一类用地）和 140 mg/kg（第二类用地）；我国土壤锑的本底质量分数约为 0.38～2.98 mg/kg。依据 GB 36600—2018，建设用地土壤锑的管制值为 40 mg/kg（第一类用地）与 360 mg/kg（第二类用地）。

表 7.5 建设用地土壤砷和锑的国标管制值

| 污染物 | 管制值（mg/kg） | | 国家标准 |
| --- | --- | --- | --- |
| | 第一类用地 | 第二类用地 | |
| 砷 | 120 | 140 | GB 36600—2018 |
| 锑 | 40 | 360 | GB 36600—2018 |

砷和锑由土壤向植物的直接迁移，以及由污染土壤造成水体污染引起的间接迁移引起了研究人员的广泛关注。萝卜、玉米、马铃薯、玉米、黑麦、小麦和芜菁等蔬菜或作物都被证明在可食用部分积累了来自污染土壤的砷和锑。研究发现，被污染矿区的土壤老化和稀释会降低砷和锑的生物利用率，但暴露在这些污染土壤中的空心菜的可食用部分依然会富集较高含量的类金属化合物。此外，这些积累了较高含量砷和锑的植物却没有表现出物理外观的变化（Egodawatta et al.，2018）。因此植物迁移所引发的砷和锑的饮食暴露可能会对人类健康造成潜在危害。

砷和锑复合污染的采矿区会引起附近地下水和农田中土壤砷和锑的复合污染。一项水耕栽培实验表明，当表层土壤砷和锑的质量分数高于 1 000 mg/kg 时，蜈蚣草羽片可以共同积累砷和锑（Wan et al.，2016）。砷和锑共存时的迁移行为与单独污染时存在差异。砷和锑的复合暴露存在协同效应，可能会带来比单独暴露预期更大的风险。例如添加砷可以提高香根草等植物对锑的吸收，而添加锑也可以提高对砷的吸收（Mirza et al.，2017）。Egodawatta 等（2020a）研究表明，砷和锑复合污染增强了它们在农业植物中的积累，并且还具有协同植物毒性。与此相反，也有研究指出砷和锑复合暴露可能存在拮抗效应。例如增加土壤 $PO_4^{3-}$ 含量会增强单独污染土壤中砷、锑在植物芽和根中的积累，但在共同污染土壤中影响较小（Egodawatta et al.，2020b）。

## 7.2.2 土壤砷与锑控制技术

污染土壤的修复通常有原位修复和异位修复两大方式。原位修复能够最大限度地减少土壤结构和完整性等特征的改变。而异位修复需要在处理前挖掘受污染的土壤，并将其放入适当的容器进行处理，处理完成后再将土壤置换到原处，相对于原位修复难以大规模实施。

**1. 固化/稳定化方法**

固化/稳定化（solidification/stabilization，S/S）方法使用固化剂调节和改变土壤理化性质，通过沉淀作用、吸附作用、配位作用、有机络合作用等改变土壤中重金属形态，降低其迁移性和生物有效性，进而达到土壤重金属稳定化目的。固化/稳定化实质上是一种暂时稳定的过程，属于浓度控制技术，而非总量控制技术。固化是指固化剂与土壤混合后使其中的有害物质变为不可流动的形式和形成紧密性固体的过程，是一个物理反应过程；稳定化是指固化剂与废弃物产生化学反应，使其中的有害物质转变为低溶解性、低移动性和低毒性的物质，是一个化学反应过程；固定化是指把固化和稳定化两者相结合，既有物理反应过程又有化学反应过程。目前土壤固化/稳定化材料主要有黏土矿物、金属氧化物、有机质、高分子聚合材料及生物材料等。

土壤固化/稳定化技术对 As、Sb 具有修复效果。通过向 Pb、Cd、Cu、Zn、As 复合污染土壤分别施加5%和20%磷矿粉、木炭、坡缕石、钢渣4种钝化剂，殷飞等（2015）评价了钝化剂对土壤重金属的钝化效果，发现在20%投加剂量下，坡缕石、钢渣、磷矿粉能显著降低土壤中5种元素的生物有效态含量。宋刚练（2018）使用硫酸铁、硫酸亚铁和硫酸亚铁加双氧水三种稳定化药剂来比较同剂量下土壤中 Sb 的稳定效率，发现硫酸铁对 Sb 的稳定效率最好。张菊梅（2020）通过分析贵州省独山县废弃旧冶炼厂周围土壤植物中的 Sb 和 As 污染现状，发现矿区周边土壤 Sb 污染严重，同时伴随着一定的 As 污染，轻度和重度污染水平超标率为67.67%。在此基础上，该研究系统比较了石灰、钙镁磷肥和改性沸石三种钝化剂对 Sb 的吸附解吸能力，发现三种钝化剂对 Sb 的吸附能力为石灰＞改性沸石＞钙镁磷肥。

### 2. 土壤淋洗法

土壤淋洗法通过逆转重金属在土壤中的离子吸附和重金属沉淀两种反应，使土壤中的重金属转移到土壤淋洗液中。土壤淋洗法适用于大面积、重度污染土壤的治理，优点是快速、彻底，缺点是成本较高、可能产生二次污染。土壤淋洗法的关键是淋洗剂的选择，淋洗剂的种类有无机提取剂、表面活性剂和有机螯合剂。目前对 Sb 淋洗效果显著的是天然螯合剂。吴兆冠等（2013）用同等量的柠檬酸、苹果酸、丙二酸和酒石酸混合作为淋洗剂，对 Sb 污染的土壤进行淋洗，发现淋洗前后 Sb 平均质量分数分别为0.45 mg/kg、0.11 mg/kg，表明有机酸复合淋洗剂能显著降低土壤中的 Sb 含量。孙浩然等（2016）将酒石酸、苹果酸和人工螯合剂乙二胺四乙酸（ethylenediaminetetraacetic acid，EDTA）作为淋洗剂，对贵州省晴隆锑矿冶炼厂废水库北岸重度污染的土壤进行 Sb、As 淋洗，发现三种螯合剂对 Sb 和 As 具有良好的淋洗效果。其中酒石酸和苹果酸对 Sb 的淋洗效果高于 As；EDTA 对 As 的弱酸提取态淋洗效果高于 Sb。用酸溶液淋洗污染土壤会带来一些负面影响：过高的酸度会破坏土壤理化性质，使土壤养分淋失，破坏土壤微团聚体结构；淋洗产生的废液还会增加后续处理成本。

### 3. 氧化还原法

氧化还原法是向土壤中添加氧化剂或还原剂，改变重金属在土壤中的存在形态，使重金属钝化或使污染物向无毒或毒性小的形态转变。Sb(III)在空气中氧化速度十分缓慢，因此需要加入氧化剂、催化剂来加快其反应。目前，国内外研究的氧化剂主要有 $H_2O_2$、芬顿试剂（Fe(II)/$H_2O_2$）及铁和锰的氢氧化物等。Fan 等（2014）在实验室模拟发现自然水体及沉积物中存在的铁和锰的氢氧化物能够将毒性大的 Sb(III)转化为毒性较小的 Sb(V)，并发现锰石是 Sb(III)的强氧化剂。还原剂主要有还原性硫化物、还原性铁化物和还原性硫铁化物（骆永明，2009）。其中过硫酸盐和零价铁分别是目前国内外应用最多的氧化剂和还原剂。

## 4. 电动修复法

电动修复法通过施加于污染土壤两端的直流电源产生电渗析和电迁移去除污染物。对于渗透性不高、传导性差的黏性土壤中的重金属，根据电流能破坏金属-土壤键的原理，可应用电化学法予以去除。电动修复污染土壤的关键因素是 pH。单独的电动力学修复不能很好地控制土壤系统的 pH，导致处理效率低下。因此，需要通过酸碱中和法、阳离子选择膜法、电渗析法、添加络合剂/表面活性剂、氧化还原法等方法来控制 pH（杨衍 等，2013）。研究人员对射击场土壤的电渗析修复效果进行评价，发现 As 和 Sb 的处理效果不佳，对土壤中原始金属的去除不到 20%（Pedersen et al.，2018）。

## 5. 解吸脱附法

解吸脱附法有常温解吸和热解吸两类。常温解吸是通过添加合适的解吸剂，使吸附在土壤颗粒表面的污染物分子发生脱附，进入溶液中。热解吸是基于污染物的挥发性，利用蒸汽、微波、红外辐射对污染土壤进行加热，使砷等污染物挥发，然后通过真空负压或载气收集挥发性重金属，达到去除重金属的目的。根据温度热解吸可分为低温解吸（90～320 ℃）和高温解吸（320～560 ℃）。热解吸技术的优点是修复时间短、工艺简单、可再生，缺点是耗能高、易产生二次污染。该方法通常适用于挥发性污染物。

## 6. 竖向隔离法

竖向隔离法的目的是阻挡场地重金属等污染物水平方向的迁移扩散，是一种效果显著的土壤原位修复方法。隔离材料主要分为水泥类、土类和可渗透活性反应墙。

## 7. 换土/客土/翻土法

换土法是将污染土壤全部换成干净土壤，彻底清除污染物。客土法是将新鲜土壤加入被污染的土壤表面或整体混匀，土壤污染物浓度被稀释，同时土壤的环境容量增大。翻土法是将表层土壤翻至底层，表层污染物得到稀释，在较厚土层的修复中应用较多。翻土法适用于轻度污染土壤，而客土法和换土法适用于重污染土壤。翻土/客土/换土法处理重金属污染土壤治标不治本，造成二次污染的风险较大，此类方法在重金属污染的治理中很少使用。

## 8. 光催化降解法

光催化降解（光解）法是一项新兴的深度土壤氧化修复方法。梁璨（2018）通过水热合成法制备出纳米片状的 ZnO 光催化剂，利用紫外光对土壤中的 As 进行光催化降解处理，结果表明在 20 mL 土壤提取液中添加 0.04 g 的 ZnO 对 As(III)的降解效率高达 92.3%，重复使用 4 次后降解效率依然保持为 90.3%。纳米 $TiO_2$ 光催化氧化 As(III)和 Sb(III)的速率随着 pH 的升高而降低，并且 $TiO_2$ 对 Sb 的吸附量要明显高于 As（秦文秀，2013）。光催化降解法目前处于实验室阶段，需要后续大量的研究验证。

## 9. 生物法

生物法是一种清理或恢复污染土壤的环境友好方法，修复方式包括微生物修复、植物修复等。

微生物修复可以简单地定义为利用微生物来降低污染物的生物利用率，从而使其对生态系统的毒性降低。这些微生物能够以污染物为营养来源，分解（或代谢）污染物。引入有效的特异性微生物菌株已被广泛应用于土壤污染的生物修复中。微生物修复的优势包括所需设备少、可原位处理、处理成本低等，最大的优势在于可将有机污染物完全分解为其他无毒化学品。对重金属的生物修复比对有机污染物的更难，因为有机物可以矿化为二氧化碳和水，但重金属不能矿化，只能转化为毒性较小的形态或固定化以降低其生物利用率。倪文等（2017）开发了一种重金属还原原位成矿修复方法，在原始尾矿上铺设多层修复土壤，并利用黏土密封层隔绝氧气，再利用厌氧菌将锑等重金属污染固化成辉锑矿等溶解度极低的硫化矿物，从而实现矿山重金属污染原位成矿修复。微生物对土壤的毒性水平和物理化学条件很敏感，需要对修复过程进行很好的控制、管理和监测，且修复周期比其他修复技术更长。

植物修复是指利用绿色、鲜活植物对土壤中污染物进行修复。根据植物修复的作用机理及过程，可以将其归纳成三种类型：①植物吸收（phytoextraction），利用某些专性植物根系对一种或多种有毒重金属的富集特点，吸收土壤中的有毒重金属并转移至地上部分进行收割处理，从而达到清洁土壤的目的。②植物挥发（phytovolatilization），其原理是利用植物根系将吸收的重金属转移至地上部分，并在体内转化为可挥发态从而释放到大气中。③植物稳定（phytostabilization），利用一些重金属耐受植物或超富集植物的根系及其微生物群落的分泌物，改变根际环境的理化特征及生物条件，消除或者降低重金属的毒性，使其固定于植物根系周围，从而降低重金属渗漏污染地下水和进入食物链的风险，减少对环境和人体的危害。利用植物修复来去除土壤或沉积物中的锑和砷在未来可能是一种很好的治理方法，因为这种方法对环境友好，而且相对容易实施。然而，植物提取成功的先决条件主要是确定合适的超富集植物。植物种类、植物的初始生长阶段、土壤理化性质是影响植物修复能否成功的重要因素。目前科学家发现了大约570种超富集植物。例如多种蕨类植物都是砷的超富集植物，这类植物普遍生长在分布有锑和砷矿的我国南部省份（He，2007）。

目前锑的有效超富集植物报道较少。有研究发现凤尾蕨和香蒲中的锑从根转移到叶的转移系数分别为1.38、1.10，仍难以满足富集要求（龙健 等，2020）。对锑在34种植物中的富集研究表明，其质量分数范围为 3.92～143.69 mg/kg，其中木贼属中节节草有最高的平均锑富集质量分数（98.23 mg/kg），凤尾蕨属中的蜈蚣凤尾蕨表现出对污染环境中锑的超富集能力（Qi et al.，2011）。苎麻能在重金属污染的土壤中旺盛生长，并成为矿区的优势植物，是矿区废弃地生态恢复的潜力植物之一；四九菜心和苋菜分别可以作为修复田垦区重金属锑轻度和较高浓度污染的修复植物；凤尾草则可以同时富集砷和锑。在砷存在的条件下，砷的超富集植物欧洲凤尾蕨同样也能大量富集锑，具备修复砷和锑复合污染的潜力。

## 7.2.3　治理材料

**1. 铁基材料**

铁基材料具有可观的表面积和较高的表面活性，兼具无毒、成本低、储量大、易获得等特点，近年来广泛应用于土壤重金属的去除。天然铁基材料包括水铁矿、赤铁矿、针铁矿和磁铁矿等，这些材料普遍存在于沉积环境中，在砷和锑的环境流动性方面发挥着关键作用。Fe(III)氢氧化物矿物被铁还原生物还原溶解，产生可溶性 Fe(II)，其在控制砷和锑移动性方面发挥关键作用。水铁矿能够将采矿区砂壤土中的可溶性砷质量浓度从 135 μg/L 降至小于 12 μg/L（Abad-Valle et al.，2015），将受木材防腐工业污染的砂壤土中的可溶性砷质量浓度从 14 220 μg/L 降至 250 μg/L（Nielsen et al.，2011）。针铁矿能够使受采矿污染的粉砂壤土浸出液中砷浓度降低 50%（Ko et al.，2012）。对经赤铁矿处理的砷污染砂质黏壤土进行 4 步连续提取发现，浸出液中砷浓度明显降低（Garau et al.，2014）。铁氧化物前体、硫酸亚铁混合物等也对砷具有良好的处理效果。在土壤中施用水铁矿和硫酸亚铁后，也观察到砷的植物利用率降低（Sun et al.，2015；Warren et al.，2003）。在锑固定化方面，Okkenhaug 等（2013）使用 4 种铁基改良剂对锑污染的泥砂土进行固定，经铁的氧氢化物和硫酸盐处理 7 天后，锑的浸出浓度下降高达 90%，使用零价铁砂则下降 80%。使用硫酸铁和赤泥同样可以降低锑的浸出浓度（Tandy et al.，2017）。

铁基改良剂对土壤中的类金属化合物具有共稳定作用，该作用受众多环境因素影响，包括 pH 和表面电荷等（Wilson et al.，2010）。As(V)和 Sb(V)的表面电荷与 pH 有关，当 pH 为 2.5～7.5 时，As 主要以 $H_2AsO_4^-$ 的形式存在；当 pH 大于 3 时，Sb 主要以 $Sb(OH)_6^-$ 的形式存在。当 pH 较低时，中性物种占主导地位，当 pH 在 7.5 以上时，As 则形成 $HAsO_4^{2-}$。这两种类金属化合物在铁氧化物上的强吸附是通过形成非 pH 依赖性的内层络合结构及 pH 依赖性的外层吸附结构发生的。在 pH 为 2.5（类金属化合物以阴离子形式出现）和土壤表面的零电荷点（在此之上有较大比例的负电荷）之间，外层吸附占主要地位。As(III)和 As(V)对氢氧化铁的吸附亲和力都有很强的 pH 依赖性。

Ford（2002）报道，As(V)在 pH 为 4～7 时优先吸附于铁氢氧化物，最佳 pH 约为 4，而 As(III)在 pH 为 7～10 时的吸附，最佳 pH 为 7。当 pH 为 4～6 时，吸附率较高，因为此时的 pH 低于电荷零点的 pH（磁铁矿 7.5，针铁矿 7.8，赤铁矿 7.7）（Gimenez et al.，2007），氧化物带正电荷。在酸性条件下，质子化有利于 As(V)阴离子 $H_2AsO^{4-}$ 或 $HAsO_4^{2-}$ 在矿物表面的吸附，而 As(III)在砷酸 $H_3AsO_3$ 等条件下仍可溶解。自然状态的 pH 条件（近中性）下，As(V)和 As(III)都是通过形成内层络合结构而被吸附在水合铁氧化物和晶体铁氧化物的表面。As(III)以内/外层表面络合、双齿双核内层络合的吸附为主。此外，As(III)与赤铁矿和水铁矿的双齿双核络合结构也有报道（Ona-Nguema et al.，2005）。

在相同环境条件下，纳米零价铁（nZVI）颗粒比大颗粒零价铁、铁粉或铁屑的治理效果更佳（Cundy et al.，2008）。考虑纳米颗粒的比表面积和半径之间的指数关系，与微米颗粒相比，颗粒尺寸的增加使每克的表面积增加了几个数量级。nZVI 颗粒对多个种类的污染物都具有很强的反应活性，这一特性使其在原位修复中具有很大的应用潜力。零价铁的反应活性是基于其氧化成亚铁或三价铁的能力，这一过程提供的电子可用于还原其他化合物，或通过芬顿反应，产生能够与污染物反应的强氧化剂，使其无害。纳米尺寸提高了 nZVI 颗粒在多孔介质中的流动性，其低毒性也避免了土壤的二次污染，同时不破坏土壤本身的理化特性。

nZVI 颗粒因其比表面积较大而具有较高反应活性的优势。然而，由于其高反应活性，nZVI 颗粒有可能在到达目标地点并与目标污染物发生反应之前发生氧化并形成团聚物，这对其应用产生了不利影响。为了消除颗粒聚集和快速沉降的影响来改善 nZVI 颗粒的性能，近年来人们非常关注 nZVI 颗粒表面修饰的发展，目前常用的修饰方式如图 7.12 所示。虽然表面修饰阻止了 nZVI 颗粒的氧化，但这些修饰也在 nZVI 颗粒和目标污染物之间形成了屏障，这种屏障降低了污染物接近 nZVI 颗粒表面的能力。因此，表面修饰也会降低 nZVI 颗粒的反应活性，进而影响 nZVI 颗粒去除重金属的能力。尽管如此，表面修饰确实降低了颗粒氧化、聚集和快速沉淀的趋势。在某些情况下，修饰的涂层也有助于对污染物的去除，甚至在涂层和 nZVI 颗粒之间产生污染物去除的协同效应，进而在一定程度上提高污染物的去除率。经表面修饰的 nZVI 颗粒是否比未经修饰的 nZVI 颗粒整体性能更好尚无定论，因为 nZVI 颗粒的综合性能取决于涂层、改性条件和去除的目标污染物。

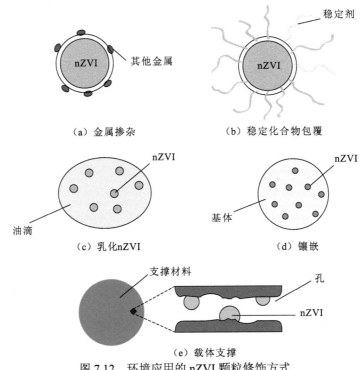

图 7.12　环境应用的 nZVI 颗粒修饰方式

除利用表面修饰来避免惰性层的形成和颗粒团聚外，研究人员还研究开发运输载体以增强 nZVI 颗粒的流动性和分散能力。运输载体上支撑 nZVI 颗粒的材料由于具有流动性和稳定性，通常被应用于原位修复。用于开发运输载体的材料通常具有丰富的表面积，并具有间隙结构或其他特性。这些都为 nZVI 颗粒的负载提供了稳定的场所，以防止其氧化和团聚。此外，支撑材料还需要对目标污染物具有较高的吸附能力或反应活性，鉴于此，多孔材料如壳聚糖、碳、多孔碳片、膨润土、浮石、氧化石墨烯和羧甲基纤维素等已被用于支撑 nZVI 颗粒。

吸附被认为是 nZVI 颗粒去除重金属离子最主要的相互作用机制。nZVI 颗粒已被证实具有大量的活性位点和官能团，此外，其表面可能形成铁的氢氧化物或氧化物，这可以提高其在自然环境中 $Fe^0$-$H_2O$ 体系的吸附能力。实际环境是一个极其复杂的混合反应体系，由于各种环境条件的不同，利用 nZVI 颗粒去除砷和锑既不是单纯的化学、电化学还原，也不是单纯的物理吸附过程，各种相互作用都可能主导 nZVI 颗粒对砷和锑离子的去除过程，包括吸附、还原、氧化、溶解、沉淀等过程，这些过程可以同时或先后在铁表面发生。某些情况下，主要的相互作用机制也有可能是由磁相互作用力、范德瓦耳斯力、静电相互作用和特定表面键合作用等主导。因此，对于特定的环境介质，例如采矿区附近的高砷、锑污染土壤，需要进一步探明 nZVI 颗粒与锑和砷离子之间真正的相互作用机理。

**2. 碱性物质**

碱性物质常被用来固化稳定污染土壤，应用较多的是碳酸钙、氧化钙等廉价易得且对环境友好的材料，工业上石灰常被选用。碱性物质对砷、锑移动性的影响研究结果具有争议性。碱性物质（如石灰、粉煤灰和羟基磷灰石）能创造高的 pH 环境，容易使砷浸出，并且生成的 $Ca_3(AsO_3)_2$ 溶解度仍然比较大，容易造成二次污染，很难处理达标。在石灰性土壤中，钙对砷和锑的固定都没有明显的效果。目前的研究中，较常见的是将石灰和铁盐相结合来去除砷和锑。宋刚练（2018）通过探究石灰和水泥作为固化剂对重金属稳定效率的影响，发现水泥作为固化剂对重金属锑的修复效果要好于石灰。对上海实际锑污染场地治理的应用中，采用 1.5%硫酸铁作为稳定化药剂、15%的水泥作为固化剂对锑污染土壤进行修复，结果显示修复后土壤中锑的浸出质量浓度低于 0.02 mg/L，满足修复要求。

**3. 有机质**

有机质对提高土壤肥力有重要意义，且取材方便、经济，在重金属污染土壤改良中得到了广泛应用。土壤有机质主要成分为腐殖酸、富里酸和胡敏素。其中腐殖酸含量最多，因其有氨基、羧基、偶氮化合物、环形氮化物醚等官能团可以与重金属发生络合、螯合反应。溶解性有机质能与砷竞争吸附，将 As(III)和 As(V)从铁氧化物（如赤铁矿）表面取代出来。添加有机质肥料可增加土壤中有机质含量，有机质可与砷、锑形成络合物，减少砷、锑在土壤中的有效性，并增加土壤保水性和通透性。在微酸性土壤中，由于有机质的吸附作用，砷的浸出率和植物的吸收效率都很低。但是在中性的条件下，As(V)会被还原成水溶性 As(III)，导致砷的浸出率升高。土壤有机质层中的胡敏酸可以将 Sb(III)氧化为 Sb(V)，并对 Sb(V)具有很强的固持能力。

**4. 生物炭**

生物炭（biochar）是指将生物质在缺氧或少氧条件下通过高温裂解形成的碳化物质，具有比表面积大、表面孔隙结构丰富、含碳量高等特点。目前用于制备生物炭的常见材料有农作物秸秆、动物粪便、果壳及污泥等。组成生物炭的主要元素是碳，其次还有氢、氧、氮、钾、钙、镁、磷等元素。由于制备材料和制备条件的差异，不同生物炭的孔隙度、比表面积、pH、官能团等都存在一定的差异。生物炭表面含有丰富的含氧官能团，如羧基（—COOH）、羟基（—OH）和醛基（—COH）等，随着热解温度的不断升高，生物炭的比表面积增大，含氧官能团的数量减少。近年来，生物炭作为钝化剂逐渐成为土壤重金属修复方面的研究热点。由于生物炭富含官能团，有高度发达的孔隙度，还可以促进植物生长，提高作物产量，保持土壤养分，降低重金属的生物可利用性。

# 7.3    砷与锑复合污染的协同去除技术

土壤砷和锑复合污染的现象持续存在，但相关研究极其匮乏。Alvarez-Ayuso 等（2013）对矿区污染肥土的治理结果表明，水铁矿可使可溶性砷（原始质量分数 0.35 mg/kg）和锑（原始质量分数 0.26 mg/kg）减少 90%，而氧化铝可使可溶性污染物减少 80%以上。Doherty 等（2017）利用铝氧化物、锰氧化物、高岭土及一系列铁基改良剂评估了复合污染土壤中锑和砷的固定作用，发现铝氧化物、锰氧化物仅能使浸出液中砷的浓度降低 16%～40%，对锑几乎没有固定效果；而铁粉和水铁矿可将浸出液中锑和砷的浓度降低 80%以上，说明铁基改良剂对复合污染土壤中锑和砷的共同固定效果良好。

Guo 等（2022）评估了典型金锑矿区的砷和锑污染情况，研究了砷和锑在高浓度复合污染土壤中的赋存特征及迁移特性，探索了 nZVI 对复合污染土壤中 Sb 和 As 的钝化效果。该矿区土壤样品中 Sb 和 As 质量分数分别高达 50.32 g/kg 和 14.90 g/kg。残渣态和矿物结合态是土壤中 Sb（90.11%）和 As（92.36%）存在的主要形式。离子交换态和专性吸附态 Sb 和 As 的存在使得该土壤样品中的 Sb 和 As 具有一定的流动性。该研究表明，nZVI 能够有效钝化复合污染土壤中的砷，但对砷、锑的钝化效果不同。如图 7.13 所示，在 6%的 nZVI 投加量条件下，可浸出 As 已经达到饮用水标准，且在 4.6～8.6 的广泛 pH 范围内都能够对 As 起到良好的固定作用，但对于 Sb，在 10%的 nZVI 投加量条件下，

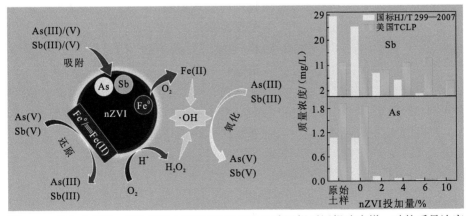

图 7.13    原生土壤及 nZVI 处理土壤经 HJ 和 TCLP 法浸提后浸提液中锑、砷的质量浓度

nZVI 投加量依次为 0、2%、4%、6%和 10%；所有处理样品均保持在饱和水条件下，修复 7 天

Sb 浓度依然超过了美国环境保护署规定的最大允许浸出浓度。对 Sb 和 As 的钝化差异归因于零价纳米铁对离子交换态 Sb 和 As 不同的吸附能力。nZVI 对离子交换态砷的吸附更强,从而将具有流动性的砷有效固定。

Hiller 等(2021)评估了商品化 nZVI 与自主合成的氧化锰对两类不同工业来源砷和锑污染土壤的固定效果。结果表明,pH 是影响砷和锑淋溶的主要因素。nZVI 在酸性土壤中溶解度较高,因而比氧化锰更适合降低 As 和 Sb 的释放。形态-饱和度预测模拟结合矿物学分析证实,nZVI 和氧化锰的氧化产物在砷和锑固定中发挥了重要作用。nZVI 在相对较低的投加量下(质量分数为 1%),即可用于修复 pH>4.5 的砷锑复合污染土壤。1%投加量的氧化锰也适用于砷锌复合污染土壤的修复,但由于稳定性较差,在酸性土壤中的应用受到严重限制。

铁锰氧化物因其具有的较大比表面积和较强的氧化还原能力,可用于修复砷锑复合污染土壤。容群等(2020)以铁锰氧化物和膨润土为稳定化材料,通过室内土培实验研究了材料配比和使用量同时稳定 As 和 Sb 的效果,探讨了材料的长效稳定性及作用机制。结果表明,铁锰氧化物:膨润土=4:1 的配比具有很好的 As 和 Sb 稳定效果。形态分析结果表明,3%使用量的铁锰氧化物:膨润土=4:1 的处理条件可使土壤中 As 和 Sb 由可交换态向残渣态转变,稳定性增强。

成祝(2020)基于原址异位固化稳定化技术修复砷、锑污染土壤。该污染地块历史上为一家生产妇女生理用品及婴儿用纸尿裤的企业,共有两个区域需要进行土壤修复,其中 I 区主要污染物为砷,最大质量分数为 28.4 mg/kg,清理目标值为 20 mg/kg,修复深度为 0~1.5 m,污染土壤修复方量为 268.95 m³;II 区主要污染物为锑,最大质量分数为 22.7 mg/kg,清理目标值为 7.67 mg/kg,修复深度为 0~1.5 m,污染土壤修复方量为 2 353.12 m³。采用固化稳定化技术进行修复,主要目的是降低污染物迁移能力,因此该项目采用浸出浓度来判断固化稳定化修复效果。土壤中重金属的迁移途径主要包括雨水淋溶或地下水浸提,因此其浸出液需要满足《地下水质量标准》(GB/T 14848—2017)IV 类水质标准,其中砷浸出限值为 0.05 mg/L,锑浸出限值为 0.01 mg/L。砷污染土壤采用 1% $FeSO_4$+5% CaO 进行修复,锑污染土壤采用 1% $Fe_2(SO_4)_3$+5% CaO 进行修复。该项目 I 区和 II 区的污染土壤经固化稳定化处理后,重金属浸出浓度均低于浸出限值,满足修复要求;修复后经检验达标的土壤外运资源化,作为道路路基材料消纳使用。

高世康等(2020)以水稻秸秆为原材料,采用水热法制得比表面积较高的铁负载生物炭稳定材料,三价铁的负载可明显促进碳化过程,改善了生物炭的性能。铁负载生物炭对土壤中五价态锑、砷的稳定化效果明显高于三价态。对水溶态 As(V)和 Sb(V)的稳定率分别为 51.22%和 58.33%,对有效态 As(V)和 Sb(V)的稳定率分别为 53.67%和 52.33%。修复后土壤中非专性吸附态和专性吸附态锑、砷向弱结晶和结晶型铁铝氧化物结合态转化,从而实现锑和砷的稳定。

近年来,我国研究人员在砷锑固化稳定化领域申请了多项发明专利。例如,刘勇等(2019)开发了一种针对土壤砷和锑污染稳定化药剂及其工程使用方法。该发明专利使用的药剂由还原铁粉、碳酸钙粉、氧化铁粉、硫化亚铁粉及活性炭粉构成,通过将污染土壤与药剂混合均匀,并保持土壤含水率至少在 30%以上,7 天即可达到较好的稳定化效果,具有见效快、稳定效果好、对土壤原 pH 扰动较小等优点,适用于土壤砷和锑修复工程。

　　奥武昌金矿位于我国西南地区，是典型的卡林型金矿床，其周边土壤存在砷、锑污染。Wang 等（2018）以硫代硫酸铵为螯合剂，辅助植物修复污染土壤。植物提取试验结果表明，添加硫代硫酸铵使 As 和 Sb 的植物积累增加，该方案可降低土壤中可溶性砷锑组分，进而降低矿区土壤的环境风险。孙航（2020）以黔西北威宁县某经过植物修复 7 年的土法炼锌废渣堆场为研究区域，选取了 6 种优势植物即构树（*Broussonetia papyrifera*）、柳杉（*Cryptomeria japonica*）、芦竹（*Arundo donax*）、刺槐（*Robinia pseudoacacia*）、石楠（*Photinia serratifolia*）和黑麦草（*Lolium perenne*）为研究对象，系统研究了不同植物参与下，根系层废渣和垂直空间上不同深度梯度剖面废渣中砷、锑的迁移转化特征，为土法炼锌废渣生态修复与植被重建提供了科学依据。植物修复对废渣中砷、锑的迁移转化产生了显著影响。植物修复后，6 种植物根际废渣中砷、锑含量与无机砷、锑含量总体上低于对照废渣，As(III)、Sb(III) 含量显著高于 As(V)、Sb(V)，且根际废渣中 As(III)、Sb(III) 的占比较对照废渣高；废渣中砷含量随深度增加呈先升高后降低的趋势。植物根际废渣中残渣态砷、锑占比最高，且较对照废渣明显更高，可交换态、铝结合态和钙结合态砷、锑占比大多低于对照废渣，砷、锑的生物有效性显著降低。对照废渣和植物作用下的废渣中可交换态砷占比随深度增加而增大，锑不同形态占比与深度无明显相关关系。上述结果表明植物修复初期废渣中砷、锑的迁移可能增加，但后期则能抑制砷、锑的生物有效性。

　　淋洗法也可用于修复砷和锑污染土壤。孙浩然等（2016）以贵州省晴隆锑矿区砷锑严重污染土壤为研究对象，采用振荡淋洗技术研究了酒石酸、苹果酸在不同浓度、不同振荡时间、不同 pH 条件下对砷和锑的淋洗效果，结果表明土壤中砷和锑淋洗效率随淋洗剂浓度升高、振荡时间延长、pH 升高逐步升高。赵建锋（2021）基于淋洗效率等筛选获得高浓度砷锑复合污染土壤淋洗药剂，对湖南某有色冶炼厂高浓度砷锑复合污染土壤进行治理。该污染场地 As 和 Sb 质量分数分别高达 20 225 mg/kg 和 3 911 mg/kg，其中 As 主要富集在粒径≤0.05 mm 和 0.05～0.25 mm 的土壤颗粒中，Sb 富集在粒径≤0.05 mm 的土壤颗粒中，形态以 As(V) 和 Sb(III) 为主。草酸、柠檬酸和磷酸对污染土壤中 As 和 Sb 淋洗效率较高，对 As 的最佳淋洗效率分别为 94.44%、90.48% 和 95.43%；对 Sb 的最佳淋洗效率分别为 78.24%、51.14% 和 65.20%。$KH_2PO_4$、EDTA 和 NaOH 对 As 的最佳淋洗效率分别为 95.43%、92.21% 和 83.07%，但对 Sb 的最佳淋洗效率仅为 5.91%、3.23% 和 2.16%。淋洗前后土壤中 As 和 Sb 的形态分布表明，草酸对离子交换态砷的最大淋洗效率为 94.35%，草酸、柠檬酸和磷酸淋洗后土壤中离子交换态、碳酸盐结合态和铁锰氧化物结合态的 Sb 含量会增加，这与残渣态 Sb 的重新释放有关。一次淋洗很难达到土壤修复相关标准的要求，在二次淋洗实验下，草酸（0.5 mol/L）和柠檬酸（0.1 mol/L）在固液比为 1∶20 的条件下依次对供试土壤淋洗 2 h，可以使土壤中的砷、锑含量同时低于《土壤环境质量 建设用地土壤污染风险管控标准（试行）》（GB 36600—2018）管控值。由于磷酸为中强酸，草酸和柠檬酸为有机弱酸，结合淋洗剂的经济效益，推荐砷锑复合污染土壤淋洗剂的优先使用顺序为草酸、柠檬酸、磷酸。

　　张静静等（2019）选取柠檬酸、草酸、$KH_2PO_4$ 溶液和 NaOH 溶液 4 种淋洗剂，对冷水江矿区的砷锑污染土壤进行单一及复合淋洗。结果表明同样浓度下：NaOH 溶液对砷的去除效果最好，去除率最高可以达到 58.22%；草酸溶液对锑的去除效果最好，去除率最高可以达到 22.86%。复合淋洗中，酸碱淋洗剂交替淋洗比同种溶液连续淋洗更能提高砷和锑去除效果。

冷水江矿区的另一项研究中，使用磷酸二氢钠、柠檬酸、酒石酸和草酸铵 4 种萃取剂对锑砷复合污染土壤进行萃取（谭迪，2019）。该矿区土壤锑、砷污染非常严重，其中 Sb 在水稻土、旱土和废矿土中的质量分数分别为 145 mg/kg、720 mg/kg 和 6 876 mg/kg，As 的质量分数分别为 18.2 mg/kg、103 mg/kg 和 380 mg/kg。综合三种土壤中，磷酸二氢钠、柠檬酸和酒石酸对 Sb 的提取效果均较为理想；在 As 的处理中，磷酸二氢钠和柠檬酸的效果明显优于草酸铵和酒石酸，且柠檬酸对土壤理化性质影响最小。不同的萃取剂使三种土壤中的各组分进行了再分配，其中草酸铵使土壤中 Sb 和 As 的易交换态均增加，柠檬酸使土壤中 Sb 和 As 的残渣态均减少。从萃取前后土壤中微生物的多样性观察，酒石酸会使三种土壤中的微生物多样性显著下降。毒性风险评价实验表明，酒石酸使土壤中 Sb 和 As 的浸出性升高，且 4 种萃取剂使 Sb 和 As 的迁移性和生物可利用性均升高，表明 Sb 或 As 的毒性在萃取后更易被生物体吸收。在蔬菜安全种植实验中，草酸铵和酒石酸萃取后能促进蔬菜吸收 Sb，而柠檬酸和草酸铵萃取后能促进蔬菜吸收 As。

目前绝大多数研究只对砷和锑的单独污染土壤进行控制与修复。即使已经有一系列的修复材料应用于砷锑复合污染土壤，但仅有极少数的方法可用于实际污染场地的砷锑修复。鉴于砷和锑的地球化学因素，砷锑复合污染的现象一直并将持续存在，亟须在砷锑复合污染土壤的控制方法领域进行深度探索与研究。

# 参 考 文 献

成祝, 2020. 原址异位固化稳定化技术修复砷、锑污染土壤工程实例. 广东化工, 47(7): 178-179.

高世康, 杨志辉, 周连碧, 等, 2020. 铁负载生物炭对土壤中锑砷的稳定修复效果. 有色金属(冶炼部分)(12): 100-107.

何晶晶, 2014. 改性活性炭去除原水中锑的研究. 昆明: 昆明理工大学.

梁璨, 2018. ZnO 纳米片光催化修复砷污染土壤研究. 化肥设计, 56(5): 14-17.

刘勇, 唐礼虎, 姚佳斌, 等, 2019. 一种用于砷和锑污染土壤修复药剂及其使用方法. CN201910447170.7. 2019-10-01.

龙健, 张菊梅, 李娟, 等, 2020. 锑矿区土壤锑和砷的污染状况及其修复植物的筛选: 以贵州独山东峰锑矿区为例. 贵州师范大学学报, 38(2): 1-9.

骆永明, 2009. 污染土壤修复技术研究现状与趋势. 化学进展, 21(2): 558-565.

倪文, 高巍, 马旭明, 等, 2017. 一种五层覆盖强还原原位成矿修复方法与流程. CN201710586719.1. 2017-11-21.

秦文秀, 2013. As(III)和 Sb(III)的化学及光化学催化氧化机理研究. 青岛: 青岛大学.

容群, 张超兰, 周永信, 等, 2020. 铁锰氧化物与膨润土对锑-砷复合污染土壤的稳定化研究. 地球与环境, 48(1): 146-152.

宋刚练, 2018. 重金属锑污染土壤固化-稳定化修复技术研究及应用. 环境与可持续发展, 43(2): 61-64.

孙航, 2020. 修复植物-炼锌废渣系统中砷、锑的迁移转化特征研究. 贵阳: 贵州大学.

孙浩然, 胥思勤, 任弘洋, 等, 2016. 酒石酸、苹果酸对锑矿区土壤中砷锑的淋洗研究. 地球与环境, 44(3): 304-308.

谭迪, 2019. 锑砷复合污染土壤的风险评价及萃取研究. 长沙: 湖南农业大学.

吴兆冠, 栾杰, 王思思, 等, 2013. 工厂周边土壤中锑的检测和治理方法. 中国材料科技与设备, 9(4): 80-82.

杨衍, 韩国睿, 李军, 等, 2013. 污染土壤电动增强修复技术研究进展. 农村经济与科技, 24(8): 17-20.

殷飞, 王海娟, 李燕燕, 等, 2015. 不同钝化剂对重金属复合污染土壤的修复效应研究. 农业环境科学学报, 34(3): 438-448.

张静静, 周凤飒, 黄雷, 等, 2019. 淋洗修复冷水江锡矿区的砷锑污染土壤. 江西农业学报, 31(7): 63-68.

张菊梅, 2020. 典型锑矿区土壤 As、Sb 污染及其钝化修复研究. 贵阳: 贵州师范大学.

赵建锋, 2021. 有色冶炼场地土壤中砷、锑的污染特征及淋洗药剂筛选研究. 南昌: 华东理工大学.

赵晓凤, 2018. 甘肃某矿山企业含锑废水处理站工程设计研究. 西安: 长安大学.

周腾智, 2018. 氧化石墨烯/海藻酸钠双网络凝胶球对水中锑的吸附特性研究. 湘潭: 湖南科技大学.

ABAD-VALLE P, ALVAREZ-AYUSO E, MURCIEGO A, 2015. Evaluation of ferrihydrite as amendment to restore an arsenic-polluted mine soil. Environmental Science and Pollution Research, 22(9): 6778-6788.

ALVAREZ-AYUSO E, OTONES V, MURCIEGO A, et al., 2013. Evaluation of different amendments to stabilize antimony in mining polluted soils. Chemosphere, 90(8): 2233-2239.

CHEN B, ZHU Z L, LIU S X, et al., 2014. Facile hydrothermal synthesis of nanostructured hollow iron-cerium alkoxides and their superior arsenic adsorption performance. ACS Applied Materials & Interfaces, 6(16): 14016-14025.

CUI J L, JING C Y, CHE D S, et al., 2015. Groundwater arsenic removal by coagulation using ferric(III) sulfate and polyferric sulfate: A comparative and mechanistic study. Journal of Environmental Sciences, 32: 42-53.

CUNDY A B, HOPKINSON L, WHITBY R L D, 2008. Use of iron-based technologies in contaminated land and groundwater remediation: A review. Science of the Total Environment, 400(1-3): 42-51.

DOHERTY S J, TIGHE M K, WILSON S C, 2017. Evaluation of amendments to reduce arsenic and antimony leaching from co-contaminated soils. Chemosphere, 174: 208-217.

DUTTA P K, RAY A K, SHARMA V K, et al., 2004. Adsorption of arsenate and arsenite on titanium dioxide suspensions. Journal of Colloid and Interface Science, 278(2): 270-275.

EGODAWATTA L P, HOLLAND A, KOPPEL D, et al., 2020a. Interactive effects of arsenic and antimony on *Ipomoea aquatica* growth and bioaccumulation in co-contaminated soil. Environmental Pollution, 259: 113830.

EGODAWATTA L P, HOLLAND A, KOPPEL D, et al., 2020b. Influence of soil phosphate on the accumulation and toxicity of arsenic and antimony in choy sum cultivated in individually and Co-contaminated soils. Environmental Toxicology and Chemistry, 39(6): 1233-1243.

EGODAWATTA L P, MACOUSTRA G K, NGO L K, et al., 2018. As and Sb are more labile and toxic to water spinach (*Ipomoea aquatica*) in recently contaminated soils than historically co-contaminated soils. Environmental Science-Processes & Impacts, 20(5): 833-844.

FAN, J X, WANG Y J, FAN T T, et al., 2014. Photo-induced oxidation of Sb(III) on goethite. Chemosphere,

95: 295-300.

FORD R G, 2002. Rates of hydrous ferric oxide crystallization and the influence on coprecipitated arsenate. Environmental Science & Technology, 36(11): 2459-2463.

GARAU G, SILVETTI M, CASTALDI M, et al., 2014. Stabilising metal(loid)s in soil with iron and aluminium-based products: Microbial, biochemical and plant growth impact. Journal of Environmental Management, 139: 146-153.

GIMENEZ J, MARTINEZ M, DE PABLO J, et al., 2007. Arsenic sorption onto natural hematite, magnetite, and goethite. Journal of Hazardous Materials, 141(3): 575-580.

GUO J L, YIN Z, ZHONG W, et al., 2022. Immobilization and transformation of co-existing arsenic and antimony in highly contaminated sediment by nano zero-valent iron. Journal of Environmental Sciences, 112: 152-160.

GUO X J, WU Z J, HE M C, 2009. Removal of antimony(V) and antimony(III) from drinking water by coagulation-flocculation-sedimentation(CFS). Water Research, 43(17): 4327-4335.

GUO X J, WU Z J, HE M C, et al., 2014. Adsorption of antimony onto iron oxyhydroxides: Adsorption behavior and surface structure. Journal of Hazardous Materials, 276(jul.15): 339-345.

HE M C, 2007. Distribution and phytoavailability of antimony at an antimony mining and smelting area, Hunan, China. Environmental Geochemistry and Health, 29(3): 209-219.

HILLER E, JURKOVIČA L, FARAGÓA T, et al., 2021. Contaminated soils of different natural pH and industrial origin: The role of (nano) iron- and manganese-based amendments in As, Sb, Pb, and Zn leachability. Environmental Pollution, 285: 117268.

JEGADEESAN G, AL-ABED A L, SUNDARAMET V, et al., 2010. Arsenic sorption on $TiO_2$ nanoparticles: Size and crystallinity effects. Water Research, 44(3): 965-973.

KAMALA C T, CHU K H, CHARY P K, et al., 2005. Removal of arsenic(III) from aqueous solutions using fresh and immobilized plant biomass. Water Research, 39(13): 2815-2827.

KANEMATSU M, YOUNG T M, FUKUSHI K, et al., 2012. Individual and combined effects of water quality and empty bed contact time on As(V) removal by a fixed-bed iron oxide adsorber: Implication for silicate precoating. Water Research, 46(16): 5061-5070.

KANG M, KAWASAKI M, TAMADA S, et al., 2000. Effect of pH on the removal of arsenic and antimony using reverse osmosis membranes. Desalination, 131(1-3): 293-298.

KO M S, KIM J, BANG S, et al., 2012. Stabilization of the As-contaminated soil from the metal mining areas in Korea. Environmental Geochemistry and Health, 34(Suppl 1): 143-149.

KOLBE F, WEISS H, MORGENSTERNET P, et al., 2011. Sorption of aqueous antimony and arsenic species onto akaganeite. Journal of Colloid & Interface Science, 357(2): 460-465.

LI Y, SONG J, CHAN T, et al., 2017. Insights into antimony adsorption on {001} $TiO_2$: XAFS and DFT study. Environmental Science & Technology, 51(11): 6335-6341.

LUO J M, LUO X B, CRITTENDEN J, et al., 2015. Removal of antimonite(Sb(III)) and antimonate(Sb(V)) from aqueous solution using carbon nanofibers that are decorated with zirconium oxide ($ZrO_2$). Environmental Science & Technology, 49(18): 11115-11124.

LUO T, CUI J, HU S, et al., 2010. Arsenic removal and recovery from copper smelting wastewater using

TiO$_2$. Environmental Science & Technology, 44(23): 9094-9098.

MENG X G, KORFIATIS G P, JING C Y, et al., 2001. Redox transformations of arsenic and iron in water treatment sludge during aging and TCLP extraction. Environmental Science & Technology, 35(17): 3476-3481.

MIRZA N, MUBARAK H, CHAI L Y, et al., 2017. The potential use of *Vetiveria zizanioides* for the phytoremediation of antimony, arsenic and their co-contamination. Bulletin of Environmental Contamination and Toxicology, 99(4): 511-517.

MOKASHI S A, PAKNIKAR K M, 2010. Arsenic(III) oxidizing microbacterium lacticum and its use in the treatment of arsenic contaminated groundwater. Letters in Applied Microbiology, 34(4): 258-262.

MURUGESAN G S, SATHISHKUMAR M, SWAMINATHAN K, 2006. Arsenic removal from groundwater by pretreated waste tea fungal biomass. Bioresource Technology, 97(3): 483-487.

NIELSEN S S, PETERSEN L R, KJELDSEN P, et al., 2011. Amendment of arsenic and chromium polluted soil from wood preservation by iron residues from water treatment. Chemosphere, 84(4): 383-389.

NING R Y, 2002. Arsenic removal by reverse osmosis. Desalination, 143(3): 237-241.

NIU H Y, WANG J M, SHI Y L, et al., 2009. Adsorption behavior of arsenic onto protonated titanate nanotubes prepared via hydrothermal method. Microporous and Mesoporous Materials, 122(1-3): 28-35.

OKKENHAUG G, AMSTÄTTER K, BUE H L, et al., 2013. Antimony(Sb) contaminated shooting range soil: Sb mobility and immobilization by soil amendments. Environmental Science & Technology, 47(12): 6431-6439.

ONA-NGUEMA G, MORIN G, JUILLOT F, et al., 2005. EXAFS analysis of arsenite adsorption onto two-line ferrihydrite, hematite, goethite, and lepidocrocite. Environmental Science & Technology, 39(23): 9147-9155.

PEDERSEN K B, JENSEN P E, OTTOSEN L M, et al., 2018. The relative influence of electrokinetic remediation design on the removal of As, Cu, Pb and Sb from shooting range soils. Engineering Geology, 238: 52-61.

QI C C, WU F C, DENG Q J, et al., 2011. Distribution and accumulation of antimony in plants in the super-large Sb deposit areas, China. Microchemical Journal, 95(1): 44-51.

RIVEROS P, DUTRIZAC J, LASTRA R, 2008. A study of the ion exchange removal of antimony(III) and antimony(V) from copper electrolytes. Canadian Metallurgical Quarterly, 47(3): 307-317.

SARVINDER S T, PANT K K, 2006. Kinetics and mass transfer studies on the adsorption of arsenic onto activated alumina and iron oxide impregnated activated alumina. Water Quality Research Journal of Canada, 41(2): 147-157.

SHIH M C, 2005. An overview of arsenic removal by pressure-drivenmembrane processes. Desalination, 172(1): 85-97.

SORLINI S, GIALDINI F, 2010. Conventional oxidation treatments for the removal of arsenic with chlorine dioxide, hypochlorite, potassium permanganate and monochloramine. Water Research, 44(19): 5653-5659.

SUN Y Y, LIU R L, ZENG X B, et al., 2015. Reduction of arsenic bioavailability by amending seven inorganic materials in arsenic contaminated soil. Journal of Integrative Agriculture, 14(7): 1414-1422.

TANDY S, MEIER N, SCHULIN R, 2017. Use of soil amendments to immobilize antimony and lead in moderately contaminated shooting range soils. Journal of Hazardous Materials, 324: 617-625.

UNGUREANU G, SANTOS S, BOAVENTURA R, et al., 2015. Arsenic and antimony in water and wastewater: Overview of removal techniques with special reference to latest advances in adsorption. Journal of Environmental Management, 151: 326-342.

WAN X M, LEI M, CHEN T B, 2016. Interaction of As and Sb in the hyperaccumulator *Pteris vittata* L.: Changes in As and Sb speciation by XANES. Environmental Science and Pollution Research, 23(19): 19173-19181.

WANG H, CHEN F L, MU S Y, et al., 2013. Removal of antimony(Sb(V)) from Sb mine drainage: Biological sulfate reduction and sulfide oxidation-precipitation. Bioresource Technology, 146: 799-802.

WANG J X, XING Y, LI P, et al., 2018. Chemically-assisted phytoextraction from metal(loid)s-polluted soil at a typical carlin-type gold mining area in southwest China. Journal of Cleaner Production, 189: 612-619.

WANG Q, JIANG H, ZANG S, et al., 2014. Gd, C, N and P quaternary doped anatase-$TiO_2$ nano-photocatalyst for enhanced photocatalytic degradation of 4-chlorophenol under simulated sunlight irradiation. Journal of Alloys and Compounds, 586: 411-419.

WARREN G P, ALLOWAYA B J, LEPP N W, et al., 2003. Field trials to assess the uptake of arsenic by vegetables from contaminated soils and soil remediation with iron oxides. Science of the Total Environment, 311(1-3): 19-33.

WILSON S C, LOCKWOOD P V, ASHLEY P M, et al., 2010. The chemistry and behaviour of antimony in the soil environment with comparisons to arsenic: A critical review. Environmental Pollution, 158(5): 1169-1181.

XU Z, MENG X, 2009. Size effects of nanocrystalline $TiO_2$ on As(V) and As(III) adsorption and As(III) photooxidation. Journal of Hazardous Materials, 168(2-3): 747-752.

XU Z C, LI Q, GAO S A, et al., 2010. As(III) removal by hydrous titanium dioxide prepared from one-step hydrolysis of aqueous $TiCl_4$ solution. Water Research, 44(19): 5713-5721.

YANG X, SHI Z, YUAN M, et al., 2015. Adsorption of trivalent antimony from aqueous solution using graphene oxide: Kinetic and thermodynamic studies. Journal of Chemical & Engineering Data, 60(3): 806-813.

YIN X X, WANG L H, BAI R, et al., 2012. Accumulation and transformation of arsenic in the blue-green alga *Synechocysis* sp. PCC6803. Water Air & Soil Pollution, 223(3): 1183-1190.

ZENG H, ARASHIRO M, GIAMMAR D E, 2008. Effects of water chemistry and flow rate on arsenate removal by adsorption to an iron oxide-based sorbent. Water Research, 42(18): 4629-4637.

ZHANG Y, YANG M, DOU X M, et al., 2005. Arsenate adsorption on an Fe-Ce bimetal oxide adsorbent: Role of surface properties. Environmental Science & Technology, 39(18): 7246-7253.

# 作 者 简 介

景传勇（1972—2023），1972 年 1 月出生于山东济南，1994 年本科毕业于四川大学，1998 年硕士毕业于西安建筑科技大学，2002 年博士毕业于美国史蒂文斯理工学院，后留校进行博士后研究工作。2005 年在史蒂文斯理工学院担任助理研究教授，2007 年作为海外高层次引进人才回国任中国科学院生态环境研究中心研究员、博士生导师，2008 年入选中国科学院"百人计划"。2014 年获得国家杰出青年科学基金项目，2014 年担任 973 项目首席科学家，2017 年入选科技部科技创新领军人才，2018 年入选国家高层次人才特殊支持计划（万人计划），2022 年担任科技部重点研发计划项目首席科学家，主持国家自然科学基金委重点项目。

景传勇在持久性有毒污染物的环境微观界面行为与污染削减领域取得了突出的学术成绩，研究成果带动并推进了相关环境纳米科技领域的发展与创新，为科学解决我国砷、锑污染问题提供了重要的科学依据和技术支持。曾获得中国科学院杰出科技成就奖、环保部环境保护科学技术奖、中国分析测试协会科学技术奖。

景传勇积极投身科教融合、协同育人事业，在学术咨询和学术传播方面做出重要贡献，曾任山东大学环境科学与工程学院院长、国务院学位委员会第八届学科评议组成员、中国化学会环境化学专业委员会委员、中国环境科学学会环境化学分会副主任委员。

景传勇一生热爱党、热爱祖国、热爱科学事业。他认真严谨、学识精深；教书育人、言传身教；谦虚谨慎、关爱学生。2023 年 6 月，寄语毕业生：积极进取，永不放弃，提高自己，影响他人，改变世界！